国家出版基金项目
NATIONAL PUBLICATION FOUNDATION

"十三五"国家重点出版物出版规划项目

高超声速科学与技术丛书

高超声速曲面压缩进气道及其反设计

张堃元　编著

U0326118

国防工业出版社

·北京·

内 容 简 介

曲面压缩就是让所有压缩面都参与对超声速/高超声速气流压缩的压缩方式,曲面压缩系统通常包含弯曲激波和波后的等熵压缩波系。

全书共分 10 章。第 1 章从高超声速进气道的发展简史,引出了曲面压缩概念;第 2 章介绍了曲面压缩系统气动力学基础问题简化求解方法;第 3 章介绍了几种二维弯曲激波曲面压缩面的正设计方法;第 4 章介绍了第一类反设计,即由出口气流参数分布逆流向设计压缩流道的过程;第 5 章集中介绍了第二类反设计的详细流程,即指定压缩面压强或马赫数分布设计弯曲激波曲面压缩系统;第 6 章介绍了内转进气道各种轴对称基准流场的第二类反设计方法;第 7 章是曲面压缩高超声速二维、轴对称、三维侧压和内转进气道的设计方法和设计实例;第 8 章介绍了自适应变几何弹性曲面压缩进气道新概念;第 9 章是进气道阻力分析和减阻设计;第 10 章则是曲面压缩的发展和应用展望。书中提出了一个进气道单位面积压缩效率的新评价指标 K_s,以适应高超声速条件下一体化设计的新需求。作为这种设计方法的拓展,所介绍的反设计概念对于超声速气流膨胀系统(如喷管)的气动设计也是适用的。

本书的读者是高超声速推进系统特别是进排气系统的研究人员,例如高校研究生、教师、超声速/高超声速工程单位或使用单位的研究人员以及内流气动力学、高速空气动力学等方面的学者和研究人员。

图书在版编目(CIP)数据

高超声速曲面压缩进气道及其反设计 / 张堃元编著.
— 北京:国防工业出版社,2019.3
(高超声速科学与技术丛书)
ISBN 978 – 7 – 118 – 11624 – 3

Ⅰ. ①高… Ⅱ. ①张… Ⅲ. ①高超音速进气道 – 设计
Ⅳ. ①V228.7

中国版本图书馆 CIP 数据核字(2018)第 175089 号

※

国防工业出版社出版发行

(北京市海淀区紫竹院南路 23 号 邮政编码 100048)
天津嘉恒印务有限公司印刷
新华书店经售

*

开本 710 × 1000 1/16 印张 20¼ 字数 383 千字
2019 年 3 月第 1 版第 1 次印刷 印数 1—1500 册 定价 120.00 元

(本书如有印装错误,我社负责调换)

国防书店:(010)88540777   发行邮购:(010)88540776
发行传真:(010)88540755   发行业务:(010)88540717

丛书编委会

顾问委员　乐嘉陵　　刘大响

编委会主任　于达仁

编委会委员（按姓氏笔画排序）

序

　　高超声速飞行器是指在大气层内或跨大气层以马赫数 5 以上的速度远程巡航的飞行器,其巡航飞行速度、高度数倍于现有的飞机。以超燃冲压发动机为主的高超声速飞行器,其燃料比冲高于传统火箭发动机,能实现水平起降与重复使用,从而大大降低空间运输成本。高超声速飞行器技术将催生高超声速巡航导弹、高超声速飞机和空天飞机等新型飞行器的出现,成为人类继发明飞机、突破音障、进入太空之后又一个划时代的里程碑。

　　在国家空天安全战略需求牵引下,国家自然科学基金委员会分别于 2002 年、2007 年启动了"空天飞行器的若干重大基础问题""近空间飞行器的关键基础科学问题"两个重大研究计划,同时我国通过其他计划(如 863 计划、重大专项等),重点在高超声速技术领域的气动、推进、材料、控制等方面进行前瞻布局,加强中国航天航空科技基础研究,增强高超声速科学技术研究的源头创新能力,这些工作对我国高超声速技术的发展起到了巨大的推动和支撑作用。

　　由于航空航天技术涉及国防安全,美国航空航天学会(American Institute of Aeronautics and Astronautics,AIAA)每年举办的近 30 场系列国际会议大都仅限于美国本土举办。近年来,随着我国高超声速技术的崛起,全球高超声速业界都将目光聚焦中国。2017 年 3 月,第 21 届国际航天飞机和高超声速系统与技术大会首次在中国厦门举办,这也标志着我国已成为高超声速科学与技术领域的一支重要力量,受到国际同行高度关注。

　　高超声速技术作为航空和航天技术的结合点,涉及高超声速空气动力学、计算流体力学、高温气动热力学、化学反应动力学、导航与控制、电子信息、材料结构、工艺制造等多门学科,是高超声速推进、机体/推进一体化设计、超声速燃烧、热防护、控制技术、高超声速地面模拟和飞行试验等多项前沿技术的高度综合。高超声速飞行器是当今航空航天领域的前沿技术,是各航空航天强国激烈竞争的热点领域。近年来国内相关科研院所、高校等研究机构广泛开展了高超声速相关技术的研究,取得了一大批基础理论和工程技术研究成果,推动了我国高超声速科学技术的蓬勃发展。

在当前国际重要航空航天强国都在全面急速推进高超声速打击武器实用化发展的时代背景下,我国在老中青几代科研工作者的传承和发展下,形成了具有我国自主特色的高超声速科学技术体系,取得了举世瞩目的成果。从知识传承、人才培养和科技成果展示的视角,急需总结提炼我国在该领域取得的研究成果,"高超声速科学与技术丛书"的诞生恰逢其时。本套丛书的作者均为我国高超声速技术领域的核心专家学者,丛书系统地总结了我国近 20 年高超声速科学技术领域的理论和实践成果,主要包括进排气设计、结构热防护、发动机控制、碳氢燃料、地面试验、组合发动机等主题。

相信该丛书的出版可为广大从事高超声速技术理论和实践研究的科技人员提供重要参考,能够对我国的高超声速科研和教学工作起到较大的促进作用。

"高超声速科学与技术丛书"编委会

2018 年 4 月

前　言

　　什么是曲面压缩？简言之，就是让所有压缩面都参与对超声速气流压缩的压缩方式，用最通俗但不严密的话讲，就是让气流在"每一寸压缩面上"都受到压缩。曲面压缩通常伴随着弯曲激波，等熵压缩是曲面压缩的特例。

　　高超声速指的是飞行马赫数高于 5 的飞行速度范围。随着高超声速技术特别是超燃冲压发动机技术的快速发展，高超声速进气道设计也面临着一系列挑战性问题，如进气道与燃烧室的一体化设计、进气道与飞行器前体的一体化设计、进气道巡航状态性能与宽范围工作性能的矛盾、流道边界层分离和流态的控制、压缩面的减阻等。

　　弯曲激波 – 曲面压缩概念的提出为解决这些问题提供了新的途径。研究表明，曲面压缩进气道在降低总压损失、缩短长度、避免边界层分离、改善非设计点性能、降低阻力、耐受非均匀来流等方面均存在优势，因此逐渐受到人们关注，对这种流场的设计方法、性能与应用已进行了多方面的探索和详细的研究，并取得了丰硕的成果。

　　需要指出的是，本书讨论的高超声速进气道曲面压缩概念最初源自 20 世纪 90 年代初作者在德国宇航中心的研究。20 世纪 80 年代已有的研究表明，一体化设计高超声速飞行器的前体边界层对机腹进气的高超声速进气道性能有重大影响，最严重的情况下，边界层厚度甚至可以占整个进气口高度的 1/2 以上，采用单纯的边界层排移或吸除代价太大甚至得不偿失，因此进气道的设计应该考虑来流边界层的流动非均匀性对高超声速进气道流动的影响，应该考虑如何采取措施减缓对进气道性能的不利影响，当年作者在 DLR 的数值模拟结果发现曲面压缩较平面压缩似乎更为有利。回国后正值我国 863 – 2 计划的研究蓬勃开展之际，配合 863 计划的研究，在国家自然科学基金"高超声速进气道来流附面层处理的研究"（19082008）项目的资助下，就此问题展开进一步研究。之后，除了继续承担 863 – 2 计划的高超声速进气道研究之外，还连续在几个国家自然科学基金"高超声速一体化设计侧压式进气道研究"（19282007）、"非均匀高超声速进气道研究"（19582003）和"双模态超燃冲压发动机进气系统研究"（19882002）项目的资助下，配合863计划的深入进行,就高超声速进气道的基础性关键问题展开研究,发现曲面压缩面对非均匀来流的适应能力较强,且具有一定的"纠偏"能力,对提高一体化设计的高超声速进气道性能有利。21世纪初与中国科学院力学研究所的高超声速进气道合作科研上,力学研究所研究员张新宇希望在国内首座燃烧加温的自由射流高超声速风洞上,在菱形区内提供尽可能大尺寸的高性能高超声速进气道模型气动设计。在这种具体需求的牵引下,作者尝试多种可能构思后,忽然顿悟是否有可能利用当年源自德国宇航中心的研究成果,结合这几年的探索,将二维平面斜楔压缩由平面变为凹曲面,采用比纯等熵压缩更大的曲率,用无限多级斜楔代替有限级数的斜楔压缩,让等熵压缩波依次交汇并迫使首道斜激波弯曲,在满足激波封口的原则下,这样不仅缩短了压缩面长度,而且在局促的空间约束下模型可以做得较大。引入了部分的等熵压缩替代纯激波压缩,等熵压缩与激波压缩的比例可以根据需要加以调节和控制,与传统的超声速气流压缩方式相比,综合气动性能和设计方法的灵活性独具优势。曲面压缩的这一具体应用当时真有"柳暗花明又一村"之感。

进入21世纪,在国家自然科学基金重大研究计划"近空间飞行器关键基础科学问题"的重点项目"高超声速气流新概念压缩系统研究"(90916029)的资助下,作者课题组对这种弯曲激波-曲面压缩系统开展了比较系统、深入的研究。课题组经过近20年20余名博士、硕士研究生的不懈努力,发现弯曲激波-曲面压缩这种压缩方式很有特色,至今已发展了高超声速压缩面多种由压缩面气动参数分布到型面设计和逆流向反设计的设计方法,并形成了高超声速二维进气道、高超声速轴对称进气道、高超声速侧压式进气道和高超声速内转进气道的完整的曲面压缩进气道反设计方法,获得了综合性能优良的进气道气动构型,这种新型的设计方法已经在高超声速吸气式发动机的实际气动设计中得到了应用。本书全面地介绍了弯曲激波-曲面压缩特殊压缩方式的研究历程、工作特点、性能计算和气动构型的设计方法。高超声速进气道的阻力也是人们关注的问题之一,本书也介绍了进气道最小阻力的估算方法和曲面压缩的减阻效果。书中提出了一个进气道单位面积压缩效率的新的评价指标 K_s,以适应高超声速条件下一体化设计的新需求。

弯曲激波和曲面压缩还有不少深层次的问题值得研究和继续开发。本书对目前曲面压缩相关的研究进行了回顾和展望,包括几种新概念的设计方法和取得的成果,为其进一步发展和工程应用提供必要的基础。

研究工作始终围绕着我国相关的研究计划展开,这些研究计划极大地推动、促进了弯曲激波-曲面压缩这一新概念的发展。本书初稿的大部分材料系王磊博士根据课题组历年来多名博士、硕士学位论文整理而成,作者对此一并表示谢意。

作者

2018年7月

目 录

第1章 概　述

1.1　高超声速进气道发展的简要历程

进气道与吸气式发动机密切相关,高亚声速或跨声速进气道对应的是涡轮喷气(包括涡扇)发动机,超声速进气道对应的是涡轮喷气发动机或冲压发动机,而高超声速进气道的工作马赫数范围则决定了它的主要服务对象是超燃冲压发动机或其他组合发动机,因此谈到进气道的发展就离不开航空动力的发展历史。

自莱特兄弟发明有人驾驶的飞机以后,飞机这种新型交通工具就得到世界各国的高度重视,特别是在第一次世界大战和第二次世界大战中,可以占据制空权的各种军用飞机得到了突飞猛进的发展。

在此期间,一大批以活塞式发动机为动力的军用、民用飞机在各军事强国中源源不断地生产出来,满足了迅速扩大的军事和民用需求。

喷气式发动机的出现更是推动了航空事业的迅猛发展。1937 年 4 月 13 日,英国惠特尔发明的离心式涡轮喷气发动机(又称惠特尔发动机)台架试验成功,产生了 5340N 的推力,标志着载人喷气时代的来临。1939 年 8 月 27 日,世界上第一架安装有德国科学家冯·奥亨发明的涡轮喷气发动机的喷气式战斗机 He – 178 首飞。1941 年 5 月,英国第一架装备惠特尔发动机的喷气式飞机 E – 28/39 试飞。

图 1 – 1 所示历史上最早投入批量生产并装备部队的喷气式战斗机是英国的“流星”战斗机和德国的梅塞施密特 Me – 262 战斗机。梅塞施密特 Me – 262 战斗机速度达 850km/h,这比当时所有活塞式战斗机快得多;这两种飞机的发动机都使用了简单的皮托式进气道。

冲压发动机是另一类喷气发动机,它的出现历史更早,其中法国人的贡献功不可没。早在 1913 年法国人 René Lorin 发明了冲压发动机并申请了专利。同期,匈牙利发明家 Albert Fonó 提出了火炮发射冲压发动机概念。第二次世界大战后,美国试验了南加州大学设计、Marqutdt 公司制造的弹用冲压发动机。在苏联,超声速冲压发动机的理论在 1928 年就由 Brois S. Stechkin 提出,并进行了大量地面研究。

1939年8月，Merkulov制造了首架以DM-1冲压发动机作为附加动力的飞机，并于12月进行了世界上首次以冲压发动机为动力的飞行。20世纪40年代后期，美国"大黄蜂"计划、法国Leduc-010飞机等项目，都先后成功开展了冲压发动机飞行试验，到了50年代，冲压发动机开始进入工程应用阶段。

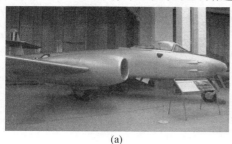 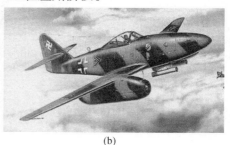

(a)　　　　　　　　　　　　　　　(b)

图1-1　最早使用涡轮喷气发动机

(a)英国"流星"战斗机；(b)德国的梅塞施密特Me-262战斗机。

　　第二次世界大战末期出现的喷气发动机带来了航空事业革命性的变革，以突破音障为标志的里程碑式进展，更使飞行器的飞行空域大大扩展。从活塞式发动机到喷气发动机的革命，使得飞行器有可能从亚声速飞行到跨声速、超声速直至高超声速飞行。"飞得更快、飞得更高"一度成为飞行器设计师的座右铭，其关键是需要有强劲的动力系统，满足特定飞行环境的吸气式发动机就是实现这一目标的必备条件。

　　气流与吸气式发动机接触的首个部件就是进气道，那些采用吸气式推进系统的飞行器，高速气流首先在进气道内被预设的压缩面所压缩，给下游的燃烧室提供所需的流量和流场。作为推进系统热力循环的第一步，进气气流的压缩过程是关键之一。在亚声速、跨声速范围，简单的皮托式进气道就可以满足下游燃烧室的需求，20世纪四五十年代出现的喷气式发动机，如德国最早使用的离心式涡轮喷气发动机、英国的涡轮喷气发动机以及初期的冲压发动机，乃至于一些最初的脉动式发动机（例如第二次世界大战末期的V-1飞弹），由于飞行速度不大，几乎都采用简单的轴对称皮托式进气道（图1-1）。当飞行速度进入超声速范围时，气流的减速过程必然伴随着激波的出现，如何利用激波减速同时尽可能减少激波损失、提高压缩效率成为当年人们研究的热点。不可否认，在吸气式喷气发动机的发展历程中，基础性的内外流空气动力学做出了极其重要的贡献，解决了超声速飞行面临的一系列根本性的技术问题。20世纪四五十年代，德国科学家K. Oswatitsch利用一道激波或数道激波系减速的开创性研究工作奠定了现代超声速进气道的气动基础[1]，为利用一系列斜激波来减速的超声速进气道设计扫清了理论障碍。随着冲压发动机的发展，带中心锥的超声速进气道研究日趋完备，轴对称超声速进气道的设计技术得到了迅速的发展,因此在超声速飞机出现之前,早年采用冲压发动机的各种防空导弹,大多采用轴对称构型的进气道,利用单级或多级中心锥或者部分中心锥以形成超声速气流压缩面。美国的波马克-B地空导弹和"黄铜骑士"舰空导弹、英国"警犬"地空导弹和"海标枪"舰空导弹、苏联SA-4地空导弹等,就是采用$Ma2.0 \sim 3.0$的冲压发动机为动力的导弹系统。60年代,美国D-21高空高速无人机采用改进的霍克防空导弹RJ43-MA-11冲压式发动机为动力,飞行速度达到$Ma3$以上,最大飞行高度29km。早期的这些用于导弹冲压发动机的进气道大多为中心锥进气的轴对称超声速进气道,见图1-2和图1-3。

图1-2 翼吊2台马夸特RJ43-MA-7冲压发动机的波马克防空导弹

图1-3 使用$Ma3$轴对称进气道的D-21无人机

在发展冲压发动机的同时,大推力可长期重复使用的涡喷发动机也得到了长足的发展。20世纪五六十年代,大量跨声速、超声速的军用、民用飞机应运而生,工作在$Ma1.5 \sim 3$的进气道设计也随之大量涌现,此时出现的超声速进气道大致分为两大类:超声速轴对称进气道和超声速二维进气道。当然,随着飞行器气动布局方式的不同,出现了多种式样的进气道气动构型,其中比较有代表性的有:1958年开始大量装备苏联的$Ma2.2$米格-21战斗机,它是典型的可调中心锥轴对称进气道(图1-4);1967年装备美国空军的$Ma2.5$ F-111战斗轰炸机,它采用翼下1/4中心锥的进气方式(图1-5)。

在民航飞机方面,20世纪70年代英法联合研制了$Ma2.02$的"协和"号超声速民航客机并在1976年投入商业营运,同期苏联也研制了类似的图-144超声速民航客机,它们均采用了翼下二元可调进气道(图1-6)。

20世纪六七十年代,美国对超燃冲压发动机的研究投入了相当大的力量,集中研究超声速燃烧技术和高超声速进气道,出现了不少富有新意的进气道气动设

图1-4 采用超声速轴对称进气道的米格-21战斗机

图1-5 F-111战斗轰炸机的翼下1/4中心锥进气道

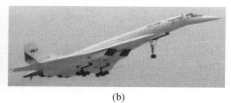

(a)　　　　　　　　　　　　　　　　(b)

图1-6 采用翼下二元可调进气道的飞机

(a)"协和"号超声速民航客机;(b)图-144超声速民航客机。

计。在此时期,由于分析手段和试验技术的进步,国外特别是美国对超声速燃烧和超燃冲压发动机的研究取得了很大进展,出现了多种试验性质的超燃冲压发动机,其中最著名的当属美国国家航空航天局兰利研究中心(NASA Langley Research Center)的高超声速研究发动机(Hypersonic Research Engine,HRE)项目研制的氢燃料超燃冲压发动机(图1-7)。

图1-7 美国的HRE项目研制的氢燃料超燃冲压发动机

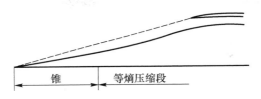

錐　　等熵壓縮段

图 1-8　HRE 项目研制的轴对称进气道型面(锥 + 等熵)

HRE 项目研制的进气道是典型的轴对称等熵可调进气道,由半锥角 10°的圆锥后接等熵压缩面构成中心压缩锥(图 1-8),进气道工作 Ma3 ~ 8。实际上,当年人们对 HRE 项目是过于乐观了,这种采用外挂方式没有考虑一体化设计的发动机并不成功,它的净推力非常有限,但当年的研究至少为高超声速进气道积累了很多宝贵的经验。

20 世纪 90 年代以美国国家空天飞机计划项目(National Aerosqace Plane Program,NASP)为代表的高超声速研究热潮再次兴起,超燃冲压发动机再次成为一个研究热点,大大促进了高超声速科研水平的提高和相关软硬件设施的迅猛发展,人们对超声速、高超声速压缩过程的研究又进入了一个新的时期,出现了大量关于各种进气道研究的论文,作为关键技术之一的进气系统,经过数十年的研究和积累,大致形成了四大类具有实用意义的高超声速进气道,即二维平面压缩进气道、二维轴对称压缩进气道[2,3]、带顶压的三维侧压式进气道[4,5]和各种三维内压缩进气道[6-8]等。其中比较有代表性的有美国国家航空航天局 Trexler 和 Holland 的研究成果[4,9],其侧压式进气道由于压缩过程独特、便于与飞行器一体化设计而受到国际学术界的广泛关注。二维平面压缩进气道、轴对称进气道等由于构型相对简单,已经大量地使用于超声速飞机、导弹等飞行器上。此外,以 Busemann 进气道为先导的内转式进气道,由于其独特的压缩方式和优越性而逐渐得到人们的认可。图 1-9、图 1-10 就是高超声速二维平面压缩进气道和高超声速轴对称进气道造型示意图及对应的实物模型,图中的照片是作者课题组曾经进行风洞试验的进气道模型。

图 1-9　高超声速二维平面压缩进气道

图 1-11(a)是作者课题组早年研究的带顶压高超声速侧压式进气道模型,而图 1-11(b)则是全部采用曲面压缩的高超声速侧压式进气道。

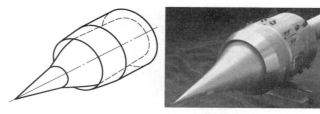

图 1-10 高超声速轴对称进气道

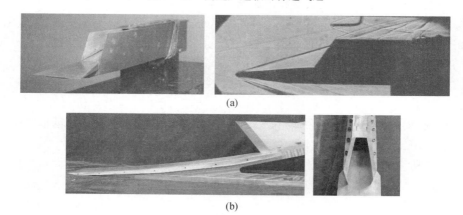

(a)

(b)

图 1-11 高超声速侧压式进气道模型及风洞试验纹影照片
（a）带顶压的高超声速侧压式进气道模型及风洞试验纹影照片；
（b）双侧曲面压缩的高超声速侧压式进气道模型及风洞试验纹影照片。

图 1-12 为几种内转进气道。

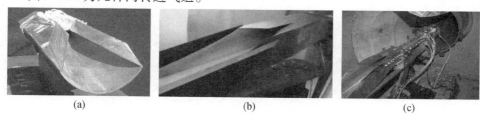

(a)   (b)   (c)

图 1-12 几种内转进气道
（a）基准 Busemann 进气道；（b）反正切基准流场内转进气道；（c）方转圆内转进气道。

上面介绍的这四大类高超声速进气压缩方式各有特点，其选型不仅与发动机本身有关，而且往往是由飞行器总体所决定的。虽然它们的气动外形差别甚大，但它们的共同特点都是利用各种压缩面产生的压缩波和激波对气流进行压缩的。合理、巧妙、高效率地组织激波或者压缩波来压缩气流是压缩系统的首要设计任务。

从 20 世纪 40 年代前后开始，人们在超声速气流的压缩方面做了大量的探索性工作，特别是德国空气动力学专家 K. Oswatitsch 等[1,10]与同时期的苏联学者

Г. И. Петров 和 Е. П. Ухов 提出的著名的等强度激波系理论[11]，等熵压缩过程研究[2]等设计方法直到今天还常被人们提及，对超声速飞行器进气系统的研发起到了重要的指导作用。随后澳大利亚的 Henderson 教授提出了全超声速的最佳波系组织理论[12]，对超声速进气道设计也有重要的指导意义，直到 21 世纪的今天，许多超声速压缩过程的新颖构思和新设计都还留着这些大师们的痕迹。

进入 21 世纪以来，随着国内外高超声速推进技术研究特别是超燃冲压发动机技术研究的深入，发动机总体技术和部件技术都有快速的发展，依据现有理论基础和现有技术基础设计的进气道，已经基本上可以在一定的马赫数范围内短时间达到与发动机一体化工作的目的，例如美国试飞的 X43A 的二维平面压缩进气系统，在 $Ma7$ 和 $Ma9.8$ 的高超声速飞行条件下，实现了与超燃冲压发动机的协调工作，澳大利亚昆士兰大学的 Hyshot 在 $Ma7.6$ 下成功地实现了超燃冲压发动机的动力飞行。国内的中国航天科工第三研究院、国防科技大学、中国空气动力研究与发展中心、中国科学院、中国航天研究院、北京航空航天大学、南京航空航天大学、西北工业大学、哈尔滨工业大学等单位也都在不同的层面对各种可能的高超声速进气系统进行了广泛的研究。国内很多工程单位例如沈阳飞机设计研究所、成都飞机设计研究所、中国航空工业第一飞机设计研究院、北京动力机械研究所等及相关院校对常规超声速、跨声速和亚声速进气系统，已经有了比较成熟的设计经验并成功地运用于各类飞行器上。

1.2　弯曲激波－曲面压缩概念和新的设计理念

1. 曲面压缩的基本概念

近年来，计算机技术和计算流体力学的飞速发展，实验技术和实验条件的不断提高，使人们拥有了一种前所未有的、强有力的手段来进行超声速/高超声速压缩系统研究，高超声速进气道的研究进展迅速，国际上出现了不少高质量的进气道研究论文和研究报告。

高超声速推进技术特别是超燃冲压发动机技术的快速发展，对进气系统的设计和性能提出了一系列挑战性的问题，如进气道与燃烧室的一体化设计问题、进气道与飞行器前体的一体化设计问题、压缩面边界层分离和流态的控制问题、进气道的减阻问题、宽马赫数范围进气道的设计问题、缩短进气道长度的问题以及与气动热相关的一些问题等，这些新的设计要求或设计理念对进气道研究者提出了新的挑战。回顾目前传统的进气道设计理念，基本上仍是遵循 20 世纪 40 年代提出的经典 Oswatitsch 配波理论、等熵压缩理论，然后参照多年积累的研究经验和工程经验加以改进。这种设计体系本质上属于"正设计"，在给定的来流条件和其他的限制条件下,首先根据上述理论或设计经验勾画出进气系统的初始几何流道,然后采用数值模拟的方法计算进气系统的内外流场和总体性能并与预定目标对比,随之可采用优化设计方法修改进气系统流道设计并重复以上过程,直至获得满意的数值计算结果并进行风洞试验校核和飞行试验验证。但是这种传统的"正向"设计方法已难以综合性地解决上述复杂的挑战性问题,因此突破传统的设计方法,探索全新的压缩系统设计概念十分必要。

在超声速/高超声速进气道设计方法的长期探索中,一种"弯曲激波 - 曲面压缩系统"的新概念脱颖而出。以二维压缩面为例,图 1 - 13 就是这种新概念弯曲激波 - 曲面压缩流场的原理图和风洞纹影照片。曲面压缩面通常由初始斜楔与后续的弯曲压缩面组成,超声速自由来流与特殊设计的内凹弯曲型面相互作用,产生前缘弱斜激波及一系列后续的 Prandtl - Meyer 等熵压缩波,它与传统的等熵压缩进气道型面不同,这种新型曲面压缩面的曲率更大,产生的等熵压缩波并不汇聚于唇口一点,而是依次与前缘斜激波相交,使得前缘弱斜激波强度逐渐增强,迫使激波形状逐渐向外侧弯曲并最终形成内凹状弯曲激波,其最大的特征就是特殊设计的弯曲压缩面及由此形成的弯曲激波,当然,纯等熵压缩也可以认为是这种压缩方式的特例。

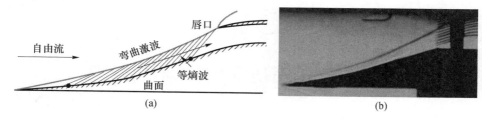

图 1 - 13　弯曲激波压缩流场波系结构示意图和风洞纹影照片
(a) 弯曲激波压缩系统概貌;(b) 弯曲激波压缩系统风洞试验纹影照片。

可以看出,超声速气流在穿越曲面压缩系统的过程中,经历了弯曲激波的压缩和波后等熵压缩这两重压缩,与常规的几种波系配置方法相比,它的所有压缩面都参与了对气流的压缩,而且这种压缩方式的设计显然更为灵活,它可以根据需要调节激波压缩和等熵压缩的比例,也可以同时调整其几何尺寸、增压比以及各部分的压缩比例,还可以通过调节压缩波的疏密程度控制整个压缩过程的增压规律或升压的快慢程度。广而言之,传统的等熵压缩与斜楔压缩也是这种弯曲激波压缩的特殊情况,因此这种新型弯曲激波压缩概念的提出极大地拓宽了压缩系统的设计空间和设计灵活性,有利于高性能进气压缩系统设计方案的获取。

与传统的二维平面压缩进气道相比,曲面压缩的最大优势是使"每一寸"压缩面都参与对气流的压缩。

对于高度一体化的高超声速进气道,它面临着几方面的挑战,迫使人们改变传统的设计理念,从新的视角来研究进气道的气动设计。研究发现,曲面压缩是解决这些问题的上佳途径。

2. 设计理念 1:如何由燃烧室入口流场的要求反设计进气压缩系统

由超燃冲压发动机燃烧室入口流场条件判断,在超声速、高超声速来流情况下逆流向反设计进气系统的流道似乎是一个不可能的事情。由于超燃问题的复杂性,目前发动机研究者只能提出一个大致的马赫数、压强、温度等参数的范围要求,对进气道还提不出一个具体的流场要求。而进气系统也只是通过不断地修改气动设计来被动地满足燃烧室的要求。作为一种新的设计理念,在压缩过程的设计中,主动地考虑燃烧室的进口流场要求是有可能的,这种过程的气动本质可以归结为在希望的均匀或非均匀出口流场(燃烧室入口流场)的前提下,在均匀或非均匀超声速来流下,通过恰当地组织压缩面和波系的设计,满足出口流场的要求。国外 Barkmeyer 等将非均匀超声速流均匀化的研究[13]给我们以新的启发,见图 1 - 14。由典型的出口流场反设计压缩面是有可能实现的,值得深入研究。后面将会提到,在平面等熵流条件下,利用特征线可以前后传递气动参数信息的方法,设计出一个特殊的弯曲表面,可以将此设计理念变为可能,从而引出曲面压缩(或曲面膨胀)设计的新概念。

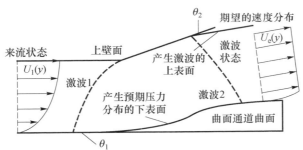

图 1 - 14　利用型面构型获得预期均匀流的设计概念

3. 设计理念 2:如何有效地缩短压缩面长度? 曲面压缩 - 内凹曲面激波概念的提出

高超声速进气道的一大特点就是长,不仅唇口前的外压缩面长,而且唇口后喉道区加上隔离段也很长,使得进气道占用了发动机相当大比例的有限空间。随来流马赫数升高,进气压缩面会越来越长,进气道甚至会占整个发动机长度的 1/3 左右或更长。从减重、减阻和防热角度出发,在完成所需压缩任务前提下,尽可能缩短进气道压缩系统的长度、尽可能减少压缩面面积,不仅是发动机总体的要求,而且是飞行器总体所希望的。

一般而言,进气道唇口前的长度取决于第一压缩角的大小,它的设计原则是第一道斜激波打在唇口上,使激波"封口",图 1-15 就是第一压缩角分别为 0°、2°、4°、6°和 8°,同时令第一道波正好打在唇口上的唇口前压缩面长度随马赫数的变化规律。

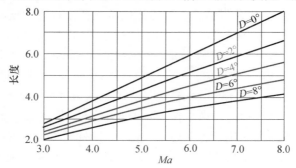

图 1-15　唇口前压缩面长度随马赫数的变化

图 1-15 中 D 为初始压缩角,$D=0°$ 即完全的等熵压缩。采用多级压缩的高超声速进气道,初始压缩角通常取 5°~8°,以 6° 为例,$Ma6$ 唇口前的压缩面长度也有 4 倍进口高度。第一压缩角取得大些固然可以缩短压缩面长度,但是第一压缩角的激波损失又是所有激波损失中的最大者,长长的压缩面实在是无奈之举,这就带来了一系列的摩擦阻力、结构重量、气动加热和热防护等问题,现在还发现进气道压缩面的气动力对飞行器有一个巨大的俯仰力矩和力矩平衡问题。这些都是高超声速飞行器和超燃冲压发动机下一发展阶段必然遇到的棘手问题。

除此之外,太长的压缩面对于进气道模型或全尺寸超燃冲压发动机的风洞试验也有问题,为了在风洞尺寸、风洞堵塞度允许的条件下,使试验模型尽可能做大,同时进气道唇口又要落在风洞出口菱形区内,增加模型横向尺度的关键就是尽可能缩短唇口前外压缩面长度,见图 1-16。可见,随着超燃冲压发动机研究的深入,发动机总体对进气道的设计必然提出新要求:在不降低进气道出口流场品质的前提下,如何尽可能地缩短压缩面长度及减小整个压缩面的面积。目前的经典设计理论看来还不能从根本上解决这一问题。

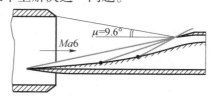

图 1-16　风洞试验希望唇口前压缩面长度短

早年与中国科学院力学研究所俞刚、张新宇、陈立红等在进气道的合作研究中就发现了此问题,当时为了利用力学研究所现有 187mm×300mm 热风洞将进气道模型尽可能做大,就必须尽可能缩短唇口前的压缩面长度,结合作者 20 世纪 90 年代在德国马克斯 - 普朗克研究所和宇航中心研究超声速流弯曲激波压缩面的经验[14,15],觉得有必要突破传统的设计理念,而采用凹形弯曲压缩面形成凹形弯曲激波的设计概念,进行凹曲面激波压缩系统研究[16]。

弯曲压缩系统的设计思想是:采用初始小角度斜楔,加上随后的弯曲主压缩面,初始斜楔产生第一道较弱的斜激波,依次与其后由于型面弯曲而产生的一系列非常微弱的压缩波相交、叠加,使得第一道斜激波逐渐向上弯曲,从而形成非常规的"内凹形弯曲激波压缩系统",它与通常的二维多级斜激波压缩不同,也与等熵压缩不同,其核心是形成内凹弯曲激波,见图 1-17。这种设计理念与目前国内外一些已经广泛研究的曲面压缩进气道,如 Busemann 进气道、内乘波进气道的概念有所不同。作为一种直观的比较,图 1-18 和图 1-19 给出了常规的等熵压缩及三楔压缩示意图,可以看出三种压缩方式的波系有明显的差别。

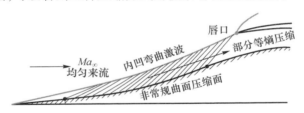

图 1-17　非常规曲面压缩面及其产生的内凹弯曲激波

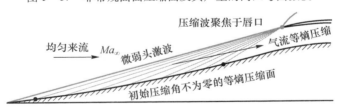

图 1-18　带初始压缩角的等熵压缩进气道

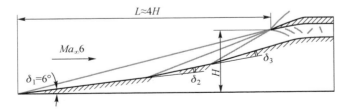

图 1-19　常规的二维平面多级压缩进气道

显然,在内凹弯曲激波交于唇口的前提下,与初始压缩角、总压缩角相同的二维多级压缩进气道(图1-20)相比,或与等熵进气道相比,这种压缩方式可以有效地缩短压缩面长度,如图1-20虚线所示。

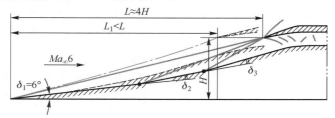

图1-20 凹形弯曲激波的压缩方式缩短了唇口前压缩面长度

这种内凹弯曲激波的压缩方式,气流在弯曲激波后还经受了等熵压缩波的压缩,气流的压缩除了第一道激波压缩外,还有相当大程度的等熵压缩,与多级平面激波压缩相比,可望实现较高的压缩效率。

图1-21、图1-22就是 $Ma3.85$ 和 $Ma5.3$ 的早期风洞试验弯曲激波纹影照片[17],试验证明这种设计概念是可行的。

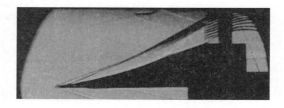

图1-21 $Ma3.85$ 曲面压缩和弯曲激波

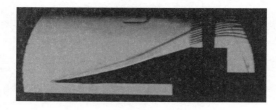

图1-22 $Ma5.3$ 曲面压缩和弯曲激波

初步的研究结果表明:弯曲激波压缩型面与等熵压缩相比,压缩面的长度可以减少25%左右;压缩面上的压强可以设计成沿流向接近等压力梯度分布,它低于等熵压缩的最大压力梯度,远低于二维斜楔式压缩面上的最大压力梯度。在不同的来流条件下及不同工作状态下,弯曲压缩面和弯曲激波压缩系统的综合性能较好。初期的风洞试验结果证实,超声速气流在压缩面上方形成了所期望的弯曲激波,升压规律接近线性分布,并使缩短压缩面长度成为可能。

4. 设计理念 3:如何合理地组织压缩面升压规律和控制压力梯度分布? 等压力梯度压缩面概念

现有超声速压缩方式(多级平面斜激波压缩、等熵压缩、锥波压缩)压缩面沿流向的压力梯度分布并不理想。激波压缩局部的压力梯度 dp/dx 极大,如果考虑激波厚度趋于 0 的极限情况,气流穿越激波的 dp/dx 将趋于无穷大。实际上,由于激波边界层的相互作用,激波波根在压缩转角会发生"跨桥"现象,边界层发生小范围的闭式分离。如果采用等熵压缩模式,沿压缩面的压力梯度会逐渐升高,在等熵压缩面的后段,局部压力梯度很大,而当地边界层的动量厚度由于克服沿程的逆压力梯度和摩擦阻力变得越来越厚,形状因子 H 变大,边界层的稳定性问题相当突出。这样就出现了一个新问题,怎么样才能够有效地控制压缩面的压力梯度。或者说,如何设计超声速气流的压缩面,使它沿流向压力梯度可控。更进一步说,能否按照预设的没有边界层分离的升压规律来设计压缩面。显然,现有的经典等强度激波设计理论、等熵压缩面设计理论都不可能解决这一问题。图 1 - 23 给出了同样总压缩量的三楔平面压缩面和等熵压缩面的表面压强分布,可见这些压缩方式的升压规律并不理想,平面斜激波压缩在激波波根位置上压升陡峭,等熵压缩压力梯度沿流向增加。

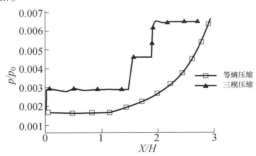

图 1 - 23　相同压比两种压缩方式压缩面升压规律

初步研究表明,采用特定的型面设计方法达到控制压缩面升压规律是有可能的[18,19]。图 1 - 24 就是采用近似方法设计的等压力梯度压缩面升压规律,应该说这种压升规律对保持压缩面边界层稳定性是有利的。

5. 设计理念 4:如何在非均匀来流下设计高超声速进气系统? 弯曲压缩面的"均匀化"作用

一体化设计的超燃冲压发动机和一体化设计的高超声速飞行器,必然采用前体预压缩技术,但是前体预压缩技术的采用带来前体边界层的问题:气流流经前体,在进气道入口前会形成较厚的边界层,其厚度甚至可占到进气道高度的 30% 以上[20]。考虑到发动机流量需求、减阻要求和进气道的尺寸受前体弓形波限制等

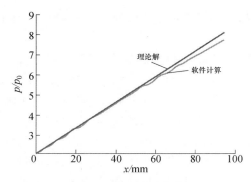

图 1 – 24   等压力梯度的压缩面升压规律

因素,高超声速进气道难以像常规超声速进气道那样,采用边界层隔道或边界层抽吸解决这一问题[21]。所以,高超声速飞行条件下,进气道需吞入较厚的前体边界层,这种非均匀流进入进气道,不仅造成进气道总压恢复急剧降低[22]、阻力增加等危害,甚至可能导致进气道不起动、发动机停止工作的严重后果。随着飞行高度和马赫数的增加,情况会变得更加恶劣[23]。

从国内外对高超声速进气道的研究动向看,人们已认识到非均匀来流(或称前体边界层)对进气道性能影响的重要性并开展了研究。Dillon 等[24]通过理论分析和实验研究了四种不同前体的高超声速概念机,发现前体头部形状影响进气道的进口流场。不仅前体形状同进气道性能有关[25],而且前体边界层也可能引起进气道不起动[26]。为了得到较好的进气道流场,对如何控制前体边界层进行了研究[27-29]。另外,对进气道被动吸入非均匀流后,其性能的变化进行了分析[30,31]。Lewis 等[32]则对边界层的发展规律进行了研究。图 1 – 25 就是美国国家航空航天局早年的试验结果,可见在一体化设计条件下,进气道入口边界层的影响不可忽视。

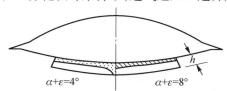

图 1 – 25   一体化设计的前体和进气道入口截面的边界层

目前国内外对超声速/高超声速进气道的研究,大多还是在均匀来流条件下进行的,在进气道型面的气动设计中,还没有充分考虑前体边界层的影响。因此,如何设计一种新型的压缩面型面,使得它在高超声速非均匀来流条件下对气流有一定的"校正"作用(图 1 – 26),使进气系统仍然有较好的总体性能和流场品质,也是摆在超声速内流气动力学研究人员和进气道设计人员面前必须解决的一个现实问题。

前面提出的曲面压缩面和曲面激波的压缩方式,激波损失沿波面逐渐增加,在前体边界层的非均匀来流下,边界层底部的低能气流穿越的激波强度弱,而边界层上部的高能气流穿越的激波强度大,因而它有可能在唇口截面达到使流动均匀化的目的。因此,这种压缩方式可以在唇口截面达到使流动均匀化的目的,或者说,这种压缩方式对前体边界层来流有一定程度的"均匀化"作用。

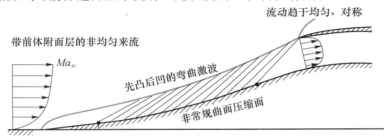

图 1 - 26　非均匀前体来流下先凸后凹弯曲激波对气流的"校正"作用

初步数值分析和风洞试验发现,非均匀来流条件下,压缩面形状对下游流场有很大影响。通过合理地设计压缩面形状,减小非均匀超声速来流对气道的不利影响是可能的[33-38]。

早年曾研制了一个等压力梯度的曲面压缩面模型,在 $Ma5.3$ 的风洞中进行"吞"边界层的试验。试验中,利用风洞壁面的来流边界层,调节模型与风洞壁的距离 H 以便将不同比例的边界层低能气流引入曲面压缩面,用后方的总压测耙测量曲面压缩面出口附近的流场。图 1 - 27(a)至(d)为试验模型的照片以及三幅典型的试验纹影照片,图 1 - 27(e)是测量得到的总压耙波后总压曲线,图中 H 代表边界层排移槽的高度,$H = 0mm$ 意味着全部边界层气流都进入曲面压缩面。可见曲面压缩面确实能改善出口气流的上下不对称程度。

6. 设计理念 5:如何在保证气动性能的前提下,有效地降低进气系统的阻力? 低阻型面设计概念的提出

如何减少超燃冲压发动机的阻力将是我们面临的一个严峻问题,作为阻力的主要承载体的进气系统将是研究的重点。初步的分析表明,进气系统的阻力主要来源于压差阻力,摩擦阻力所占的份额较低,对三维侧压式进气道而言,压差阻力在总阻力中所占比例达到 80% 左右,它的顶板压缩面的形状是影响压差阻力的主要因素。前期研究还表明,在压缩面适当的部位采用一定的弯曲型面设计是减少压差阻力的一种有效手段。初步的风洞试验已经证实了这一点。图 1 - 28 就是采用减阻设计前后,侧压式进气道压缩面压强分布的 $Ma5.3$ 风洞试验结果。图 1 - 28 所示在喉道前减阻设计的压强分布都低于基准压缩面的压强分布。而压缩面上沿流向的压强积分就代表了压差阻力,这间接地证明减阻设计的思路是可行的。

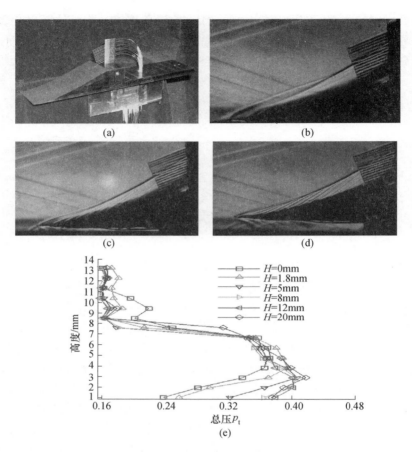

图 1－27　曲面压缩面吞边界层试验

（a）曲面压缩模型；（b）$H=0$mm，边界层全部吞入；（c）$H=12$mm，吞入约 1/2 边界层；
（d）边界层全部排移；（e）不同排移高度 H 的总压曲线。

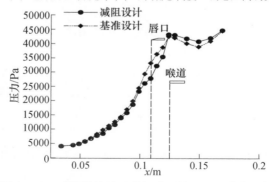

图 1－28　减阻设计前后进气道压缩面压强分布比较

7. 设计理念6：如何提高非设计点性能？ 自适应变几何曲面压缩进气道概念

高超声速进气系统通常要求宽马赫数工作，一个固定几何的进气系统往往难以兼顾高低马赫数的性能，定几何与宽马赫数工作是相互矛盾的设计要求，往往难以兼顾。以流量系数为例，二维平面压缩进气道在 $Ma6$ 设计点可以达到1，可是在低于设计马赫数的情况下就会大大下降[39]，这样不仅进气道捕获流量大为降低，而且伴随着较大的附加阻力，这对本来富余推力甚少的超燃冲压发动机而言无疑是雪上加霜。

宽马赫数进气道当然可以采用各种调节方法以寻求提高非设计点的性能，如移动唇口、转动唇口、改变压缩面角度等，或者采用附加气动喷流的方法形成可调气动压缩面来实现非设计点性能的提高。

作者在前期的研究中，已经发现特定的曲面压缩系统具有多种潜在的优点，如压缩面短、适应非均匀来流的能力强、压力梯度分布合理、压缩效率高、压差阻力小等。但是对一个特定马赫数研究的曲面压缩系统不可能同时兼顾所有马赫数的要求，图1-21和图1-22的试验照片清楚地显示，同一个曲面压缩面，在不同马赫数下形成的弯曲激波显然不同，若要使激波始终封口，每一个马赫数都应该有自己对应的曲面造型。图1-29给出了 $Ma4/Ma6$ 的曲面压缩-内凹弯曲激波进气道的示意图，在激波都封口的情况下，$Ma4$（虚线）和 $Ma6$ 的压缩面显然不同。那么是否有可能将这些不同的曲面糅合在同一个压缩面上，就是一个带有挑战性的研究课题。

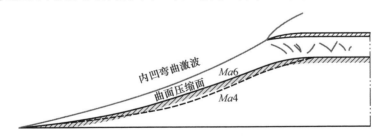

图1-29　弯曲激波始终封口的 $Ma4/Ma6$ 曲面压缩-内凹弯曲激波进气道示意图

作为一种可能的途径，提出一种变刚度的气动调节曲面压缩面设计概念，使得这种压缩面在每一个马赫数下都具有该马赫数下所特有的曲面气动造型。希望如图1-29所示的设计概念，随着马赫数的变化，这种曲面压缩系统产生的凹形弯曲激波始终都恰好打在唇口上，保证它的流量系数在各种马赫数下都接近于1，保证它的溢流阻力在非设计点工作时都趋于0，而且它的压缩效率（或总压恢复系数）要略高于目前广泛研究的几种典型的高超声速进气道。

可以采用变厚度设计的弹性金属薄片构造压缩面，也可以采用等厚度设计的弹性材料压缩面，还可以采用记忆合金作为压缩面的材料。

可以利用进气系统出口的高压气流作为驱动源,随马赫数的变化自动实现压缩面的变形。

图 1 - 30 ~ 图 1 - 32 就是这种设计概念的示意图。

设计概念 1(图 1 - 30)采用变刚度设计的耐高温材料的弹性曲面压缩面,高压气体引自隔离段出口,通过计算机控制的调压阀引入压力腔,在不同马赫数下由内外压差产生不同的弹性变形,从而获得所需要的压缩面形状。

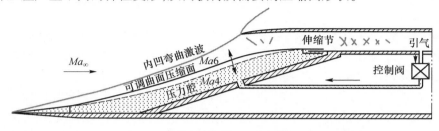

图 1 - 30 变刚度气动调节曲面压缩系统设计概念 1

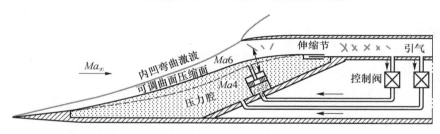

图 1 - 31 变刚度气动调节曲面压缩系统设计概念 2

设计概念 2(图 1 - 31)则利用气动活塞作为主要驱动源,压缩面的内外可以有压差,也可以压强基本平衡。在马赫数变化时,靠气动活塞推动弹性压缩面上下移动,利用压缩面的变形使内凹弯曲激波始终处在封口位置,图中虚线表示 $Ma4$ 时的压缩面形状。当然,不同马赫数下封口的弯曲激波形状是有差别的。

设计概念 3(图 1 - 32)则利用多个气动活塞(如 3 个活塞)作为驱动源。在马赫数变化时,精确控制各个活塞的位移量,从而获得不同马赫数下所期望的压缩面形状并保证内凹弯曲激波始终处在封口位置,图中虚线表示 $Ma4$ 时的压缩面形状。同样,$Ma4$、$Ma5$、$Ma6$ 的封口弯曲激波形状是有微小差别的。

以上这些设计概念在平衡态时引气流量几乎为 0。让激波始终封口只是一个例子,一般情况下,这种设计概念可以让激波在不同马赫数下始终处在预先期望的空间位置上。

无可否认,这种自适应变几何曲面压缩面设计概念存在许多技术难题。设计概念 1、设计概念 2 首先要由各个马赫数下的压缩面形状来限定弹性压缩面的变

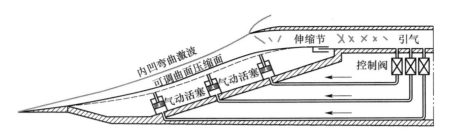

图 1 - 32　多气动活塞调节的曲面压缩系统设计概念 3

形规律,再由这些变形规律寻求弹性压缩面的刚度分布,然后由刚度分布规律寻求合适的厚度分布。显然,由一个压缩面的弹性变形来满足所有马赫数下所希望的曲面形状是十分困难的。另外,在高超声速来流下,压缩面的防热、密封等都是十分棘手的问题。此外,弹性压缩面变形的闭环控制也是必须解决的技术难题。可以说真正的工程实现还有很多的研究工作要做,相比较而言,设计概念 3 控制压缩面形状的方法可能容易一些。

以上各方面问题的解决都离不开"曲面压缩"的概念。

与传统的二维平面压缩进气道相比,曲面压缩的最大优势是使"每一寸"压缩面都参与气流的压缩过程。

本书将首先讨论在超声速/高超声速进气道反设计中必须采用的弯曲激波压缩系统的一般概念和设计方法,然后在典型的超燃冲压发动机工作环境下,深入研究超声速/高超声速气流通道的逆流向反设计、沿流向由气动参数分布出发的反设计、新型弯曲型面变几何设计以及进气系统的阻力等关键问题,力图以发动机总体性能要求为牵引,为超燃冲压发动机进气系统提供一种新颖的设计方法。

1.3　高超声速进气道的性能评估

近年来,我国高超声速进气道的研究取得了长足的发展,已形成了一支老中青相结合,以中青年为核心力量的高超声速进气道研究队伍,在研究工作中,为客观、公正地评价各种类型的进气道性能,参照了一般超声速进气道发展历程中逐步形成的评价体系,结合各类高超声速进气道自身的特点和这几年在高超声速进气道研究中的经验,正在酝酿一个关于高超声速进气道性能评估的国家军用标准《高超声速进气道性能参数定义和测量方法》,本节主要内容即取材于此标准的初稿[40]。

1. 高超声速进气道的专业术语

（1）捕获高度（H），即当飞行器或发动机高度方向垂直于自由流方向时，以进气道唇口和外压缩面构成的最大高度差，单位 m。

（2）捕获宽度（W），即当飞行器或发动机高度方向垂直于自由流方向时，进气道侧缘构成的最大宽度，单位 m。

（3）捕获面积（A），即流入进气道的气流在远前方自由流管的横截面积，单位 m^2。

（4）基准捕获面积（A_0），即当攻角为 0°时，由划归于进气道的外压缩面和进气道前缘所围成的面积逆流远前方在其垂直面上的投影面积。外压缩面可包括部分或全部预压缩前体，计入捕获面积的最大高度不超过捕获高度，最大宽度不超过捕获宽度，单位 m^2。

（5）基准捕获流量（$\dot{m}_0$），即当攻角为 0°时，按基准捕获面积计算的自由流管流量，单位 kg/s。

（6）内通道进口面积（A_1），即构成进气道全封闭管道起始位置的截面积，该截面垂直于当地气流平均速度方向，单位 m^2。

（7）喉道，即进气道内通道最小截面处，一般为隔离段进口。

（8）总收缩比（Cr），即基准捕获面积与喉道横截面积之比：

$$Cr = A_0 / A_{th} \qquad (1-1)$$

式中　A_0——基准捕获面积（m^2）；

　　　A_{th}——喉道横截面积（m^2）。

（9）内收缩比（Cr_1），即内通道进口面积与喉道面积之比：

$$Cr_1 = A_1 / A_{th} \qquad (1-2)$$

式中　A_1——内通道进口面积（m^2）。

2. 高超声速进气道性能参数定义

高超声速进气道性能评估的指标很多，其中最常用、最重要的指标就是代表压缩效率的总压恢复系数、代表流量捕获能力的流量系数。此外，进气道的起动能力、抗反压能力、进气道的阻力特性等也是进气道性能的重要指标。除了这些常规的指标以外，本书针对超声速/高超声速进气道还提出一个代表单位压缩面、单位流量压缩效率的新指标——面压效率比 K_s，以衡量高超声速进气道的设计水平。下面就这些具体指标列出它们的定义和计算公式：

（1）流量系数（φ），即实际进入进气道的流量与基准捕获流量之比：

$$\varphi = \dot{m}/\dot{m}_0 \qquad (1-3)$$

式中　$\dot{m}$——实际进入进气道的流量（kg/s）；

$\dot{m}_0$——基准捕获流量(kg/s)。

（2）吸除流量系数(φ_s)，即吸除流道流出的流量与基准捕获流量之比：

$$\varphi_s = \dot{m}_s / \dot{m}_0 \tag{1-4}$$

式中　$\dot{m}_s$——吸除流道流出的流量(kg/s)。

（3）出口流量系数(φ_e)，即隔离段出口的流量与基准捕获流量之比：

$$\varphi_e = \dot{m}_e / \dot{m}_0 \tag{1-5}$$

式中　$\dot{m}_e$——隔离段出口的流量(kg/s)。

（4）喉道马赫数(Ma_{th})，即喉道截面以流量加权平均计算的马赫数：

$$Ma_{th} = \frac{1}{\dot{m}_{th}} \int_{A_{th}} Ma\rho\boldsymbol{v} \cdot \boldsymbol{n} \mathrm{d}s_{th} \tag{1-6}$$

式中　Ma——截面当地马赫数；

ρ——截面当地气流密度(kg/m³)；

$\boldsymbol{v}$——截面当地气流速度矢量(m/s)；

$\boldsymbol{n}$——截面法向；

$\mathrm{d}s_{th}$——面积 A_{th} 上的面元(m²)；

$\dot{m}_{th}$——流经喉道截面的流量(kg/s)。

（5）喉道总压恢复系数(σ_{th})，即喉道截面以流量加权平均计算的总压恢复系数：

$$\sigma_{th} = \frac{1}{\dot{m}_{th}} \int_{A_{th}} \sigma\rho\boldsymbol{v} \cdot \boldsymbol{n} \mathrm{d}s_{th} \tag{1-7}$$

式中　σ——截面上当地气流的总压恢复，$\sigma = p^* / p_\infty^*$，即当地气流总压与自由流总压之比。

（6）临界状态，即当提高进气道下游压强并达到一定程度时，进入进气道的流量刚要下降前的流道状态。

（7）临界总压恢复系数(σ_3)，即当进气道达到临界状态时，隔离段出口下游扩张到燃烧室中段当量截面面积后的总压恢复系数：

$$\sigma_3 = \frac{1}{\dot{m}_3} \int_{A_3} \sigma\rho\boldsymbol{v} \cdot \boldsymbol{n} \mathrm{d}s_3 \tag{1-8}$$

式中　A_3——燃烧室中段当量截面面积(m²)；

$\mathrm{d}s_3$——面积 A_3 上的面元(m²)；

$\dot{m}_3$——流经喉道截面的流量(kg/s)。

（8）临界反压(p_3)，即当进气道达到临界状态时，隔离段出口下游扩张到燃烧室中段当量截面面积后的平均静压：

$$p_3 = \frac{1}{A_3} \int_{A_3} p \mathrm{d}s_3 \tag{1-9}$$

式中　p——气流的当地静压（Pa）。

（9）抗反压能力，即某一飞行状态下，进气道能承受的临界反压与来流静压之比。

（10）内阻力（F_x），即进气道捕获面积内的气流对隔离段进口前进气道内表面的作用力在0°攻角纵轴方向的分力，计算时气流压强取表压。

（11）内升力（F_y），即进气道捕获面积内的气流对隔离段进口前进气道内表面的作用力在0°攻角纵轴垂直向上方向的分力，计算时气流压强取表压。

（12）内阻力系数（C_x），即以来流动压和基准捕获面积之积无因次化的进气道内阻力：

$$C_x = \frac{2F_x}{\rho_\infty V_\infty^2 A_0} \tag{1-10}$$

式中　ρ_∞——自由流密度（kg/m^3）；

　　　V_∞——自由流速度（m/s）。

（13）内升力系数（C_y），即以来流动压和基准捕获面积之积无因次化的进气道内升力：

$$C_y = \frac{2F_y}{\rho_\infty V_\infty^2 A_0} \tag{1-11}$$

（14）进气道起动状态。进气道至少在隔离段进口前建立了稳定的超声速流场，且此时的实际捕获流量与消除原流场中的边界层分离后所能获得的最大捕获流量之差不超过后者的2%，这一超声速流态称为进气道起动状态。

（15）进气道自起动能力。已经起动的进气道，当下游反压升高并超过一定程度时，实际进入进气道的流量低于起动状态流量的50%后，若反压下降，进气道能再次进入起动状态，则称进气道具有自起动能力。

（16）起动马赫数，即在0°攻角、0°侧滑角下，进气道能进入起动状态的最低马赫数。

（17）自起动马赫数，即在0°攻角、0°侧滑角下，进气道具有自起动能力的马赫数。

（18）自起动工作范围，即进气道具有自起动能力的飞行马赫数范围、高度范围、攻角范围和侧滑角范围。

（19）自起动迟滞度（$\Delta \tilde{p}_3$）。具备自起动能力的进气道，当提高下游反压，直到实际进入进气道的流量低于起动状态流量的 50% 后,缓慢下降反压到某一值 p_3^* 时,进气道刚好能再次进入起动状态,临界反压和这一反压之差与临界反压之比,称进气道的自起动迟滞度:

$$\Delta \tilde{p}_3 = (p_3 - p_3^*)/p_3 \tag{1-12}$$

以上关于进气道性能的材料均摘录自文献[40]。

（20）高超声速进气道的面压效率比[41]。

随着吸气式发动机高超声速技术的发展,及多年的高超声速进气道研究经验,发现原有的一些对进气道的评价体系存在某些缺陷,特别是高超声速气动力、气动热问题的凸显,高超声速气动压缩面的防热问题不容忽视,而目前高超声速进气道长长的压缩面几乎占整个推进系统长度的 1/3 或更长,这通常为动力总体或飞行器总体所不容许。随着飞行马赫数的增加,该问题将会更趋严重。除了空间占用、结构增重之外,长时间工作的热防护无法回避,长长的高超声速进气道造成进气道严重的气动加热问题和结构增重问题。从提高推进系统总体性能的角度出发,尽可能减少气流压缩面面积即将成为进气道设计的当务之急。而进气道的气动设计又通常主要关注其气动性能,为实现此性能究竟需要多大的气动压缩面往往不是考虑的主要问题,因此在飞行器总体与进气道气动设计之间应该有一种新的评价压缩面对气流压缩效率的参数,用以评价进气道的设计水平。就目前的设计水平而言,设计一个气动高性能的进气道已并非十分困难的任务,而用最小的压缩面面积完成同样性能的进气道设计就非易事,这是设计水平的反映。

本书提出一种新的进气道设计指标（暂且取名为"单位流量压缩面效率"或"面压效率比"）K_s 可能是有用的:

$$K_s = \frac{\pi \sigma}{S \dot{m}} \tag{1-13}$$

式中　π——进气道喉道前的压升;

　　　σ——进气道喉道前的总压恢复;

　　　$\pi\sigma$——升压效率;

　　　S——喉道前参与气流压缩的整个压缩面表面积;

　　　$\dot{m}$——进气道的质量流量。

面压效率比 K_s 的物理意义就是沿压缩面流向,单位面积压缩面、单位质量流量的升压效率。它可以是进气道的一个总体量,也可以是压缩过程中某一位置的局部量。对于一定的进气道质量流量 $\dot{m}$ 和一定的升压效率 $\pi\sigma$,希望参与气流压缩的表面积 S 越小越好,即面压效率比 K_s 越大越好。能用尽量小的表面积完成一定量的压缩过程,对高超声速飞行器的防热设计、减阻设计和结构减重都是有利的。因此 K_s 可以是动力总体和飞行器总体衡量进气道设计水平及气动性能的重要指标。为说明问题,利用现成的算例比较了四种压缩方式,即纯等熵压缩、等激波强度三级斜楔压缩、斜楔 – 等熵压缩和曲面压缩,在相同进口条件、大致相同的增压比下,按照上述的定义计算了各自的面压效率比 K_s。结果表明,四个算例之间确有差别,具体数值见表 1 – 1。

表 1 – 1   四种不同进气道的面压效率比 K_s

进气道类型	纯等熵压缩	等激波强度三级斜楔压缩	斜楔 – 等熵压缩	曲面压缩
$K_s/(\,\mathrm{s}/(\,\mathrm{kg}\cdot\mathrm{m}^2\,)\,)$	1.66	2.15	2.40	2.36

可见曲面压缩 K_s 明显高于纯等熵压缩和等激波强度三级斜楔压缩,与斜楔 – 等熵压缩基本相当。

上面介绍的高超声速进气道性能评估指标对超燃冲压发动机以及各种高超声速组合循环发动机都是适用的。其中流量系数、总压恢复系数、阻力系数、起动性能等是最常用的性能评估指标。

1.4   本书的主要内容

全书共分 10 章。第 1 章是概述,简述了超声速、高超声速进气道的发展历史,分析了当前高超声速进气道的一些挑战性需求,由此引出弯曲激波压缩系统的新概念,并大致介绍了这种压缩系统的组成、概貌及特点,也扼要地将各章的主要内容做了说明。

第 2 章是与弯曲激波压缩系统密切相关的一些气动力学基础问题的简化求解方法,为后面弯曲激波压缩流场的设计计算和设计优化提供一种避免数值迭代的直接、准确、高效的简化计算方法。

第 3 章介绍了几种二维弯曲激波曲面压缩面的正设计方法,包括课题组早年研究的指定压缩面形状函数的设计、指定压缩面连续转角的设计和近年发展的等熵压缩面坐标变换的设计。

第 4 章集中介绍了第一类反设计的设计思路和设计流程,即由出口气流参数的分布逆流向设计整个压缩流道的过程。流场设计的关键是一道或多道弯曲激波的设计,当然解不是唯一的。

第 5 章是核心内容,介绍了第二类反设计的详细过程,即指定压缩面壁面的压强分布设计压缩面的型面和整个压缩流场,或者指定压缩面的减速规律来设计压缩面的几何型面和完整的弯曲激波压缩流场的方法。

随着近年来内转进气道研究的热度提升,轴对称基准流场的设计成为核心问题。第 6 章围绕这一核心关键问题,充分利用弯曲激波压缩流场的优势和本书提出的第二类反设计方法,介绍了性能优良的壁面反正切增压规律、壁面反正切减速规律和其他几种方法来设计轴对称基准流场的过程及设计细节,为性能优良的内转进气道设计提供一种新的方法。

第 7 章作为弯曲激波压缩的实例,利用本书介绍的反设计方法,设计高超声速二维进气道、高超声速轴对称进气道、高超声速侧压式进气道和高超声速内转进气道,介绍了这些进气道的设计过程、模型试验和部分试验结果。

为了适应宽马赫数工作范围的需求,第 8 章将弯曲激波曲面压缩面的概念加以拓展,提出一种自适应变几何弹性曲面压缩面的新概念,探索了这种新设计概念的性能优势和未来的可能发展前景。

阻力分析和减阻设计是高超声速进气道面临的另一个问题。进气道作为气流减速增压装置,其内壁面为了阻滞并降低来流的速度,使气流的一部分动能转化为压力能,在这一过程中,气流的动量转变成对进气道的作用力,因此进气道的阻力必然存在,这是气流减速增压的代价。第 9 章首先从基本气动原理分析了进气道的最小阻力,进而研究了各类进气道内部压差阻力和摩擦阻力的大致比例,研究了减阻的可能途径,最后安排了对比试验。数值分析和试验结果都证明,曲面压缩确实有减小进气道阻力的效果,是减阻设计的有效途径。

第 10 章是曲面压缩的发展和应用展望。

全书的反设计方法都是基于无黏流理论推导而得的,在具体工程实用时,最终的压缩面型面可以采用经典的边界层理论加以修正。

作为这种设计方法的拓展,本书介绍的反设计概念对于超声气流膨胀系统如喷管的气动设计也是适用的。

第2章　二维弯曲激波曲面压缩流场的计算与分析方法

超声速/高超声速气流与曲面压缩面相互作用的流场,本质上就是由一系列基础性的气动现象所组成。本章介绍了与弯曲激波压缩系统密切相关的一些气动力学基础问题的简化求解方法,为后面弯曲激波压缩流场的设计计算和设计优化提供一种避免数值迭代的直接、准确、高效的简化计算方法。

2.1　二维弯曲激波压缩流场的近似计算方法[42]

传统的二维斜激波压缩流场壁面为多级斜楔,通过逐级求解斜激波关系即可计算或设计流场;Prandtl – Meyer 压缩流场压缩面虽是弯曲型面,但压缩面扰动的传播线(即左行特征线)均为直线,每条左行特征线上马赫数、压强、流动方向等参数完全相同,通过 Prandtl – Meyer 方程也容易进行计算或设计。

而本书讨论的弯曲激波压缩流场则要复杂得多(图 2 – 1),从曲面压缩面发出的一系列等熵压缩波相继与前缘斜激波相交,迫使前缘斜激波逐渐弯曲,前缘激波和等熵压缩波二者相互作用还会形成反射波系、滑流间断,反射波系和滑流间断又将继续与下游的压缩波产生相互作用,对壁面附近流动产生影响,因此压缩面发出的左行特征线不再是直线,特征线上的马赫数、压强等参数也不均匀,这给流场分析带来了困难,只能借助特征线法或其他数值方法进行精确计算。

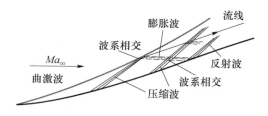

图 2 – 1　二维弯曲激波压缩流场内波系及其相互作用的示意图

为了实现快速估算,一些文献采用的近似计算方法中,仍然假定特征线为直线,并且忽略反射波系与下游的相互作用,这对于存在较强相互作用的流场,显然会带来较大的误差。而如果将所有波系的相互作用纳入计算则实现过程将十分烦琐,失去了近似计算的意义。

　　针对以上问题,本章研究了反射波系的修正方法,同时采取了等熵波扇分立、截面平均等一系列简化,最终建立了计算激波形状、波后参数、壁面参数、出口参数及流场内流线的近似方法,计算的关系式均以显式解析解的形式给出,能够快速、方便、准确地对流场进行分析。

2.1.1　基本流动单元下游参数的计算

　　参考图 2 – 1,弯曲激波压缩流场中包含斜激波、等熵压缩波、等熵膨胀波、斜激波 – 压缩波相交、膨胀波 – 压缩波相交等流动现象,本节将这些基本的流动单元分解并进行研究,给出各自下游参数的近似计算方法并对近似误差进行校验。参数计算均以解析解的形式给出,以避免采用数值迭代带来的复杂性。

1. 斜激波

　　弯曲激波可以近似离散为一系列斜激波,从而能够直接应用斜激波关系式。正常工作的高超声速压缩中不会出现斜激波强解,因此本书的研究仅针对弱解。

　　图 2 – 2 为超声速气流经过斜楔(转折角 δ)形成斜激波的示意图,上游记为 A 区(马赫数 Ma_A、压强 p_A、流动方向 θ_A),下游为 B 区(马赫数 Ma_B、压强 p_B、流动方向 θ_B)。应用斜激波前后关系式(2 – 1)能够确定激波角 β:

$$\frac{1}{\tan\delta} = \left(\frac{\gamma + 1}{2} \frac{Ma_A^2}{Ma_A^2 \sin^2\beta - 1} - 1 \right)\tan\beta \qquad (2 – 1)$$

式中　γ——气体比热比。

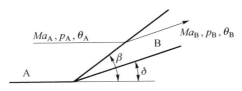

图 2 – 2　平面斜楔上的斜激波

　　式(2 – 1)经过一些代数变换后可以得出激波角正切值精确解的显式表达式:

$$\tan\beta = \frac{2}{3k_1\tan\delta}\left\{ k_0 - \sqrt{4k_0^2 - 3k_1 k_2 \tan^2\delta}\cos\left[\frac{\pi}{3} + \frac{1}{3}\arccos\left(\frac{8k_0^3 - 9k_1(k_0 k_2 + 3k_1)\tan^2\delta}{(4k_0^2 - 3k_1 k_2\tan^2\delta)^{1.5}} \right) \right] \right\}$$

$$(2 – 2)$$

　　其中 $k_0 = Ma_A^2 - 1$,$k_1 = (\gamma - 1)Ma_A^2 + 2$,$k_2 = (\gamma + 1)Ma_A^2 + 2$,均为来流参数确定的

变量。

根据激波角 β 容易进一步计算斜激波波后马赫数 Ma_B 和压强 p_B：

$$Ma_B = \sqrt{\frac{k_1^2\tan^4\beta + \left[4k_1 + (k_2-2)^2\right]\tan^2\beta + 4}{(k_1\tan^2\beta + 2)\left[(2kk_0 + \gamma + 1)\tan^2\beta - \gamma + 1\right]}} \qquad (2-3)$$

$$p_B = p_A\left(\frac{2\gamma}{\gamma+1}\frac{\tan^2\beta}{\tan^2\beta+1}Ma_A^2 - \frac{\gamma-1}{\gamma+1}\right) \qquad (2-4)$$

为了便于书写，根据来流 Ma_A、压强 p_A 及转折角 δ，求解波后马赫数 Ma_B 和压强 p_B 的函数表达式(2-3)、式(2-4)分别定义为

$$Ma_B = f_{S.Ma}(Ma_A, \delta) \qquad (2-5)$$

$$p_B = f_{S.p}(Ma_A, p_A, \delta) \qquad (2-6)$$

其中，函数 f 下标 S 表示函数用于激波的求解，下标 Ma 和 p 分别表示函数求解的变量为马赫数和压强。

2. Prandtl-Meyer 流动

弯曲激波压缩流场内存在 Prandtl-Meyer 流动与其他流动的叠加，因此需考察下游参数的计算方法。

图 2-3 为扇形区域的 Prandtl-Meyer 流动，选择坐标系使来流流动方向 θ_A 为 0°，上游记为 A 区(Ma_A、压强 p_A、流动方向角 θ_A)，下游为 B 区(Ma_B、压强 p_B、流动方向角 θ_B)。流动逆时针偏转一定角度 δ，产生的可能是膨胀波扇(δ 为正值)或者压缩波扇(δ 为负值)，计算方法是相同的。

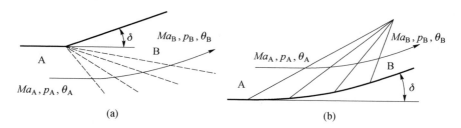

图 2-3　Prandtl-Meyer 流动示意图
（a）膨胀；（b）压缩。

通过 Prandtl-Meyer 角 ν，能够建立流动总偏转角 δ 与流动上下游 Ma_A、Ma_B 的关系：

$$\nu_B = \nu_A + \delta \qquad (2-7)$$

其中 Prandtl-Meyer 角 ν 由当地的马赫数计算：

$$\nu = \sqrt{\frac{\gamma + 1}{\gamma - 1}} \arctan \sqrt{\frac{\gamma - 1}{\gamma + 1}} \sqrt{Ma^2 - 1} - \arctan \sqrt{Ma^2 - 1} \qquad (2-8)$$

在式（2-7）、式（2-8）中，根据偏转角 δ 和上游 Ma_A 无法直接求解下游 Ma_B。为了避免数值迭代，将 Ma_B 关于 δ 的函数在 $\delta = 0$ 展开为泰勒公式，经过一系列代数变换后可得到求解 Ma_B 的近似公式：

$$\arcsin \frac{1}{Ma_B} = \arcsin \frac{1}{Ma_A} - \frac{k_1}{2k_0}\delta + \frac{k_1(k_2 - 2)}{4k_0^{5/2}}\delta^2 -$$

$$\frac{k_1(k_2 - 2)\left[(k_1 - 4)Ma_A^2 + 4(k_2 - 2) + 4\right]}{24k_0^4}\delta^3 +$$

$$\frac{k_1(k_2 - 2)\{2Ma_A^4\left[k(k_1 - 2) - 3\right] + 3(k_2 - 2)k_2 + 2\}}{24k_0^{11/2}}\delta^4 + 0(\delta^5)$$

$$(2-9)$$

其中 $k_0 = Ma_A^2 - 1$，$k_1 = (\gamma - 1)Ma_A^2 + 2$，$k_2 = (\gamma + 1)Ma_A^2 + 2$，均为来流参数确定的变量。在相同的来流条件下，偏转角 δ 距离展开点 $\delta = 0$ 越远（即 Ma_B 偏离 Ma_A 越大），根据式（2-9）计算结果的余项误差会越大。

为了降低误差，推导泰勒公式时，可以考虑不在 $\delta = 0$ 的位置展开，而选择靠近 θ_B 的位置展开。因此选择某个接近 Ma_B 的参考点 Ma_{ref}，根据式（2-8）计算对应的 ν_{ref}，将展开点取在 $\delta = \delta_{ref} = \nu_{ref} - \nu_A$，可得

$$\arcsin \frac{1}{Ma_B} = \arcsin \frac{1}{Ma_{ref}} - \frac{k_1}{2k_0}(\delta - \delta_{ref}) + \frac{k_1(k_2 - 2)}{4k_0^{5/2}}(\delta - \delta_{ref})^2 -$$

$$\frac{k_1(k_2 - 2)\left[(k_1 - 4)Ma_{ref}^2 + 4(k_2 - 2) + 4\right]}{24k_0^4}(\delta - \delta_{ref})^3 +$$

$$\frac{k_1(k_2 - 2)\{2Ma_{ref}^4\left[k(k_1 - 2) - 3\right] + 3(k_2 - 2)k_2 + 2\}}{24k_0^{11/2}}(\delta - \delta_{ref})^4 +$$

$$0((\delta - \delta_{ref})^5) \qquad (2-10)$$

其中 $\delta_{ref} = \nu_{ref} - \nu_A$，$k_0 = Ma_{ref}^2 - 1$，$k_1 = (\gamma - 1)Ma_{ref}^2 + 2$，$k_2 = (\gamma + 1)Ma_{ref}^2 + 2$，是由 Ma_A、Ma_{ref} 确定的变量。

Ma_{ref} 取值应尽量接近 Ma_B，本书中马赫数在 $3 \sim 7$ 的范围内，因此 Ma_{ref} 均取为 4.9。

根据式（2-10）得到下游 Ma_B 之后容易求解压强 p_B：

$$p_B = p_A \left[\left(1 + \frac{\gamma - 1}{2} Ma_A^2 \right) \middle/ \left(1 + \frac{\gamma - 1}{2} Ma_B^2 \right) \right]^{\frac{\gamma}{\gamma - 1}} \qquad (2 - 11)$$

对近似公式计算的精确程度进行了考察。当在 $Ma_B 3 \sim 7$ 时,式(2-10)在不同阶次截断计算得到的下游 Ma_B、压强 p_B 近似解的相对误差限见表2-1。可见,当余项取至 $0((\delta - \delta_{ref})^5)$ 时,计算结果的最大误差已降低至 0.4%,达到了足够的精度。

表 2 – 1　式(2 – 10)近似解的相对误差限($Ma_{ref} = 4.9, 3 \leqslant Ma_B \leqslant 7$)

余项	Ma_B 的 $\|\varepsilon\|_{max}$	$\|\varepsilon\|_{max}$ 的 p_B
$0((\delta - \delta_{ref})^3)$	1.5%	6.5%
$0((\delta - \delta_{ref})^4)$	0.3%	1.5%
$0((\delta - \delta_{ref})^5)$	0.1%	0.4%

为了书写方便,根据来流 Ma_A、压强 p_A 及偏转角 δ,求解 Prandtl – Meyer 流动等熵波后 Ma_B 和压强 p_B 的函数表达式(2 – 10)、式(2 – 11)分别定义为

$$Ma_B = f_{P-M,Ma}(Ma_A, \delta) \qquad (2 - 12)$$

$$p_B = f_{P-M,p}(Ma_A, p_A, \delta) \qquad (2 - 13)$$

其中,函数 f 的下标 P – M 表示函数用于 Prandtl – Meyer 流动的求解,下标 Ma 和 p 分别表示函数求解的变量为马赫数和压强。

3. 同侧的斜激波与斜激波相交

弯曲激波压缩流场中并不存在斜激波与斜激波相交,但是斜激波与压缩波相交的计算与此类似,因此首先考察了这种流动。

如图 2 – 4 所示,超声速来流相继通过两个斜楔(转折角分别为 δ_B、δ_C)产生两道斜激波(激波角分别为 β_B、β_C),斜激波相交后将形成一道新的斜激波(激波角为 β_F),并产生反射波系和滑流间断。流场被分为 A ~ F 六个区域,其中区域 D 是扇形膨胀波或一道激波,其他区域内是均匀流动,分别以 Ma、p 和 θ 附加相应的区域下标表示各均匀区域的马赫数、压强和流动方向,选择坐标系使来流流动方向 θ_A 为 $0°$。

区域 B、C 内的参数可直接由激波关系式(2 – 5)、式(2 – 6)求解,之后需要根据 E 和 F 两个区域压强相等、流动方向相同的条件,通过激波极线图或数值迭代获得区域 D、E 和区域 F 内的参数。对本书研究的来流马赫数和转折角范围内($Ma_A \geqslant 4, 0 < \delta_B \leqslant 18°, 0 < \delta_C \leqslant 18°$)的计算表明,反射波不会是激波(即区域 C 压强均大于区域 E 和区域 F),因此只考虑区域 D 是膨胀波扇的情况。

为了避免迭代,本书近似按照式(2 – 14)计算流动在区域 D 内膨胀的偏转角:

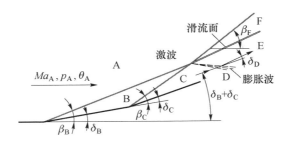

图 2 - 4　斜激波与同侧斜激波相交的示意图

$$\delta_{\mathrm{D}} = \frac{p_{\mathrm{C}} - p_{\mathrm{BC}}}{\dfrac{\gamma Ma_{\mathrm{C}}^2 p_{\mathrm{C}}}{\sqrt{Ma_{\mathrm{C}}^2 - 1}} + \dfrac{\gamma Ma_{\mathrm{BC}}^2 p_{\mathrm{BC}}}{\sqrt{Ma_{\mathrm{BC}}^2 - 1}}} \qquad (2 - 14)$$

式中　Ma_{BC}、p_{BC}——区域 A 的来流经过转折角为 $\delta_{\mathrm{BC}} = \delta_{\mathrm{B}} + \delta_{\mathrm{C}}$ 的斜激波后的马赫数和压强,根据式(2-5)、式(2-6)容易计算。

该公式由激波关系的一阶泰勒公式近似得出。

得到区域 D 膨胀的偏转角 δ_{D} 后,即可确定区域 E、F 的流动方向:

$$\theta_{\mathrm{E}} = \theta_{\mathrm{F}} = \delta_{\mathrm{B}} + \delta_{\mathrm{C}} + \delta_{\mathrm{D}} \qquad (2 - 15)$$

之后根据式(2-5)、式(2-6)和式(2-12)、式(2-13)可直接得出区域 E、F 内的马赫数和压强。

在 $4 \leqslant Ma_{\mathrm{A}} \leqslant 7, 1° \leqslant \delta_{\mathrm{B}} \leqslant 18°, 1° \leqslant \delta_{\mathrm{C}} \leqslant 18°$ 范围内,根据式(2-14)所得 δ_{D} 的近似解来计算区域 F 压强相对误差在 $-0.49\% \sim 0.44\%$ 以内。如果近似取 $\theta_{\mathrm{E}} = \theta_{\mathrm{F}} \approx \delta_{\mathrm{B}} + \delta_{\mathrm{C}}$,所得区域 F 内压强的相对误差最大可以达到 -12.9%。

为了书写方便,根据式(2-14)求解反射膨胀波角度的过程定义为

$$\delta_{\mathrm{D}} = f_{\mathrm{S-S}, \delta}(Ma_{\mathrm{C}}, p_{\mathrm{C}}, Ma_{\mathrm{BC}}, p_{\mathrm{BC}}) \qquad (2 - 16)$$

其中,下标 S - S 表示函数用于激波相交的求解,下标 δ 表示函数求解的变量是偏转角。

4. 分立膨胀波近似

偏转角较小的等熵膨胀扇区与其他波系相互作用时,可将整个扇区近似为一道分立膨胀波计算(图 2-5)。当来流 $Ma4$、偏转角 $5°$ 时,扇区两侧边缘上一点与中心线的距离大约仅为其与起点距离的 5.6%,因此采用此近似后受影响的空间是比较小的。

5. 膨胀波在壁面反射

如图 2-6 所示,膨胀角度为 δ 的分立膨胀波在平行于来流的壁面上反射,区域 C 与区域 A 流动方向相同($\theta_{\mathrm{C}} = \theta_{\mathrm{A}}$),而气流从区域 A 到区域 C 被膨胀的角度为

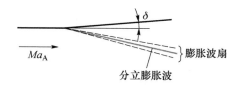

图2-5　分立膨胀波

原膨胀角度的2倍：

$$\nu_{\mathrm{C}} - \nu_{\mathrm{A}} = 2\delta \tag{2-17}$$

代入式(2-12)和式(2-13)可求解反射后的马赫数和压强。

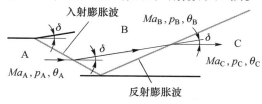

图2-6　膨胀波的反射

6. 异侧的压缩波与膨胀波相交

如图2-7(a)所示,使流动逆时针偏转的压缩波与膨胀波相交,偏转角分别为 δ_{com} 和 δ_{exp} (均为正值),若区域A来流均匀,那么区域D流动仍然均匀,流动方向为

$$\theta_{\mathrm{D}} = \theta_{\mathrm{A}} + \delta_{\mathrm{com}} + \delta_{\mathrm{exp}} \tag{2-18}$$

而气流从区域A到区域D被膨胀(或压缩)的总角度为

$$\delta = |\nu_{\mathrm{D}} - \nu_{\mathrm{A}}| = |\delta_{\mathrm{exp}} - \delta_{\mathrm{com}}| \tag{2-19}$$

式中若 $\delta_{\mathrm{exp}} - \delta_{\mathrm{com}} < 0$,气流被压缩,反之为膨胀。将 δ 代入式(2-10)、式(2-11)可求解区域D的马赫数和压强。

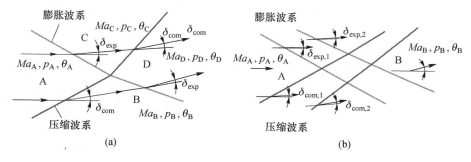

图2-7　异侧压缩波与膨胀波相交的示意图

类似地可知,一系列压缩波和膨胀波相交时(图2-7(b)),计算最终出口流

动角度和被膨胀(压缩)的角度时,可以先计算所有压缩,再叠加所有膨胀:

$$\theta_B = \theta_A + \sum \delta_{com,i} + \sum \delta_{exp,j} \qquad (2-20)$$

$$\delta = |\nu_B - \nu_A| = \left| \sum \delta_{exp,i} - \sum \delta_{com,j} \right| \qquad (2-21)$$

7. 同侧的斜激波与压缩波扇相交

参考图 2 – 8,壁面附近的气流经过前缘激波后,到达弯曲激波流场中壁面上一点时(例如图 2 – 8 中 x_w),不仅经过压缩面连续的压缩,也不断经过弯曲激波上反射波的膨胀。根据上一小节的分析,对于近似计算,可首先分别独立计算气流经过压缩和膨胀的角度再进行叠加。压缩的角度即壁面切向角 δ_w 的变化,而膨胀的角度则不易直接计算。这些膨胀波来源于压缩面上某一点之前的压缩与前缘激波的相互作用(例如图 2 – 8 中 $x_{c,w}$ 之前的压缩,$x_{c,w} < x_w$,下标 c 用于表示对壁面点 x_w 计算的修正)。

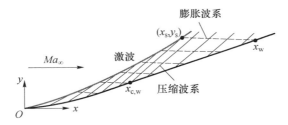

图 2 – 8　弯曲激波压缩流场中的波系

为了考察膨胀波的影响,将 $x_{c,w}$ 之前逐渐与前缘激波相交的压缩波简化为一簇汇聚于一点的扇形 Prandtl – Meyer 压缩波,并在汇聚点与一道斜激波相交(图 2 – 9),相交后将产生一道反射的分立膨胀波和滑流间断。对于此简化所造成的误差,曾对五组算例采用以上简化的近似公式计算了壁面马赫数和压强,与采用特征线法所得精确解相比,发现五组近似解与精确解相比均没有明显差异,均方根误差最大为 0.7%,其中马赫数最大误差为 – 0.3%,压强最大误差为 1.6%。

本小节将分析图 2 – 9 所示流动的近似计算方法。

在图 2 – 9 中,所关注的流场分为 A ~ F 六个区域,区域 B 和区域 D 对应的壁面均为直线,流动均匀,区域 C 是 Prandtl – Meyer 压缩波扇,区域 E、F 分别位于膨胀波后的滑流间断两侧,也是均匀流动。分别以 Ma、p、θ 和 μ 附加相应的区域下标表示各均匀区域的马赫数、压强、流动方向和马赫角,选择坐标系使来流流动方向 θ_A 为 0°。从区域 D 到区域 E 经过一道分立膨胀波,该膨胀波使气流偏转的角度记为 δ_E。

根据式(2 – 5)、式(2 – 6)和式(2 – 12)、式(2 – 13),区域 B、C、D 内的参数容

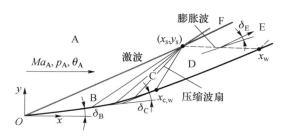

图 2 - 9　同侧的斜激波与压缩波扇相交

易依次完成计算。区域 D 到区域 E 膨胀角度的计算方法与图 2 - 4 中对区域 D 的计算类似,这里直接写出其近似计算公式:

$$\delta_{\text{E}} = \frac{p_{\text{D}} - p_{\text{BC}}}{\dfrac{\gamma Ma_{\text{D}}^2 p_{\text{D}}}{\sqrt{Ma_{\text{D}}^2 - 1}} + \dfrac{\gamma Ma_{\text{BC}}^2 p_{\text{BC}}}{\sqrt{Ma_{\text{BC}}^2 - 1}}} \tag{2 - 22}$$

式中　Ma_{BC}、p_{BC}——区域 A 来流经过转折角为 $\delta_{\text{BC}} = \delta_{\text{B}} + \delta_{\text{C}}$ 的斜激波后的马赫数和压强。得到 δ_{E} 后容易计算区域 E、F 内的参数。在 $4 \leqslant Ma_{\text{A}} \leqslant 7$, $1° \leqslant \delta_{\text{B}} \leqslant 18°$, $1° \leqslant \delta_{\text{C}} \leqslant 18°$ 范围内,根据 δ_{E} 的近似解来计算区域 E 压强的相对误差在 $-0.84\% \sim 0.43\%$ 之内。

为了书写方便,式(2 - 22)求解反射膨胀波角度的过程定义为

$$\delta_{\text{E}} = f_{\text{S}-PM,\delta}(Ma_{\text{D}}, p_{\text{D}}, Ma_{\text{BC}}, p_{\text{BC}}) \tag{2 - 23}$$

其中,下标 $S - PM$ 表示函数用于激波与等熵压缩波相交的求解,下标 δ 表示函数求解的变量是偏转角。

计算流场过程中还需要确定 x_{w} 与 $x_{\text{c,w}}$ 的关系。忽略分立膨胀波前后马赫角的差异,可得

$$x_{\text{w}} = x_{\text{c,w}} + \omega_{\text{c,w}} L_{\text{w}-\text{s}} \cos\mu_{\text{D}} \cos\theta_{\text{D}} \tag{2 - 24}$$

式中　$\omega_{\text{c,w}}$——取值与压缩面曲率有关,$x_{\text{c,w}}$ 之后壁面曲率为 0 时,$\omega_{\text{c,w}} = 2$;
　　　　$L_{\text{w}-\text{s}}$——$(x_{\text{c,w}}, y_{\text{c,w}})$ 与 $(x_{\text{s}}, y_{\text{s}})$ 之间的距离,根据流量守恒容易得出

$$L_{\text{w}-\text{s}} = \frac{y_{\text{c,w}}}{(q_{\text{D}}/q_{\text{A}})\sin\mu_{\text{D}} - \sin(\mu_{\text{D}} + \theta_{\text{D}})} \tag{2 - 25}$$

其中 q 为

$$q = pMa \sqrt{\frac{1}{2}(\gamma - 1)Ma^2 + 1} \tag{2 - 26}$$

2.1.2　弯曲激波压缩流场近似计算

本节将研究弯曲激波压缩流场的近似计算,参见图 2 – 10。

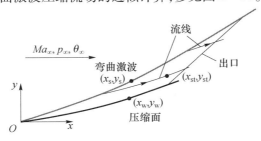

图 2 – 10　弯曲激波压缩流场示意图

自由来流马赫数、压强、流动方向角分别为 Ma_∞、p_∞、θ_∞,弯曲压缩型面由下式确定:

$$y_w = f_w(x_w), 0 \leqslant x_w \leqslant L \tag{2–27}$$

式中　下标 w——壁面;

　　　L——壁面长度。

选择坐标系使横坐标方向与来流方向相同,原点为壁面起点。容易得出壁面角度的分布:

$$\theta_w = \arctan \frac{\mathrm{d}f_w(x_w)}{\mathrm{d}x_w}, \ 0 \leqslant x_w \leqslant L \tag{2–28}$$

对于图 2 – 10 所示的弯曲激波压缩流场,应用上一节对各流动单元的分析结果研究了以下参数的近似计算方法:

（1）壁面上 Ma_w、压强 p_w 的分布;

（2）激波坐标 (x_s, y_s),以及激波后 Ma_s、压强 p_s、流动方向 θ_s 的分布;

（3）流场中一条流线的坐标 (x_{st}, y_{st}),以及对应点的 Ma_{st}、压强 p_{st}、流动方向 θ_{st};

（4）出口截面的 Ma_e、压强 p_e、总压 P_e^*。

1. 壁面气动参数的计算

参考图 2 – 11,激波后壁面前缘参数 Ma_0、p_0 可根据前缘压缩角 θ_0 通过斜激波关系,即式（2 – 5）、式（2 – 6）直接计算。

考察壁面上一点 x_w 处气流参数的计算。根据前面所述的方法,分别计算气流所经过压缩和膨胀的角度:经过的压缩即壁面角度的变化,经过的膨胀包括激波上发出的膨胀波及该膨胀波在壁面上的反射波。因此 x_w 处气流相对于前缘点被压

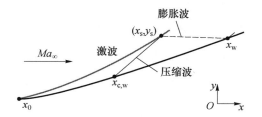

图 2 – 11　弯曲激波压缩流场壁面参数的计算

缩的总角度为

$$\delta_{\mathrm{w}} = (\theta_{\mathrm{w}} - \theta_0) - 2\delta_{\exp} \tag{2-29}$$

式中　$\delta_{\exp}$——弯曲激波上发出的膨胀波造成的气流偏转角,下标 exp 表示膨胀波;

　　　　θ_{w}——壁面角度;

　　　　θ_0——壁面前缘角度。

得到 δ_{w} 后根据式(2 – 12)和式(2 – 13)定义的函数可求解 x_{w} 对应的 Ma_{w}、压强 p_{w}:

$$Ma_{\mathrm{w}} = f_{\mathrm{P-M},M}(Ma_0, \delta_{\mathrm{w}}) \tag{2-30}$$

$$p_{\mathrm{w}} = f_{\mathrm{P-M},p}(Ma_0, p_0, \delta_{\mathrm{w}}) \tag{2-31}$$

$\delta_{\exp}$根据式(2 – 23)定义的函数计算:

$$\delta_{\exp} = f_{\mathrm{S-PM},\delta}(Ma_{\mathrm{c,w}}, p_{\mathrm{c,w}}, \hat{Ma}_{\mathrm{c,w}}, \hat{p}_{\mathrm{c,w}}) \tag{2-32}$$

式中　$Ma_{\mathrm{c,w}}$、$p_{\mathrm{c,w}}$——$x_{\mathrm{c,w}}$处的马赫数和压强;

　　　　$\hat{Ma}_{\mathrm{c,w}}$、$\hat{p}_{\mathrm{c,w}}$——自由来流经过转折角为 $\theta_{\mathrm{c,w}}$ 的斜激波后的参数;

下标 c 表示该参数用于修正膨胀波影响。对于式(2 – 32)中所需 $x_{\mathrm{c,w}}$ 处的 $Ma_{\mathrm{c,w}}$、$p_{\mathrm{c,w}}$,近似地按照 Prandtl – Meyer 流动进行计算:

$$\delta_{\mathrm{c,w}} = \theta_{\mathrm{c,w}} - \theta_0 \tag{2-33}$$

$$Ma_{\mathrm{c,w}} = f_{\mathrm{P-M},M}(Ma_0, \delta_{\mathrm{c,w}}) \tag{2-34}$$

$$p_{\mathrm{c,w}} = f_{\mathrm{P-M},p}(Ma_0, p_0, \delta_{\mathrm{c,w}}) \tag{2-35}$$

根据式(2 – 24)、式(2 – 25)确定 $x_{\mathrm{c,w}}$ 与 x_{w} 位置的关系:

$$x_{\mathrm{w}} = x_{\mathrm{c,w}} + \frac{\omega_{\mathrm{c,w}} y_{\mathrm{c,w}} \cos\mu_{\mathrm{c,w}} \cos\theta_{\mathrm{c,w}}}{(q_{\mathrm{c,w}}/q_\infty)\sin\mu_{\mathrm{c,w}} - \sin(\mu_{\mathrm{c,w}} + \theta_{\mathrm{c,w}})}, \qquad 0 \leqslant x_{\mathrm{c,w}} \leqslant x_{\mathrm{w}} \leqslant L \tag{2-36}$$

式中 $\omega_{\mathrm{c,w}}$ 近似地取为 1.5。虽然根据 x_{w} 不容易求解 $x_{\mathrm{c,w}}$,但根据 $x_{\mathrm{c,w}}$ 可以直接得到 x_{w}。

因此将式(2 - 32) ~ 式(2 - 36)代入式(2 - 29),再代入式(2 - 30)、式(2 - 31),最终即得到以 $x_{c,w}$ 为自变量、求解 x_w 处 Ma_w 和压强 p_w 的公式。

2. 弯曲激波坐标与气动参数的计算

根据激波两侧流量守恒求解激波坐标。参考图 2 - 12,截面 ∞ 为激波上一点 (x_s,y_s) 对应的来流捕获截面,截面 x 为激波点 (x_s,y_s) 与壁面任意一点 (x_w,y_w) 之间的曲面,两个截面流量相等:

$$\int \rho_\infty \boldsymbol{V}_\infty \cdot \mathrm{d}\boldsymbol{A}_\infty = \int \rho_x \boldsymbol{V}_x \cdot \mathrm{d}\boldsymbol{A}_x \qquad (2 - 37)$$

式中　下标 ∞、x 表示参数所在的截面;

$\boldsymbol{V}$、$\boldsymbol{A}$——速度和面积矢量。

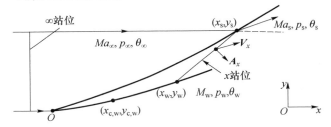

图 2 - 12　弯曲激波坐标及激波后参数的计算

选择 (x_w,y_w) 使其与激波点 (x_s,y_s) 位于同一条左行特征线上(图 2 - 12)。如果截面 x 上流动均匀,即截面上 Ma_x、压强 p_x、流动方向 θ_x 均与壁面参数相同,那么这条特征线是直线,根据式(2 - 37),激波曲线能够表达为自变量为 x_w 的参数方程:

$$\begin{cases} x_s = x_w + \dfrac{y_w}{\tan(\mu_x + \theta_x)\{1/[Ma_x(q_\infty/q_x)\sin(\mu_x + \theta_x)] - 1\}} \\ y_s = \dfrac{y_w}{1 - Ma_x(q_\infty/q_x)\sin(\mu_x + \theta_x)}, 0 \leqslant x_w \leqslant L \end{cases} \qquad (2 - 38)$$

式中　μ——马赫角。

但对于一般的情况,弯曲激波压缩流场内特征线(即截面 x)上参数并不均匀,应用式(2 - 38)时,截面上 Ma_x、p_x、θ_x 近似地以其两端的算术平均值代替:

$$Ma_x = \frac{1}{2}(Ma_w + Ma_s)$$

$$p_x = \frac{1}{2}(p_w + p_s)$$

$$\theta_x = \frac{1}{2}(\theta_w + \theta_s) \qquad (2 - 39)$$

由此计算 μ_x、θ_x,代入式(2 - 38)可得到激波坐标,其中壁面参数 Ma_x、p_w 根据式(2 - 30)、式(2 - 31)计算,对于激波附近参数 Ma_s、p_s、θ_s,按照 2.1.1 节中(3)所述

的方法,首先根据壁面参数计算激波附近流动方向:

$$\theta_s = \theta_w + \delta_{exp} \tag{2-40}$$

式中 δ_{exp} 根据式(2-23)定义的函数计算:

$$\delta_{exp} = f_{exp,\delta}(Ma_w, p_w, \hat{Ma}_w, \hat{p}_w) \tag{2-41}$$

式中 $\hat{Ma}_w$、$\hat{p}_w$——自由来流 Ma_∞ 经过转折角为 θ_w 的斜激波后的马赫数和压强。

此时能够计算气流通过激波的实际偏转角:

$$\delta_s = \theta_w + \delta_{exp} - \theta_\infty \tag{2-42}$$

之后根据式(2-5)、式(2-6)定义的函数可求解激波附近 Ma_s、压强 p_s:

$$Ma_s = f_{S,Ma}(Ma_\infty, \delta_s) \tag{2-43}$$

$$p_s = f_{S,p}(Ma_\infty, p_\infty, \delta_s) \tag{2-44}$$

因此,将式(2-40)~式(2-44)代入式(2-39),再代入式(2-38),并应用式(2-36),最终可得到以 $x_{c,w}$ 作为自变量的、求解激波上坐标 (x_s, y_s) 的表达式,同时可得到对应位置的 Ma_s、压强 p_s 和流动方向 θ_s。

3. 波后流线坐标与气动参数的计算

与激波坐标的求解类似,根据流线与壁面之间流量守恒求解流线坐标。参考图2-13,一条流线与弯曲激波的交点作为流线起点 (x_{st0}, y_{st0}),这一点对应的来流捕获截面记为截面∞,流线上一点 (x_{st}, y_{st}) 与壁面上任一点 (x_w, y_w) 之间的截面记为截面 x。

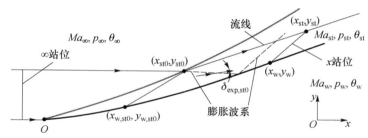

图2-13 流线坐标及流线上参数的计算

选择壁面点 (x_w, y_w) 使其与流线上的点 (x_{st}, y_{st}) 位于同一条左行特征线上,与流线起点 (x_{st0}, y_{st0}) 对应的壁面点记为 $(x_{w,st0}, y_{w,st0})$。根据前面所述激波的计算方法可求解起点 (x_{st0}, y_{st0}) 处的 Ma_{st0}、压强 p_{st0} 和流动角度 θ_{st0}。

如果截面 x 上流动均匀,根据其与来流捕获截面流量相等可得出以 x_w 为自变量的流线方程:

$$\begin{cases} x_{st} = x_w + y_{st0} Ma_x (q_\infty / q_x) \cos(\mu_x + \theta_x) \\ y_{st} = y_w + y_{st0} Ma_x (q_\infty / q_x) \sin(\mu_x + \theta_x), 0 \leq x_w \leq L \end{cases} \tag{2-45}$$

然而一般情况,截面 x 上参数是不均匀的,此时截面上 Ma_x、p_x、θ_x 近似地以其两端的算术平均值代替:

$$\begin{cases} Ma_x = \dfrac{1}{2}(Ma_w + Ma_{st}) \\[2mm] p_x = \dfrac{1}{2}(p_w + p_{st}) \\[2mm] \theta_x = \dfrac{1}{2}(\theta_w + \theta_{st}) \end{cases} \tag{2-46}$$

之后计算 μ_x、q_x,代入式(2-45)可得到流线坐标,其中壁面参数 Ma_w、p_w 根据式(2-30)、式(2-31)计算。考虑到激波上反射膨胀波与该膨胀波在壁面上再次反射的影响,流线上一点流动方向 θ_{st} 以及从起点开始被压缩的角度 δ_{st} 分别近似取为

$$\theta_{st} = \theta_w \tag{2-47}$$

$$\delta_{st} = (\theta_w - 2\delta_{exp}) - (\theta_{w,st0} - 2\delta_{exp,st0}) \tag{2-48}$$

然后根据式(2-12)、式(2-13)由流线起点参数(即激波后参数)求解相应的 Ma_{st} 和压强 p_{st}:

$$Ma_{st} = f_{P-M,M}(Ma_{st0}, \delta_{st}) \tag{2-49}$$

$$p_{st} = f_{P-M,p}(Ma_{st0}, p_{st0}, \delta_{st}) \tag{2-50}$$

之后代入式(2-45),并应用式(2-36),最终可得到以 $x_{c,w}$ 作为自变量的、求解流线上坐标 (x_{st}, y_{st}) 的表达式,同时可得到对应位置的 Ma_{st}、压强 p_{st} 和流动方向 θ_{st}。

4. 出口截面平均参数的计算

出口截面定义为壁面末端发出的左行特征线。马赫数、压强、总压取为壁面、激波波后和流线末端($x_w = L$ 处)参数的平均值:

$$Ma_x = \frac{1}{n+2}\left(Ma_w + \sum_{i}^{n} Ma_{st,i} + Ma_s\right)$$

$$p_x = \frac{1}{n+2}\left(p_w + \sum_{i}^{n} p_{st,i} + p_s\right)$$

$$p_x^* = \frac{1}{n+2}\left(p_w^* + \sum_{i}^{n} p_{st,i}^* + p_s^*\right) \tag{2-51}$$

式中　n——流线个数;

　　　i——其序号。

由此可计算出口截面马赫数、压比、总压恢复系数等性能参数的近似值。

2.2　基于流动控制方程的分析[42]

在压缩系统中选取进、出口截面建立控制体,通过流动控制方程能够直接得到

截面面积与压强、马赫数等气动参数之间的关系。如果两个截面流动可简化为一维流,这些关系式具有简单的形式,可用于分析流动现象和压缩性能,这对于无黏和有黏的情况均是适用的。

定义面积比 α、压比 π、总压恢复系数 σ、温升比 τ 为

$$\alpha = A_2/A_1 \tag{2-52}$$

$$\pi = p_2/p_1 \tag{2-53}$$

$$\sigma = p_2^*/p_1^* \tag{2-54}$$

$$\tau = T_2/T_1 \tag{2-55}$$

式中　下标 1、2——进、出口截面;

A、Ma、p、p^*、T——对应截面的面积、马赫数、静压、总压和静温。

通过连续方程可得

$$\left[(\pi/\sigma)^{\frac{\gamma-1}{\gamma}} - 1 \right] + \left[\frac{1}{\alpha^2 \pi^2} (\pi/\sigma)^{\frac{2(\gamma-1)}{\gamma}} - 1 \right] \frac{\gamma-1}{2} Ma_1^2 = 0 \tag{2-56}$$

可见,在确定的进口参数下,出口压比 π、总压恢复系数 σ 和面积比 α 三者之间有确定的关系;面积比 α 较小的压缩流道(即具有较大的收缩比),未必具有较高的压缩能力。

式(2-56)中代入总压与马赫数的关系,还可得到出口压比 π、Ma_2 和面积比 α 三个参数,或者总压恢复系数 σ、Ma_2 和面积比 α 三个参数之间的关系:

$$Ma_1^2 \left(1 + \frac{\gamma-1}{2} Ma_1^2 \right) = \alpha^2 \pi^2 Ma_2^2 \left(1 + \frac{\gamma-1}{2} Ma_2^2 \right) \tag{2-57}$$

$$Ma_1^2 \left(1 + \frac{\gamma-1}{2} Ma_1^2 \right)^{\frac{\gamma+1}{\gamma-1}} = \alpha^2 \sigma^2 Ma_2^2 \left(1 + \frac{\gamma-1}{2} Ma_2^2 \right)^{\frac{\gamma+1}{\gamma-1}} \tag{2-58}$$

可见,在确定的进口参数下,面积比 α 较小的压缩流道,出口马赫数未必较低。

式(2-56)中代入能量方程(即 $T_1^* = T_2^*$),可得到压比 π、温升比 τ 和面积比 α 三者之间的关系:

$$(\tau - 1) + \left[\left(\frac{\tau}{\alpha\pi} \right)^2 - 1 \right] \frac{\gamma-1}{2} Ma_1^2 = 0 \tag{2-59}$$

类似地还可导出总压恢复系数 σ、温升比 τ 和面积比 α 三者之间的关系。

式(2-58)中代入动量方程可得到关于流动阻力的公式:

$$\frac{1 + \gamma Ma_1^2 \left(1 - \frac{1}{2} C_D \right)}{Ma_1 \sqrt{1 + \frac{\gamma-1}{2} Ma_1^2}} = \frac{1 + \gamma Ma_2^2}{Ma_2 \sqrt{1 + \frac{\gamma-1}{2} Ma_2^2}} \tag{2-60}$$

式中　C_D——阻力系数,定义为阻力与进口截面动压$(0.5\gamma p_1 Ma_1^2 A_1)$之比。

可见在确定的进口条件下,阻力系数 C_D 与出口马赫数 Ma_2 一一对应,本书第 9 章将详细讨论进气道的阻力问题。

根据式(2-60)可进一步得到阻力系数与压比、总压恢复系数的关系:

$$\frac{1 + \gamma Ma_1^2\left(1 - \frac{1}{2}C_D\right)}{\sqrt{\frac{2\gamma Ma_1}{\gamma - 1}}} = \frac{\left(1 + \frac{\gamma - 1}{2}Ma_1^2\right) - \frac{\gamma + 1}{2\gamma}(\pi/\sigma)^{\frac{\gamma - 1}{\gamma}}}{\sqrt{\left(1 + \frac{\gamma - 1}{2}Ma_1^2\right) - (\pi/\sigma)^{\frac{\gamma - 1}{\gamma}}}} \qquad (2-61)$$

可见,阻力系数 C_D 和压比与总压恢复系数的比值(π/σ)也是一一对应的。

另外,对于二维无黏的情况,根据 Crocco 定理和熵方程可得到流场中一点涡量的大小:

$$\Omega = 2\omega = R(T/V)(\mid \nabla p^* \mid /p^*) \qquad (2-62)$$

式中　Ω、ω、V、$\mid \nabla p^* \mid$——涡量、旋度、速度和总压梯度这四个矢量的大小;

　　　T——静温;

　　　R——气体常数。

可见,弯曲激波上的熵梯度使流动产生旋度,并且压缩过程中沿着流线,涡量和旋度在不断增加。

■ 2.3　采用特征线法计算流场[42,43]

对于二维定常等熵超声速流动,由欧拉方程导出特征线方程组(包括特征线方程、流线方程及对应的相容方程),然后用有限差分法求解常微分方程组,是求解二维超声速流动常用的方法。对于不同的计算条件,可构建内点、直接壁面点、逆置壁面点等单元过程;对于前缘激波,可结合斜激波前后参数的关系式构建激波点单元。

流场边界条件包括来流条件和弯曲压缩面形状。在壁面前缘构造初值线,利用以上单元过程采用直接步进法沿着特征线向下游推进,直到壁面发出的最后一条特征线时计算终止,输出整个流场计算节点的参数。

若来流参数非均匀,计算激波点过程中需要在非均匀流场中寻点和插值。流场内压缩过程可能出现同族特征线相交的情况(即形成了新的激波),若此激波较弱(压比未超过2.0),仍然按照等熵情况,合并入上一条特征线继续计算。

另外,在计算中增加反设计壁面点的单元过程还可用于压缩面的反设计,其中壁面边界条件以压强代替,流场计算过程与上述方法类似。

第3章 二维弯曲激波曲面压缩型面的正设计方法

如何生成一个压缩性能优良的曲面压缩面,是本书要解决的核心问题。本章将介绍几种曲面压缩面的正设计方法,这些方法包括早期的指定压缩面形状函数的几何造型设计和指定压缩面连续转角的几何造型设计(这些都是属于由几何设计开始到气动设计的正设计范畴),还包括近年来发展起来的等熵压缩面坐标伸缩变换的新型正设计方法。

3.1 二次函数形式的二维曲面压缩型面[44,45]

气体压缩过程的正设计是首先给定压缩面的几何形状,研究运动气体在流过压缩面时的参数变化规律和气动性能,下面将扼要介绍一些曲面压缩面早期的设计方法。

3.1.1 设计方法

最直接、最简单的二维曲面压缩面就是以二次曲线 $y = a + bx + cx^2$ 构造的弯曲压缩面,曲面前带初始压缩斜楔。考虑到参数的选择,令初始压缩楔角为 δ_0,水平长度为 l,二次曲面方程为 $y - y_0 = b(x - x_0) + c(x - x_0)^2$,式中 $x_0 = l$,$y_0 = l \times \tan\delta_0$,即曲面 $y = bx + cx^2$ 平移至 (x_0, y_0) 初始压缩楔的末端。弯曲压缩面的起点与初始压缩楔末端相切,则 $b = \tan\delta_0$。至此,设计压缩面的可变参数只有 Ma_∞、l、δ_0、c,在一定的 Ma_∞、l、δ_0 条件下,c 值大小就决定了弯曲压缩面的曲率,进而也就决定了所产生的弯曲激波曲率及相关的气动参数。另外,限制气流的总压缩角 δ 及唇口高度 H。在设计时,将弯曲压缩面分成 n 段,每段弧线近似看成直线段,就可以计算波面的各段气动参数及弯曲激波波面各点坐标。

3.1.2 压缩性能分析

1. 总压恢复系数 σ

按照上述方法生成带初始压缩角的二次曲线弯曲压缩面,改变设计参数,研究

这些设计参数对流场性能的影响规律。图 3 - 1 为相同 δ_0、l 值,不同 Ma_∞、c 值时,无黏程序计算和 Fluent 有黏计算的出口截面总压恢复随 c 的变化曲线图。图中虚线为无黏程序计算结果,实线为 Fluent 有黏计算结果。计算中取 $\delta_0 = 7°$,$l = 25\text{mm}$,Ma_∞ 取 4、5、6,c 值从 0.00090 变化到 0.00120。可以看出,相同 Ma_∞ 时,随 c 值增加,两种计算的总压恢复都降低,总压恢复随 c 降低的速率 $|\text{d}\sigma/\text{d}c|$ 基本保持不变,同一模型有黏计算的总压恢复与无黏计算的总压恢复相比降低幅度基本相同,在 $Ma_\infty = 6$ 时略有增加。相同 c 值时,随着 Ma_∞ 的增加,总压恢复降低,这说明对于同一个 Ma_∞,边界层黏性的影响相同,而随着 Ma_∞ 的增加,边界层黏性影响程度也增加。

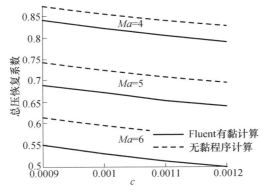

图 3 - 1　有黏/无黏,Ma_∞、c 对总压恢复影响

图 3 - 2 为相同 δ_0、Ma_∞、c 值,不同 l 值时,无黏程序计算和 Fluent 有黏计算的出口截面总压恢复曲线图。图中虚线为无黏程序计算结果,实线为 Fluent 有黏计算结果。由图可见,随着 l 值的增加,两种计算的总压恢复都增加,这是因为随着 l 的增加,压缩波后移,激波面开始弯曲的位置也后移,由于激波的强度是逐渐增强的,因此较强激波所占范围随着激波的后移而减少,起始较弱激波所占范围则变大,于是整个进口的流量平均总压恢复系数有所增加。

2. 壁面静压沿程分布

图 3 - 3 ~ 图 3 - 6 均为壁面静压沿程变化规律图,图中横坐标是压缩面的弧长 s,纵坐标是壁面静压与来流静压的比值,计算中取 $Ma_\infty = 3$、4、5、6,$c = 0.00090$、0.00100、0.00110、0.00120,$\delta_0 = 6°$、7°、8°,$l = 0\text{mm}$、5mm、10mm、15mm。从图 3 - 3 可见,虚线的无黏计算结果与实线有黏计算结果,壁面上的 $\text{d}p/\text{d}s$ 相差很小,说明黏性对壁面的静压分布影响并不大,有黏计算的壁面静压分布与无黏程序计算的结果相似。随着 c 值的增加,弯曲压缩面曲率增加,因此弯曲壁面上静压分布 $\text{d}p/\text{d}s$ 增加;随着马赫数的增加,气流压缩程度加大,导致壁面上静压分布 $\text{d}p/\text{d}s$ 也增

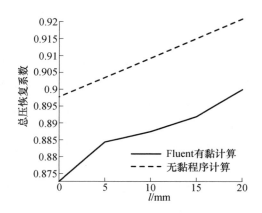

图 3 - 2　有黏/无黏, l 对总压恢复的影响

加。图 3 - 6 显示,初始压缩楔长度 l 的变化对壁面静压分布斜率 $\mathrm{d}p/\mathrm{d}s$ 几乎没有什么影响。图中还可以看出,弯曲段后续平板的压强会略有下降,其下降程度随着马赫数的增加而稍有增加,产生这种现象的原因在于压缩波在激波面上反射后作用在平板上,造成壁面处气流压强降低,随着马赫数的增加,弯曲激波强度增加,压缩波反射作用也增强,气流压强降低的程度也增加。

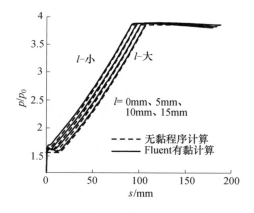

图 3 - 3　有黏/无黏流壁面静压随 l 的变化

3. 出口截面气动参数沿高度的分布规律

进气道压缩面的设计,一般要求唇口截面气动参数尽可能均匀分布。图 3 - 7 ~ 图 3 - 15 是唇口截面气动参数沿高度分布曲线。

图 3 - 7 ~ 图 3 - 11 对设计参数为 $Ma_\infty = 4$, $\delta_0 = 7°$, $l = 25\mathrm{mm}$, $c = 0.00090$、0.00100、0.00110、0.00120 四个模型的计算结果进行比较。由图可见,随着 c 的增

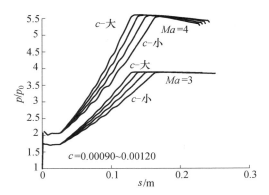

图 3-4　不同 Ma_∞、c 值壁面静压沿程分布

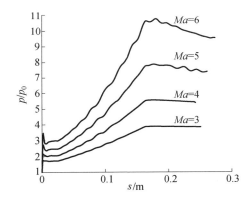

图 3-5　不同 Ma_∞ 值壁面静压沿程分布规律

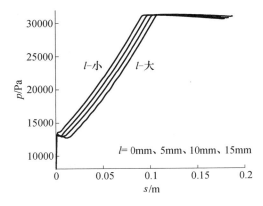

图 3-6　壁面静压随 l 的变化

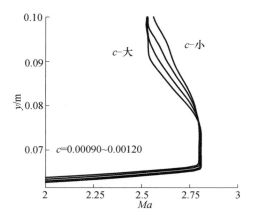

图 3 – 7　唇口截面 Ma 沿高度的分布

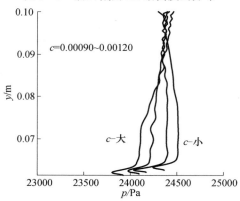

图 3 – 8　唇口截面静压沿高度的分布

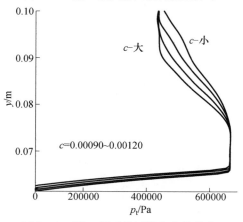

图 3 – 9　唇口截面总压沿高度的分布

加,唇口截面的气流 Ma、静压 p、总压 p_t 及静温 T 均匀度都降低,原因在于随着 c 值的增加,压缩面曲率增加,压缩波趋于密集,此时边界层影响大致相同,初始等直压缩段产生的平直激波强度不变,形成均匀流部分,其后同一高度弯曲段激波的强度增强,波后气流参数相应降低(Ma、p_t)或增加(p、T)的趋势加大,因此唇口截面气流参数沿高度的均匀性变差。

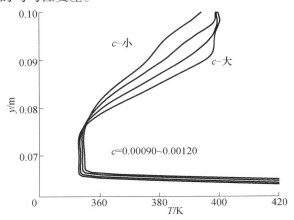

图 3 - 10　唇口截面静温沿高度的分布

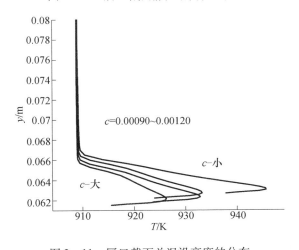

图 3 - 11　唇口截面总温沿高度的分布

图 3 - 12 ~ 图 3 - 15 对设计参数为 $Ma_\infty = 3$,$\delta_0 = 6°$,$c = 0.00145$,$l = 0$、5mm、10mm、15mm 四个模型的计算结果进行比较。由图示可见,随初始压缩段长度 l 的增加,唇口截面的气流 Ma、静压 p、总压 p_t 及静温 T 的均匀度变化不大。

这是最简单的曲面压缩面设计方法,是一种科技含量不高但也是可用的设计方法。

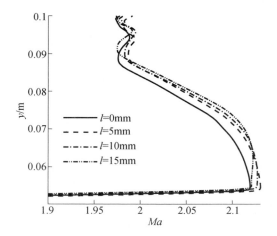

图 3 - 12　唇口截面 Ma 沿高度的分布

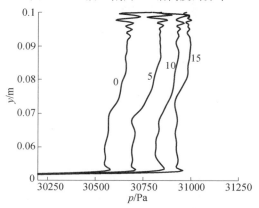

图 3 - 13　唇口截面静压沿高度的分布

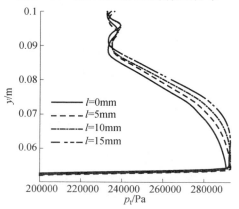

图 3 - 14　唇口截面总压沿高度的分布

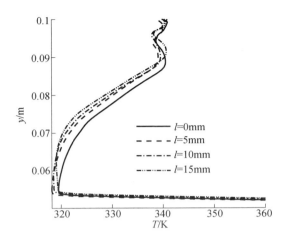

图 3 – 15　唇口截面静温沿高度的分布

3.2　指定壁面角度变化规律的压缩型面[44]

3.2.1　设计方法

　　上一种设计方法生成的二维曲面压缩面其曲率完全由函数方程控制,这样就难以对整个曲面压缩面进行局部的曲率微调。于是就产生一个想法,设想将一个总压缩角 δ 的二维弯曲压缩面划分为 n 个微小的压缩段,每小段的压缩角为一微小的 $\Delta\delta_n$,这个微小偏角可以是常数,也可以是变数,以实现局部曲率可调的目的。为简化讨论,首先考虑微小偏角是常数的情况,让超声速气流从第一有限的压缩角 δ_0 开始,沿 n 个微小压缩面逐次偏转,超声速气流每偏转一个微小的 $\Delta\delta_n$ 角,就产生一道大致沿马赫线方向传播的微弱压缩波,这 n 道微弱的压缩波必然依次与 δ_0 产生的斜激波相交并迫使激波逐渐向上弯曲,从而形成这种由弯曲激波压缩系统产生的弯曲激波。以来流 Ma、初始压缩角 δ_0、微压缩角 $\Delta\delta_n(n=1,2,3,\cdots)$、气流总偏转角 $\delta(\delta>\delta_0)$、初始斜板长度 L_0、压缩面长度 L 作为设计参数编制压缩面设计程序。输入上述设计参量,构造出具有不同压缩效果的弯曲压缩型面(图 3 – 16)。由图可见,这种内凹弯曲压缩面由一段 L_0 长、δ_0 角度偏转的单楔和后面 n 段、$\Delta\delta_n$ 偏转的一系列微小折线组成。

　　改变上述各设计参数,就可以得到一系列不同特性的弯曲激波压缩流场。作为初步研究,首先对这些压缩型面采用 Fluent 软件进行无黏数值模拟,图 3 – 17 就是所构造的曲面压缩系统在 $Ma5$ 时的流场图。从图中可以看出第一道斜激波和后续的微弱压缩波依次相交形成逐渐向上弯曲的激波。

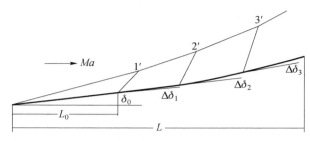

图 3 – 16 弯曲激波压缩系统构造简图

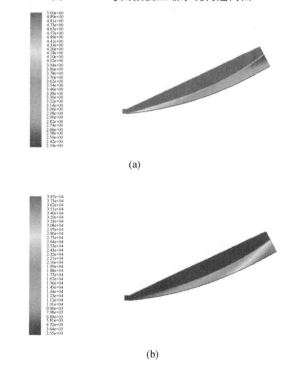

图 3 – 17 Ma5 时多折角构造的弯曲激波压缩系统流场
（a）弯曲压缩系统 Ma5 马赫数等值线；（b）弯曲压缩系统 Ma5 压强等值线。

3.2.2 压缩性能分析

下面探讨初始斜板长度、每次偏转角度、递增的偏转角度、压缩面长度和来流马赫数对弯曲激波压缩系统沿流向的壁面静压及马赫数分布以及总压恢复与压比的影响。

1. 初始斜板长度对压缩性能的影响

在超燃冲压发动机工作环境下，无论从进气道的结构强度出发，还是考虑防热设计,都要求进气道压缩型面带一定的初始压缩角。为减小第一道激波损失,初始压缩角不宜过大,通常取 $\delta_0 = 6°$,下面先讨论初始斜板长度 L_0 对弯曲激波曲面压缩系统性能的影响。

图 3 - 18 和图 3 - 19 分别是来流 $Ma5$、初始压缩角 $\delta_0 = 6°$、微压缩角 $\Delta\delta_1 = \Delta\delta_2 = \cdots = \Delta\delta_n = 0.5°$、相同的总偏转角度 $\delta = 20°$ 和压缩面长度 L,但 L_0/L 分别为 0.02、0.03、0.08、0.10,壁面上 Ma 及静压 p/p_0(壁面静压与来流静压比值)沿流向的变化。

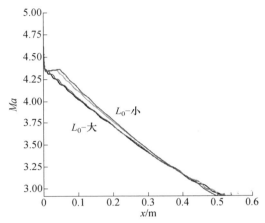

图 3 - 18　不同 L_0 壁面 Ma 沿流向的变化

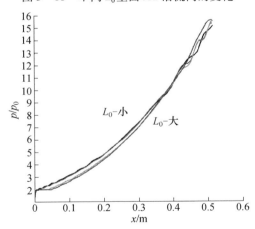

图 3 - 19　不同 L_0 壁面静压 p 沿流向的变化

由图 3 - 18 和图 3 - 19 可知,在相同的来流 Ma、相同的初始压缩角 δ_0、相同的小折线每次偏转角 $\Delta\delta_n$ 和相同的总偏转角 δ 下,尽管弯曲压缩面初始斜板长度 L_0

不同,但弯曲压缩面上的 Ma、静压 p/p_0 沿流向变化趋势基本相同,即马赫数沿壁面逐渐地减小,相应地,壁面静压沿流向逐渐增大,其压力梯度 $\mathrm{d}p/\mathrm{d}x$ 在压升曲线的后段接近等压力梯度。

表 3-1 列出了不同初始斜板长度的弯曲激波压缩系统,在来流 $Ma5$ 条件下,出口压比和总压恢复的变化,表中参数均采用流量平均法求得。随着初始斜板长度 L_0 的增加,由于后续的弯曲压缩系统,除了组成的小折线长度不同外,对气流的压缩程度完全相同。因此,由表 3-1 可以看出,它们的出口压比和总压恢复变化不大,在本书的研究范围内,L_0/L 对弯曲激波曲面压缩系统的性能影响不大。

表 3-1 L_0/L 对弯曲激波压缩系统出口压比和总压恢复的影响

L_0/L	0.02	0.03	0.08	0.10
总压恢复	0.687	0.694	0.707	0.685
出口压比	12.194	12.191	12.084	12.212

2. 微压缩角取值对压缩性能的影响

在相同来流 $Ma5$、$L_0/L = 0.01$、初始压缩角 $\delta_0 = 6°$、相同的总偏转角度 $\delta = 20°$ 和压缩面长度 L,考察多次偏转的微压缩角 $\Delta\delta$ 分别为 $0.25°$、$0.75°$、$1°$、$1.5°$、$2°$ 的弯曲激波曲面压缩系统的性能,图 3-20 和图 3-21 分别是弯曲激波曲面压缩系统出口面上静压 p/p_0 及总压恢复随微压缩角 $\Delta\delta$ 的变化。

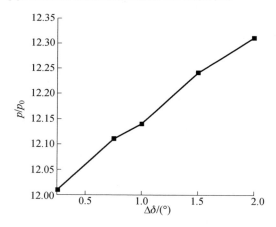

图 3-20   出口压比随微压缩角变化

所研究的由微小折线组成的曲面压缩系统,小折线的压缩角不同,使得弯曲压缩面的曲率变化规律不同,因此,它们所形成的压缩波的升压规律也有所不同,反映在出口面上的气动参数变化规律就有差别。由图可见,微压缩角 $\Delta\delta$ 越大,弯曲压缩面的曲率越大,出口压比就越高,总压恢复则越小。

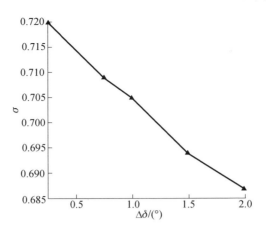

图 3 − 21　总压恢复随微压缩角变化

3. 小折线微压缩角度的递增规律对压缩性能的影响

下面研究在相同来流 $Ma5$、$L_0/L = 0.01$、初始压缩角 $\delta_0 = 6°$ 后续一段偏转角度 $0.5°$ 的小折线、相同的总偏转角度 δ 和压缩面长度 L，不同递增压缩角度 $d\delta = \Delta\delta_{n+1} - \Delta\delta_n$ 分别为 $0.05°$、$0.1°$、$0.15°$、$0.2°$、$0.5°$ 的弯曲压缩面的性能。图 3 − 22 和图 3 − 23 分别是不同递增压缩角度的弯曲压缩面壁面上 Ma 及静压 p/p_0 沿流向的变化。具体来说，所构成的弯曲压缩面，初始压缩角 $\delta_0 = 6°$，压缩角 $\Delta\delta_1 = 0.5$，从 $\Delta\delta_2$ 开始，由于 $d\delta$ 不同，不同的弯曲压缩面有不同的微压缩角。以 $d\delta = 0.05°$ 弯曲压缩面为例，其 $\Delta\delta_2 = 0.5° + 0.05° = 0.55°$，$\Delta\delta_3 = \Delta\delta_2 + 0.05° = 0.55° + 0.05° = 0.60°$，依次可以得到弯曲压缩面上其他的微压缩角。

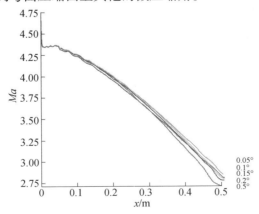

图 3 − 22　压缩角度递增规律对壁面 Ma 的影响

从图 3 − 22、图 3 − 23 可以看出，组成弯曲压缩面的小折线微压缩角度递增规

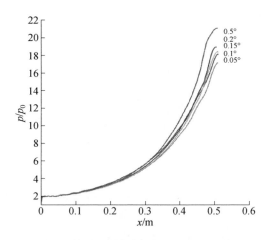

图 3 – 23　压缩角度递增规律对壁面静压的影响

律不同,不影响它们的壁面马赫数和壁面静压沿流向的变化规律,即壁面马赫数沿流向减小,壁面静压沿流向增加。但是,这些压缩规律不同的弯曲压缩面,它们的壁面马赫数的下降速率和壁面静压增加的幅度不同,微压缩角递增角度越大,在弯曲压缩面前段壁面马赫数下降还较缓,随着微压缩角的迅速增加,在弯曲压缩面后段壁面马赫数下降得更快,而壁面静压则开始时逐渐增加,最后急剧增加。可见,在相同的总偏转角度 δ 和压缩面长度 L 下,可以通过精心配置各段小折线的微压缩角满足不同的升压规律。

3.3　等熵压缩型面的坐标变换[46]

超声速气流的等熵压缩是压缩效率最高的压缩方式,但是在超声速进气道上采用压缩波系汇聚于唇口的经典等熵压缩存在两大缺陷:一是压缩面长度随马赫数增加而迅速加长;二是压缩面上顺流向的压力梯度 $\mathrm{d}p/\mathrm{d}s$ 会越来越大。为了缩短压缩面长度、减缓等熵压缩末端的升压速率,同时还能充分利用等熵压缩原有的优势,使原本汇聚于一点的等熵压缩波系可以根据需要产生疏密可控的分散交汇,并且又能有效缩短等熵压缩面的长度,提出了这种对经典等熵压缩型面进行坐标变换的新型曲面构型方法。

3.3.1　设计方法

为了使坐标变换后得到的曲面压缩系统更多地继承等熵压缩的优点、抛弃缺点,采用缩放变换方法研究等熵压缩面经坐标变换后的气动性能。为使等熵压缩波根据需要调整疏密程度,使之或分散或汇聚,一个可行的选择就是以常规的二维等熵压缩面作为研究基础,利用坐标缩放变换矩阵对其型面坐标进行缩放变换:

$$\begin{bmatrix} x' \\ y' \end{bmatrix} = \begin{bmatrix} S_x & 0 \\ 0 & S_y \end{bmatrix} \begin{bmatrix} x \\ y \end{bmatrix} \qquad (3-1)$$

式中 x、y——原有等熵压缩型面坐标;

S_x、S_y——坐标的缩放因子。

缩放因子可以是常数,也可以是坐标的某种函数,通常情况下 $S_x = S_x(x,y)$、$S_y = S_y(x,y)$,取不同的缩放因子 S_x 和 S_y,便可以得到一系列具有不同曲率的曲面压缩面,达到沿流向调整等熵压缩波疏密程度的目的。研究表明,这也是一种行之有效的曲面压缩面生成方法。

特殊情况下 S_x、S_y 可以是 0~1 之间的常数,特别是当 $S_x = 1$、$S_y = 1$ 时,型面坐标变换所得到的曲面压缩系统实际上就是原来的常规等熵压缩面。

一种最简单的坐标变换就是保留等熵压缩面的 y 轴坐标不变,即 $S_y = 1$,只对其 x 轴坐标进行缩放变换,可以取 x 轴缩放因子 S_x 不同的数值,便得到一系列由经典等熵压缩派生出来的、部分保留了等熵压缩特性的新型曲面压缩面。

下面讨论的就是这种 $S_y = 1$ 的坐标变换,可见 x 轴缩放因子 S_x 是这种坐标变换设计曲面压缩系统的唯一设计参数和影响因子。

3.3.2   变换后的流场特征

首先以 $Ma6$ 为设计状态设计了总偏转角为 16° 的常规等熵压缩面。将该等熵压缩面作为研究基础,分别选取 x 轴缩放因子 $S_x = 1.0$、0.9、0.8、0.7、0.6、0.5、0.4、0.35、0.3 和 0.2,然后再根据式(3-1)对其型面坐标进行缩放变换,从而获得一系列基于等熵压缩型面坐标变换的新型曲面压缩系统。图 3-24 给出了上述不同缩放因子 S_x 的新型曲面压缩系统的壁面型线对比,该系列曲面压缩系统的前缘压缩角和总偏转角随 S_x 的变化关系如图 3-25 所示。从图中可以看出,同常规等熵压缩面($S_x = 1.0$)相比,随着 S_x 取值的减小,采用型面坐标变换所得到的曲面压缩系统的长度逐渐缩短并且其壁面型线的曲率越来越大,具体表现为曲面压缩系统的总偏转角越来越大。而对于曲面压缩系统的前缘压缩角而言,不论 S_x 取值如何变化其值始终保持不变。

为了便于比较分析一系列根据型面坐标变换所得到的曲面压缩系统,并与常规等熵压缩面进行对比,采用几何方式对图 3-24 中的曲面压缩系统进行了截断,保证它们的总偏转角与等熵压缩面的相同都为 16°,截断后的壁面型线对比如图 3-26所示。从图中可见,采用型面坐标变换能够有效缩短等熵压缩面的长度,以 $S_x = 0.7$ 的曲面压缩系统为例,其压缩面长度与常规等熵压缩面相比缩短 38.4%。

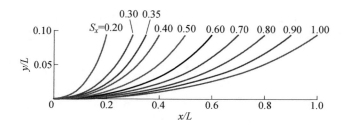

图 3-24　不同 S_x 的曲面压缩系统壁面型线对比

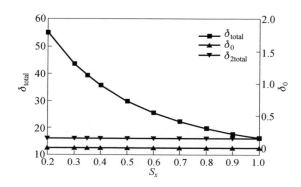

图 3-25　曲面压缩系统的前缘压缩角和总偏转角随 S_x 的变化关系

然后再对图 3-26 中的曲面压缩系统进行等比例缩放,保证所有压缩面的长度相同(图 3-27)。从图中可见,对于不同 S_x 的曲面压缩系统而言,在前缘压缩角、总偏转角和压缩面长度均相同的情况下,随着 S_x 取值的减小,压缩面中部壁面型线的曲率逐渐增大。

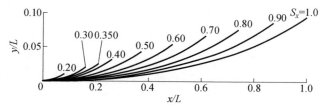

图 3-26　不同 S_x 的曲面压缩系统以总偏转角 16° 进行截断后的壁面型线对比

图 3-27 中所示不同 S_x 的曲面压缩系统就是本章研究工作的物理模型。为了分析曲面压缩系统所产生等熵压缩波的汇聚变化情况,在其末端切向方向连接一定长度的直线来构成计算域。

1. 不同缩放因子 S_x 的流场气动参数分析

下面对图 3-27 所示的各种缩放因子 S_x 形成的曲面压缩系统流场进行数值分

析,计算工作包括设计状态 $Ma6$ 和非设计状态 $Ma4$,表 3 - 2 所列为两个计算状态所对应的来流条件。

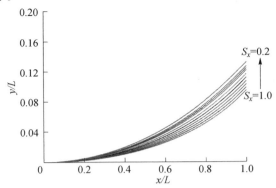

图 3 - 27   总偏转角和长度均相同时不同 S_x 的曲面压缩系统壁面型线对比

表 3 - 2 $Ma4$ 和 $Ma6$ 所对应的来流条件

来流马赫数	总压/MPa	总温/K	静压/Pa	静温/K
4	0.87	910.1	5736	216.7
6	4.02	1817.1	2549	221.6

图 3 - 28 所示为 $Ma6$ 时等熵压缩型面坐标变换所得到四个不同 S_x 的曲面压缩系统的流场结构图,为了研究流场中的流动特征,图中还给出了距压缩型面前缘距离为 $y/y_0 = 0.5$ 处的一条流线,y_0 为流场高度,这些流线上的压强分布对比如图 3 - 29 所示。为了便于比较,图中还给出了常规等熵压缩面($S_x = 1.0$)流场中相同位置流线上的压强分布。由前面分析可知,高超声速气流经过常规等熵压缩面的压缩产生的所有等熵压缩波都汇聚于压缩面外一点。实际运用等熵压缩设计进气道时,通常将所有等熵压缩波汇聚的焦点设置为进气道唇口位置。随着 S_x 的减小,坐标变换所得到的曲面压缩系统中间部分型面的曲率变化越来越大,造成型面中间部分所产生压缩波的波角逐渐增大,这样就使得曲面压缩系统所产生的压缩波逐渐分散、不汇聚于一点,并且曲面后部的压缩波依次与前部的压缩波相汇聚,具体表现为压缩波系汇聚的区域逐渐向前移动。当 S_x 减小到一定程度时,曲面末端压缩波的汇聚最终将形成激波,并且该激波在压缩波系的持续作用下逐渐变弯曲(图 3 - 28(a)),从而形成弯曲激波压缩气流。为了分析方便,图中标出了曲面压缩面的终点位置及曲面压缩流场参数分析使用的"出口"截面。

此外,从图 3 - 29 可以看出,由于常规等熵压缩面产生的所有等熵压缩波都汇聚于一点,等熵压缩波系之间的相互作用会对流场中气流的压升作用产生显著影响,表现为经过头波后流线上的压力梯度非常大。随着 S_x 的减小,曲面压缩系统

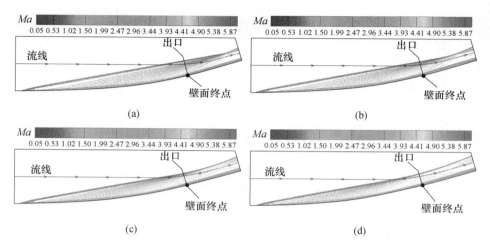

图 3 – 28　*Ma*6 时不同 S_x 的曲面压缩系统流场结构

（a） $S_x = 0.8$；（b） $S_x = 0.6$；（c） $S_x = 0.4$；（d） $S_x = 0.2$。

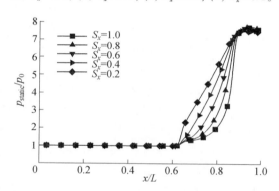

图 3 – 29　*Ma*6 不同 S_x 曲面压缩系统 $y/y_0 = 0.5$ 流线上压强分布对比

所产生的压缩波逐渐分散、不汇聚于一点,这样就使得压缩波系之间的相互作用逐渐减弱,受此影响,流线上的压力梯度变化逐渐趋于平缓。由此可见,等熵压缩面采用型面坐标变换后,流场中头波后的压强分布也将得到一定程度的改善。

图 3 – 30 给出了设计状态 *Ma*6、黏性计算不同 S_x 的曲面压缩系统壁面压升规律。从图中可以看出,常规等熵压缩面($S_x = 1.0$)的壁面压升规律表现为壁面前端的压力梯度趋于平缓变化,而末端的压力梯度变化又很剧烈,这样就造成末端局部的压力梯度非常大,不利于边界层的稳定。对等熵压缩面进行型面坐标变换后,随着 S_x 的减小,曲面压缩系统前半部分壁面的压升作用逐渐增强,而其末端的压升作用则逐渐变弱,这样就使得壁面末端原本比较剧烈的压力梯度变化得到一定程度的削弱。设计状态 *Ma*6、无黏性情况下它们壁面马赫数分布对比如图 3 – 31

所示,常规等熵压缩面($S_x=1.0$)前端壁面马赫数趋于平缓变化,而在其末端壁面马赫数则急剧下降,使得整个壁面马赫数分布呈近似抛物线的二次分布规律。随着S_x的减小,曲面压缩系统的壁面马赫数分布也得到改善并逐渐趋于线性分布。这样就能够有效改善等熵压缩面前端平缓变化、末端剧烈变化的壁面马赫数分布,使得高超声速气流经过型面坐标变换所得曲面压缩系统压缩后速度持续平稳下降,有利于减少气流的流动损失。

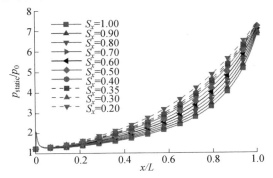

图 3 – 30　$Ma6$ 不同 S_x 曲面压缩面压升规律

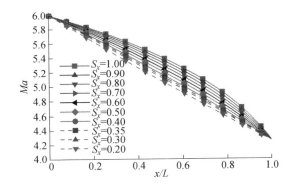

图 3 – 31　$Ma6$ 不同 S_x 曲面压缩面马赫数分布

　　为了深入分析常规等熵压缩面($S_x=1.0$)流场中的流动特征,在其流场中以垂直于进口壁面方向分别选取了 6 条流线如图 3 – 32 所示,6 条流线接触到前缘压缩波的前后次序不同,到达同样的出口截面经受到不同疏密程度的压缩波压缩,这就造成 6 条流线上的升压规律及减速规律呈现显著的差别。图 3 – 33 给出了该 6 条流线上的压强分布与壁面压升规律的对比。从图中可以看出,等熵压缩流场中壁面附近流线上的压强分布与壁面压升规律是一致的,表现为前端平缓变化、末端剧烈变化的压强分布规律;而对于远离壁面的流线而言,由于它更靠近等熵压缩波系汇聚的焦点,受到等熵压缩波系之间相互作用的影响将会产生极大的压力梯度变化。此外,图3－34给出了该6条流线上的马赫数分布与无黏情况下壁面马赫数分布对比。总的来说,壁面附近流线上的马赫数分布与无黏情况下壁面马赫数分布的变化趋势也是一致的;而远离壁面的流线由于受到等熵压缩波系汇聚的影响,造成流线上的马赫数剧烈下降。

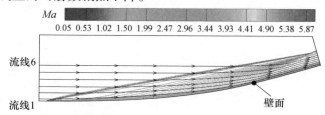

图3－32　$Ma6$ 纯等熵压缩面($S_x=1.0$)流场内6条流线的减速规律

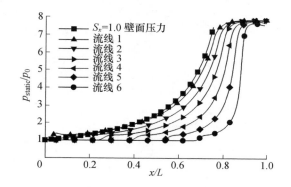

图3－33　$Ma6$、$S_x=1.0$ 不同流线上的压强分布与壁面压升规律对比

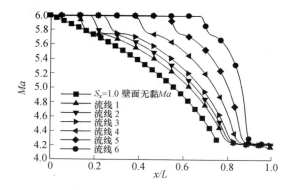

图3－34　$Ma6$、$S_x=1.0$ 不同流线上的马赫数分布与壁面无黏马赫数分布对比

而对于等熵压缩型面坐标变换所得到的曲面压缩系统而言,研究其流场中的

流动特征时,结合前面对不同 S_x 的曲面压缩系统的壁面压升规律和马赫数分布的对比分析,选取比较典型的 $S_x = 0.5$ 压缩面作为研究对象,并在其流场中以同样的方法分别选取了 6 条流线如图 3 - 35 所示。图 3 - 36 给出了 $S_x = 0.5$ 压缩面流场中 6 条流线上的压强分布与壁面压升规律对比,该 6 条流线上的马赫数分布与无黏情况下壁面马赫数分布对比如图 3 - 37 所示。从图中可以看出:壁面附近流线上的压强分布与壁面压升规律是完全一致的;而对于远离壁面的流线,由于受到等熵压缩波系之间相互作用的影响,越远离壁面,流线上的压力梯度变化就越大。同常规等熵压缩面相比,$S_x = 0.5$ 压缩面形成分散交汇的等熵压缩波系,使得等熵压缩波系之间的相互作用减弱,这样就造成壁面附近和远离壁面流线上的压力梯度变化均有所减弱,尤其是流线 6 上的压力梯度明显减小。另外,$S_x = 0.5$ 压缩面流场中流线上的马赫数分布也得到明显改善并且都呈近似线性变化,避免出现等熵压缩流场中流线上的马赫数剧烈变化。只是由于壁面附近和远离壁面的流线所受到分散交汇的等熵压缩波系之间相互作用的影响不同,从而造成不同流线上马赫数线性变化的斜率不同。越远离壁面,流线上马赫数线性变化的斜率越大。

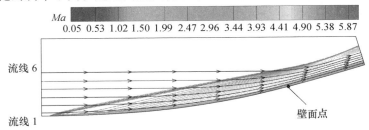

图 3 - 35　$Ma6$、$S_x = 0.5$ 压缩面流场 6 条流线的减速规律

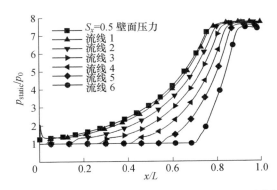

图 3 - 36　$Ma6$、$S_x = 0.5$ 不同流线上的压强分布与壁面压升规律对比

图 3 - 38 给出了 $Ma4$ 时四个不同 S_x 的曲面压缩系统的流场结构,图中标出了压缩面的终点位置及"出口"截面。可见,工作马赫数降低,压缩面所产生压缩波

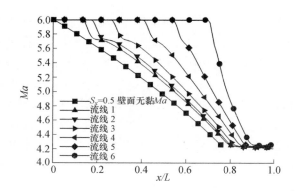

图 3 - 37 $Ma6$、$S_x = 0.5$ 不同流线上的马赫数分布与壁面无黏马赫数分布对比

的波角增大并且其强度明显减弱,使得压缩波之间的相互作用也明显减弱。当 S_x 很小时,压缩波的汇聚才会在曲面末端形成激波(图 3 - 38(a)),并且该激波的强度比较弱,对流场造成的影响十分有限。

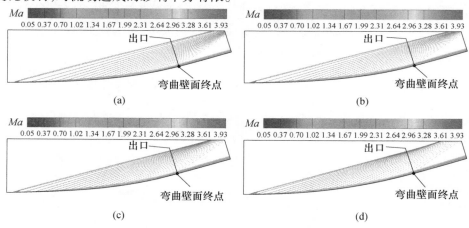

图 3 - 38 $Ma4$ 时不同 S_x 的曲面压缩系统流场结构

(a) $S_x = 0.8$;(b) $S_x = 0.6$;(c) $S_x = 0.4$;(d) $S_x = 0.2$。

图 3 - 39 给出了非设计状态 $Ma4$、黏性情况下不同 S_x 的曲面压缩系统的壁面压升规律对比,它们在无黏情况下的壁面马赫数分布对比如图 3 - 40 所示。从图中可以看出,型面坐标变换后所得到的曲面压缩系统的壁面压强分布和马赫数分布都比较好地保持了设计状态下它们壁面参数分布的特征,并且随着 S_x 的减小,它们壁面压强分布和马赫数分布的变化规律与设计状态下相应壁面参数分布的变化规律也是一致的。

研究流场中的流动特征时,还是选取典型的 $S_x = 0.5$ 压缩面作为研究对象,在

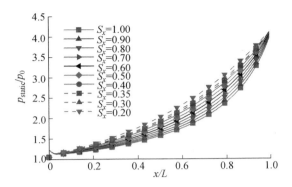

图 3 - 39　$Ma4$ 不同 S_x 的曲面压缩面压升规律对比

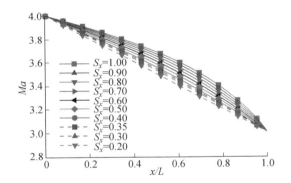

图 3 - 40　$Ma4$ 不同 S_x 的曲面压缩面无黏马赫数分布

其流场中以离开壁面方向分别选取了 6 条流线如图 3 - 41 所示。图 3 - 42 给出了非设计状态 $Ma4$ 时 $S_x = 0.5$ 压缩面流场中 6 条流线上的压强分布与壁面压升规律对比,该 6 条流线上的马赫数分布与无黏情况下壁面马赫数分布对比如图 3 - 43 所示。从图中可以看出:与设计状态时一样,越远离壁面的气流受到分散交汇的等熵压缩波系之间相互作用的影响越显著,这样就造成远离壁面流线上的压力梯度变化逐渐增大;同时,流线上的马赫数分布也都是呈近似线性变化。只是非设计状态下来流马赫数减小,使得压缩面所产生等熵压缩波的强度减弱,这样就造成等熵压缩波系之间的相互作用也相应减弱,表现为流线上的压力梯度变化趋于平缓、马赫数线性变化的斜率减小。

在设计状态和非设计状态下,通过对等熵压缩型面坐标变换的曲面压缩系统流场中流动特征的研究发现:不论是常规的等熵压缩面,还是不同 S_x 的曲面压缩系统,它们流场中壁面附近流线上的压强分布和马赫数分布均接近壁面相应参数的分布规律;而远离壁面流线上的压强分布和马赫数分布则与壁面相应参数的分

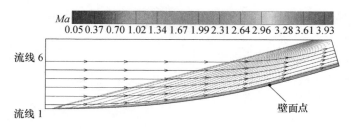

图 3 – 41　$Ma4$ 时 6 条流线的 $S_x = 0.5$ 压缩面流场结构

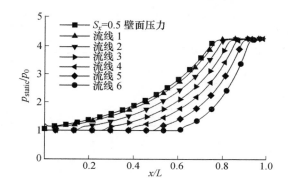

图 3 – 42　$Ma4$、$S_x = 0.5$ 不同流线上的压强分布与壁面压升规律对比

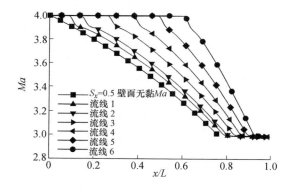

图 3 – 43　$Ma4$、$S_x = 0.5$ 不同流线上的马赫数分布与壁面无黏马赫数分布对比

布规律存在明显差异。与常规等熵压缩面相比，$S_x < 1$ 的曲面压缩系统产生分散交汇的等熵压缩波系，其壁面参数分布规律得到一定程度的改善，而且由于分散交汇的等熵压缩波系之间的相互作用减弱，使得流场中流线上的参数分布变化趋于平缓。由此可见，对等熵压缩面进行型面坐标变换，不仅能够控制其壁面参数分布规律，而且最重要的是使曲面压缩系统整个流场中的参数分布规律都能够得到相应的改善。

2. 不同缩放因子 S_x 的波后流场参数分析

图 3-44 给出了 $Ma6$、黏性情况下不同 S_x 的曲面压缩系统出口截面(图 3-28)的总压分布对比。从图中可以看出,对于常规等熵压缩面($S_x=1.0$)而言,它产生的所有等熵压缩波都汇聚于一点,整个流场都是等熵压缩区域,除了黏性损失以外,不会对气流造成其他损失,因而其出口总压恢复系数近似为 1.0 且分布非常均匀。随着 S_x 的减小,曲面压缩系统前部的壁面型线曲率变化增大、相应的压升作用得到明显加强,使得所产生压缩波的波角增大。这样就造成曲面压缩系统所产生的压缩波逐渐分散、不汇聚于一点,并且后部的压缩波依次与前部的压缩波相汇聚。当 S_x 值较大时,压缩面上压缩波汇聚作用的影响十分有限,不会造成出口总压损失并且其分布还是比较均匀的。

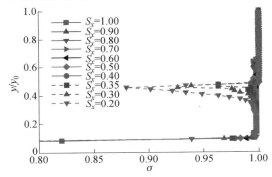

图 3-44 $Ma6$ 不同 S_x 的曲面压缩系统出口总压分布对比

当 S_x 减小到一定程度(书中条件下 $S_x=0.35 \sim 0.4$)时,由于压缩波的汇聚而形成激波,在压缩波系的持续作用下该激波逐渐变弯曲并且沿流向激波的强度也逐渐增强。对于出口气流而言,核心流区的总压损失主要由激波损失造成,出口截面上沿高度方向不同流管受到的激波压缩和等熵压缩的比例不同。越靠近壁面,流管受到的等熵压缩比例越大;而越远离壁面,流管受到的激波压缩比例越大,这样就造成出口总压分布不均匀。上述结果也可以从它们出口截面的马赫数分布对比(图 3-45)中看出,压缩面出口气流受到的压缩程度不同,越靠近壁面气流所受压缩程度越大。这样就造成出口马赫数不会剧烈变化而是呈线性分布的稳定、平缓变化。当 S_x 减小到一定程度、压缩波汇聚形成激波后,激波压缩将造成气流马赫数急剧降低。

图 3-46 给出了 $Ma4$、黏性情况下不同 S_x 的曲面压缩系统出口截面(图 3-28)的总压分布对比,它们出口截面的马赫数分布对比如图 3-47 所示。从图中可以看出,非设计状态下它们出口总压分布和马赫数分布与设计状态下出口参数分布类似。

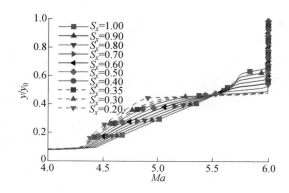

图 3 - 45　$Ma6$ 时不同 S_x 的曲面压缩系统出口马赫数分布对比

只是工作马赫数降低,使得壁面上压缩波的波角增大且强度减弱,这样压缩波之间的相互作用减弱,造成靠近壁面和远离壁面的气流受到的压缩程度差异减小。所以,它们出口总压分布均匀且几乎没有损失,出口马赫数分布也更趋近均匀分布。

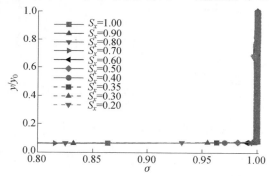

图 3 - 46　$Ma4$ 不同 S_x 的曲面压缩系统出口总压分布对比

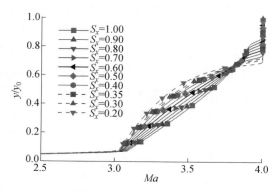

图 3 - 47　$Ma4$ 不同 S_x 的曲面压缩系统出口马赫数分布对比

3.3.3　同常规等熵压缩几何方式截短压缩面的对比

由前面可知,常规等熵压缩面的长度很长且前缘压缩角为 0°,不利于等熵压缩面的实际应用。为了解决此问题,常对等熵压缩面进行截短处理,即将壁面前端切除一小部分,这样压缩面的前缘压缩角不再为 0°,但由于前缘压缩角很小,激波损失并不大,其长度就能大大地减小。书中将总偏转角为 16° 的常规等熵压缩面作为研究基础,以流线方向与自由来流方向成夹角 2°、3°、4°、5° 和 6° 处对其进行截短。图 3 – 48 给出了等熵压缩面以不同角度截短所得到的壁面型线,为了便于对比,图中还给出了常规等熵压缩面($S_x = 1.0$)的壁面型线。从图中可见,截短能够缩短等熵压缩面的长度,以 $\delta_T = 4°$ 截短的等熵压缩面为例,同常规等熵压缩面相比其长度缩短 47.1%。截短并不能改变等熵压缩面型面本身,只是使其前缘角度增加。为了将以不同角度截短的等熵压缩面与常规等熵压缩面进行对比研究,将图 3 – 48 中的壁面型线进行等比例缩放使它们的长度相同。

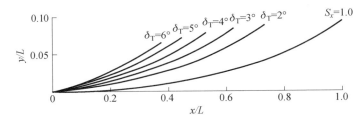

图 3 – 48　以不同角度截短的等熵压缩面壁面型线对比

图 3 – 49 给出了 $Ma6$ 时等熵压缩面截短不同角度后的流场结构,图中标出了压缩面的终点位置及流场参数分析所用的“出口”截面。可见,截短后所有等熵压缩波仍然汇聚于一点。只是随着 δ_T 的增大,压缩面前缘激波的强度不断增加,这将会对气流造成比较大的损失。

图 3 – 50 给出了设计状态 $Ma6$、黏性情况下等熵压缩面不同角度截短后的壁面压升规律对比,为了便于对比,图中还给出了相同总偏转角的 $S_x = 1.0$ 和 $S_x = 0.5$ 压缩面的壁面压升规律。可见,不论等熵压缩面以多大角度截短,所得压缩面的壁面压升规律的变化趋势还是与 $S_x = 1.0$ 压缩面几乎完全一致。只是截短后压缩面的前缘角度增大,产生比较大的增压作用同时造成的流动损失也比较大,使得壁面压升规律在数值上差异较大。而对于 $S_x = 0.5$ 压缩面,其壁面压升规律得到明显改善,具体表现为前半部分壁面的压升作用得到加强而末端的压升作用减弱。设计状态 $Ma6$、无黏性情况下等熵压缩面截短不同角度后的壁面马赫数分布对比如图 3 – 51 所示,不论等熵压缩面以多大角度截短,所得压缩面的壁面马赫数分布

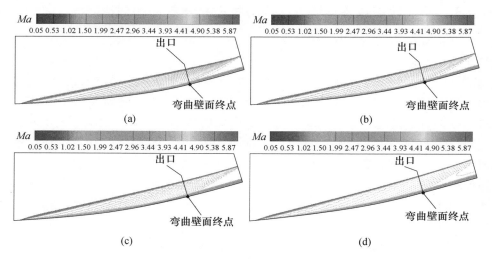

图 3 - 49　*Ma*6 等熵压缩面截短不同角度后的流场结构

（a）$\delta_{\mathrm{T}}=2°$；（b）$\delta_{\mathrm{T}}=3°$；（c）$\delta_{\mathrm{T}}=4°$；（d）$\delta_{\mathrm{T}}=6°$。

的变化趋势还是与 $S_x=1.0$ 压缩面几乎完全一致，均呈近似抛物线的二次分布规律，并且前缘激波造成气流马赫数突降、流动损失增加。而 $S_x=0.5$ 压缩面的壁面马赫数分布呈近似线性分布规律，高超声速气流经其压缩后速度平缓、持续降低，对于减少压缩过程中的流动损失十分有利。

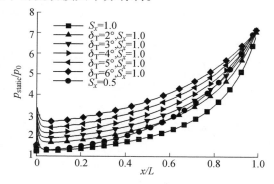

图 3 - 50　*Ma*6 不同角度截短后的等熵压缩面压升规律对比

图 3 - 52 给出了设计状态 *Ma*6 等熵压缩面不同角度截短后的出口截面（图 3 - 49）总压分布对比，为了便于对比，图中还给出了相同总偏转角的 $S_x=1.0$ 和 $S_x=0.5$ 压缩面的出口总压分布。从图中可以看出，气流经 $S_x=1.0$ 和 $S_x=0.5$ 压缩面的压缩损失非常小，并且出口总压分布非常均匀。而等熵压缩面截短后尽

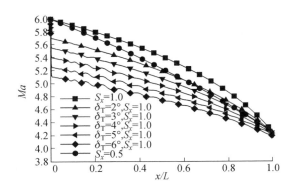

图 3 – 51　$Ma6$ 不同角度截短后的等熵压缩面无黏马赫数分布对比

管其出口总压分布比较均匀,但是前缘激波造成气流比较大的损失,使得出口总压恢复系数下降明显。上述结果也可以从它们出口截面的马赫数分布对比(图 3 – 53)中看出,采用截短可以使靠近壁面和远离壁面的气流趋于受到相同程度的压缩,因而截短角度越大,压缩面出口马赫数分布越接近于均匀分布,前缘激波作用区域将造成气流马赫数急剧变化。总的来说,等熵压缩面截短后其出口马赫数分布与 $S_x = 1.0$ 压缩面的出口马赫数分布在变化趋势上是一致的,它们都表现为呈线性变化,只是线性变化的斜率不同。而气流经 $S_x = 0.5$ 压缩面的压缩,由于受到的压缩程度不同造成其出口马赫数分布比较独特,表现为呈非线性变化。

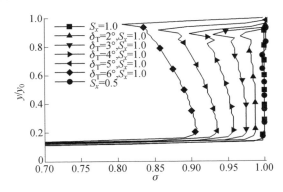

图 3 – 52　$Ma6$ 等熵压缩面不同角度截短后的出口总压分布对比

图 3 – 54 给出了 $Ma4$ 等熵压缩面不同角度截短后的流场结构,图中标出了压缩面的终点位置及"出口"截面。可见,由于工作马赫数降低,前缘激波和壁面上压缩波的波角增大且强度明显减弱。图 3 – 55 给出了非设计状态 $Ma4$、黏性情况下等熵压缩面截短不同角度后的壁面压升规律对比,它们在无黏情况下的壁面马

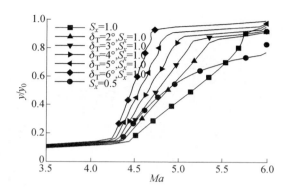

图 3 - 53　*Ma*6 等熵压缩面不同角度截短后的出口马赫数分布对比

赫数分布对比如图 3 - 56 所示,为了便于对比分析,图中还分别给出了相同总偏转角的 $S_x = 1.0$ 和 $S_x = 0.5$ 压缩面的壁面压升规律及马赫数分布。从图中可以看出,与设计状态下的情况一样,等熵压缩面截短后其壁面压强分布和马赫数分布在变化趋势上与 $S_x = 1.0$ 压缩面是一致的,而与 $S_x = 0.5$ 压缩面则存在比较明显的差异。

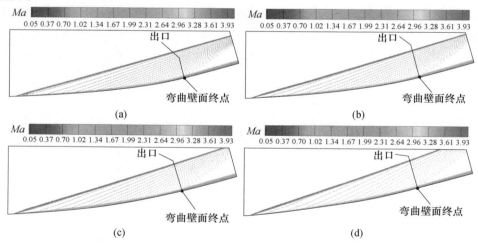

图 3 - 54　*Ma*4 等熵压缩面不同角度截短后的流场结构
(a) $\delta_T = 2°$;(b) $\delta_T = 3°$;(c) $\delta_T = 4°$;(d) $\delta_T = 6°$。

　　图 3 - 57 给出了非设计状态 *Ma*4、黏性情况下等熵压缩面不同角度截短后出口截面(图 3 - 54)的总压分布对比,它们的出口截面的马赫数分布对比如图 3 - 58 所示,为了便于对比,图中还分别给出了相同总偏转角的 $S_x = 1.0$ 和 $S_x = 0.5$ 压缩面

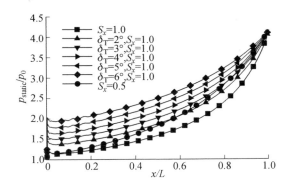

图 3 – 55　*Ma*4 等熵压缩面不同角度截短后的壁面压升规律对比

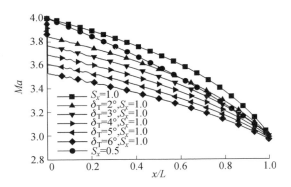

图 3 – 56　*Ma*4 等熵压缩面不同角度截短后的壁面无黏马赫数分布对比

的出口总压分布及马赫数分布。从图中可以看出,与设计状态下的情况一样,等熵压缩面截短后其出口总压分布及马赫数分布变化趋势与 $S_x = 1.0$ 压缩面相同。只是工作马赫数降低,使得前缘激波和壁面上压缩波的强度均减弱,对气流造成的损失减小,并且靠近壁面和远离壁面的气流受到的压缩程度差异也得到减小。

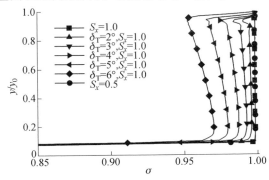

图 3 – 57　*Ma*4 等熵压缩面不同角度截短后的出口总压分布对比

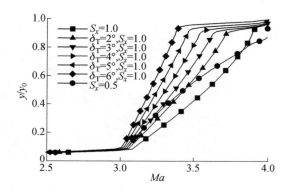

图 3 - 58   *Ma*4 等熵压缩面不同角度截短后的出口马赫数分布对比

第4章 指定出口气动参数的压缩通道反设计

反设计是本书重点介绍的内容,它包含两种类型:一是从出口流场的需求逆流向设计整个压缩通道;二是给定压缩面沿流向的气动参数分布规律,从气动参数来设计压缩面的型线。其中逆流向的反设计是最具有挑战意义的研究工作,本章将简要介绍这种反设计方法的基本原理、基本思路和主要的设计步骤、设计方法,书中还给出了几个设计实例供读者参考。

4.1 根据出口气动参数反设计的基本构思[47]

由出口气动参数分布出发,逆流向反设计超声速流道的物理本质就是利用超声速流场中的扰动传播面,即马赫波的基本特征。在二维平面等熵超声速流动中,扰动传播面就是马赫线,亦称特征线。图4-1绘出了平面等熵超声速流动沿流向的两族特征线,从经典的特征性理论可知,在流场中的每一点都有左伸和右伸两条特征线,一点的流动参数在相容方程的约束下沿这两条特征线向下游传递,当然,下游点的流动同样也在相容方程的束缚下与上游点的流动参数紧密关联。

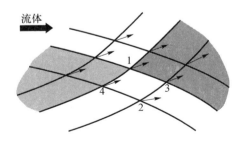

图4-1 超声速流场特征线网格示意

从二维超声速流动相容方程中未知变量的个数可知,决定一点的流动参数,对均熵流动必须有两条相交的特征线来求解两个相容方程,可见决定下游点的流动参数,必须有不在同一条特征线上的两个上游点才行,从这两个上游点发出的左右伸特征线正好在该点相交。由于同一条特征线上不同点的流动参数完全由相容方程关联,因此下游点流动参数同样可以决定上游点的物理特性,当然,单点的参数沿同一条特征线并不能决定上游点的参数,同样需要另一条异族特征线与之相交才行。图4-1流场中每一点都是两条不同族特征线的交点,沿每条特征线都满足各自的相容方程,因此可以由点1、点2的流动参数求解相容方程得到点3的流动参数,也可以逆流向求解相容性方程从点1、点2的流动参数得到点4的流动参数。图4-1展示的是内点的计算,实际上壁面点也可以完成这一过程。若是有旋的等熵流动,则必须加一条流线解四个相容方程,逆流向求解的思路与均熵流动相似。

通过欧拉运动方程的分析以及超声速流动的边界条件处理,可以看出:对于等熵无黏超声速流场而言,扰动沿特征线传播,当流动的方向反向时,将得到同样的速度大小和热力学性质的流场解,因此由下游流场确定上游流场是可能的。

4.2　二维曲面压缩通道反设计方法与实验验证[47-49]

4.2.1　给定出口参数的反设计方法

研究图4-2所示的超声速气流二维压缩通道反设计简化模型,它由上下曲壁及一道前缘弯曲激波构成。现在的问题是如何根据给定的出口马赫数分布和来流条件,采用科学合理的反设计方法,将未知的上下曲壁面和其内的超声速流场设计出来。已知条件:给定出口马赫数分布,这是设计目标;给定上游来流条件,即压缩通道进口参数分布已知。

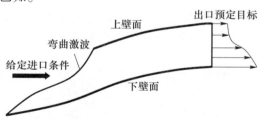

图4-2　反设计简化模型

基本思路:设计一道或多道弯曲激波满足进出口参数分布要求,流动损失完全由弯曲激波产生,不计黏性损失。作为原理性探索,首先考虑图4-2所示的一道弯曲激波简单模型。

设计结果:上下曲面压缩面组成的流道及内部的超声速流场。

1. 二维弯曲激波的反设计

二维通道内对超声速气流的压缩离不开激波和等熵压缩波,要在给定的进出口流动条件限制下设计压缩通道,完全依靠等熵压缩只有在极少的情况下才有可能,通常总是伴随着激波压缩。指定了进出口马赫数分布,实际上就是给定了不同流管的总压损失,这就需要在不同的流管中合理地设计和调整总压损失以满足出口马赫数分布的要求,可以通过调整激波形状(往往是弯曲激波)来得到需要的总压分布。因此该反设计问题就归结为根据需要的总压分布设计弯曲激波,然后再反求能产生所需弯曲激波形状的壁面。

弯曲激波的设计可以转化为设计离散点的斜激波角度。需要根据给定的进出口参数条件确定各个流管经过的斜激波压缩角度,这样就可以获得一条连续的弯曲激波型线,只需保证各点处的斜率与所需的斜激波角度相同即可。那么首先解决的问题就是如何确定各个流管经过的斜激波强度。

考虑到所指定出口流场的多样性,它可能是参数分布均匀的流场,也可能是分布不均匀的流场,而且进口流场也可能是非均匀流场。一个合理的思路就是沿流道的高度划分若干个基元流管,沿每个基元流管根据进出口条件设计流动损失,使整个流场满足进出口参数分布的要求。

图 4 - 3 就是流场中某一基元流管示意图,每一个基元流管都经过一道斜激波,激波的波前参数即为该流管对应的给定进口条件。

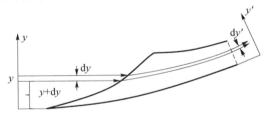

图 4 - 3　基元流管示意图

通过流量连续关系即可找到出口各个微流管经过的激波位置。根据反设计给定的条件,来流及出口参数分布都已给定,从而各基元流管的流量 $\dot{m}(y)$、$\dot{m}'(y')$ 与位置 y、y' 的关系可以由下列连续方程求出(进出口的坐标系选取如图 4 - 3 所示):

$$\int_{y}^{y+dy} \dot{m}(y)\,dy = \int_{y'}^{y'+dy'} \dot{m}'(y')\,dy' \qquad (4-1)$$

这样就可得到进口流场中每条基元流管经过的激波位置。于是根据进出口参数分布条件,即可确定激波各个位置的总压恢复系数,从斜激波关系式就可求得该基元流管处的斜激波角度。只需选取足够多的离散点进行以上的计算过程即可获得满足进出口参数分布要求的弯曲激波形状。

如图 4 - 4 所示,BD 为一系列基元流管计算得到的弯曲激波,获得了弯曲激波形状之后,相应波后离散点的参数就可以通过斜激波关系式获得。由这些离散的波后参数点使用二维有旋特征线计算内点过程,就可以获得激波后整个超声速流场的特征性网格及全部流动参数。图中没有完全给出激波线下游的全部特征线网格,从图中的激波起始点 B 点沿流向作流线即可获得相应的弯曲壁面的型线,而在此流线(壁面型线)之下的内点计算点都是反设计中不需要的,故而图中没有给出这些多余的点。图 4 - 4 中的 BC 曲线即为产生弯曲激波 BD 所需弯曲壁面型线。

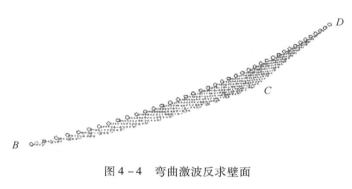

图 4 - 4　弯曲激波反求壁面

2. 流场装配

如图 4 - 2 所示,气流经过精心设计的弯曲激波之后,各条流管上的总压分布已经能够满足给定出口参数的要求。但可以发现弯曲激波的设计结果都是以一条特征线(例如图 4 - 4 中的 CD 左行特征线)结尾的。从 CD 到出口截面之间尚有一空白的区域存在,如何将 CD 特征线上的气流参数按一定的规律转为出口截面预设的参数分布,这一空白区域的流场设计问题必须考虑。简言之,CD 特征线在空间位置上并不能满足出口参数的分布要求,而且此特征线上的静压也不是严格均匀的。需要继续设计后续的内流通道,使得流动在等熵条件下将各个流管的静压转为均匀,且速度方向相同。

为构建出口截面 EF 到弯曲激波流区末尾特征线 CD 之间的空白流区,并实现出口预定参数分布,需要设计图 4 - 5 所示的由出口截面参数逆流向的 GEF 流区。

二维有旋特征线可以沿流线向上游推进计算,但是仅仅从出口 EF 出发只能构建图中 EOF 的流区,还不能直接与弯曲激波流区镶嵌。为此,可以给定一条流线 GE 作为上壁面,从图 4 - 5 的出口 EF 出发逆流向计算 EGF 区域,调整 GE 的形状使得图中 G 点的马赫数与图 4 - 4 中 D 点(注意是波后参数)的马赫数相同。由于在计算图 4 - 4 时已经保证了各条流管的波后总压与给定的出口参数分布相匹配,所以此时图 4 - 5 中 G 点与图 4 - 4 中 D 点除了空间坐标及气流方向以外的所

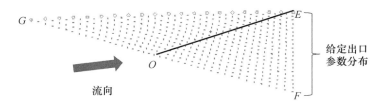

图 4 – 5　给定出口截面的决定区域

有参数都相同。于是可以通过 G 点(图 4 – 4 中的 D 点)的平移和旋转将前后两个流区镶嵌在一起,从而完成流场装配过程。在镶嵌点 $D(G)$,前后两个流区的参数完全相同。

图 4 – 6 即为图 4 – 5 中 G 点与图中 D 点完全重合之后的流场示意图。正如前面的分析,给定的进出口参数分布条件决定了流场的一部分区域,也相应地决定了一部分的物理壁面(图中的两段绿色点系)。结合第 2 章的分析,图 4 – 6 中的左行特征线 DC 与右行特征线 DF 存在交集,从而可以确定图中两块红色点域中间的空白区域的流场参数。

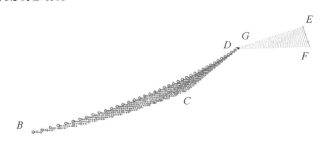

图 4 – 6　流场装配示意图

图 4 – 7 即为使用图 4 – 6 中的 DC、DF 特征线作为初值线确定的区域。在图 4 – 6 中可以看到 C 点处为壁面点,于是可以在图 4 – 6 计算得到的流动区域内从 C 点出发作流线,由于前后两块流区的流量相同,因此从 C 点出发的流线必然交于 F 点,即可获得 C 点后续的壁面型线 CF。再以 DC 线为初值线,加上流线追踪获得的壁面型线 CF 可以计算出壁面上方 DCF 区域内的流动参数,从而完成整个流场的反设计,所设计的超声速压缩通道就实现了预设的出口参数分布要求。

针对本章反设计简化模型的自上而下的设计流程如图 4 – 8 所示。所有给定的初始条件如图中粗黑框所示,曲线编号与上面特征线图一致。根据进口参数分布与出口参数要求(马赫数分布、总压恢复等),由流量连续关系可以确定出口截面的高度,进而可以确定出口参数分布。随后,设计弯曲激波形状使波后气流满足

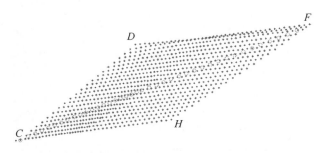

图 4 - 7　初值线影响区域的交集

出口总压分布要求,弯曲激波对应的壁面型线也相应地确定。设计 *GE* 曲线形状,使之与给定出口参数分布的决定区域满足流场装配条件。通过平移、旋转出口参数分布决定的流场区域,与弯曲激波的流场区域完成装配。以 *CD*、*GF* 为初值线计算内点过程,并从 *C* 点追踪流线即可获得 *CF* 段的曲面型线,从而完成整个反设计过程。

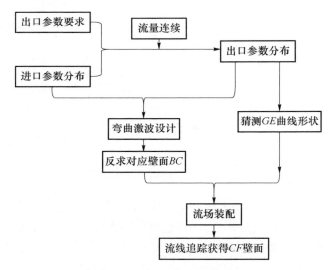

图 4 - 8　反设计流程

4.2.2　二维曲面压缩通道反设计的试验验证

为验证上述反设计思想的正确程度,设计了二维曲面压缩试验模型并进行了 *Ma*5、*Ma*6 风洞试验。给定的出口条件为出口截面马赫数沿高度线性分布,在 *Ma*6 来流条件下,下壁面无黏马赫数 *Ma*4.0,上壁面无黏马赫数 *Ma*3.0,根据上面提出

的设计过程完成了曲面压缩面的设计,而后又对无黏型面进行了边界层修正,最终
得到的整个模型如图 4 - 9 所示。

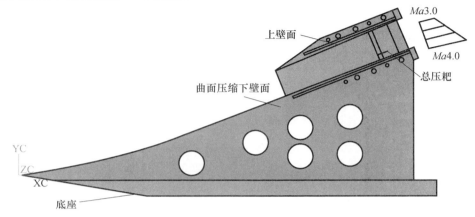

图 4 - 9　试验模型示意图

为了测量出口截面的马赫数分布,在出口对称面设置了总压耙。出口总压耙
均匀分布 19 根皮托管,相邻皮托管的间距为 1.55mm。为了测量皮托管所在流通
截面的静压,在此截面的上下壁面距离皮托管 11.0mm 处布置了 4 个静压管。这 4
个静压管测量值的平均值用作皮托管截面的静压值,若这 4 个静压值都非常接近,
就能够证明流通区域的二维流动效应区域大小。沿程每隔 20.0mm 布置 1 个静压
管,下壁面沿程有 15 个静压管,上壁面有 6 个静压管。图 4 - 10 为试验状态下的
模型照片。试验时模型下壁面距风洞出口截面 20mm,整个外压段部分完全处于
风洞出口均匀菱形区内。该模型进行了 $Ma5$、$Ma6$ 的风洞试验。

图 4 - 10　模型的试验状态

对试验模型进行了风洞试验条件下的 $Ma5$ 及 $Ma6$ 三维数值模拟,壁面第一层
网格设为 0.1,增长因子为 1.1。湍流模型选为标准 $\kappa - \varepsilon$ 模型,采用标准壁面函数

进行壁面处理。

图 4 – 11 给出了 $Ma5$、$Ma6$ 来流有黏计算的出口半截面静压分布,图中 Z 为对称面位置。可见两个马赫数条件下,出口截面的二维效应区域大概有 22mm 宽(图中黑色竖线所示区域),可判定皮托管截面的静压管位置处于二维流动区域内部。

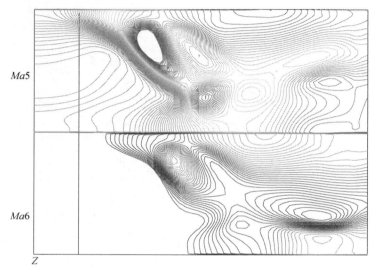

图 4 – 11   判断二维流区有黏计算出口静压分布

图 4 – 12 为不同来流马赫数条件下的出口马赫数分布,其中横坐标为使用出口总高度无量纲化的高度,纵坐标为马赫数。图中点画线为 $Ma6$ 的计算结果,虚线为来流 $Ma5$ 计算结果,实线为 $Ma6$ 的预定目标,希望实现 $Ma4$ 到 $Ma3$ 线性分布。

可见在设计点 $Ma6$,对称面上计算得到的出口马赫数分布与目标规定的线性分布吻合良好。另外,对于非设计点 $Ma5$ 条件下的数值模拟,对称面出口核心区域的马赫数分布同样保持了良好的线性趋势。

试验在 600mm 直径的 $Ma6$ 高超声速风洞上进行,图 4 – 13、图 4 – 14 给出了试验结果。

图 4 – 13 给出了 $Ma6$ 条件下的出口马赫数分布试验曲线。图中虚线为期望的目标马赫数分布,实线是有黏数值模拟结果,方块点为风洞试验得到的实际测量结果。可见风洞试验结果与目标非常接近,出口截面马赫数分布的线性规律与预定目标吻合良好。试验中测得的静压整体略高,使得出口马赫数也相应地整体稍稍偏低,整条试验曲线比预定目标略低,但总体上与无黏设计目标差距不大。

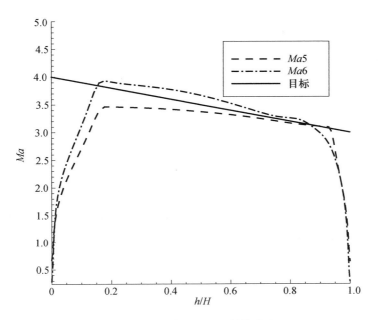

图 4 - 12　对称面出口马赫数分布

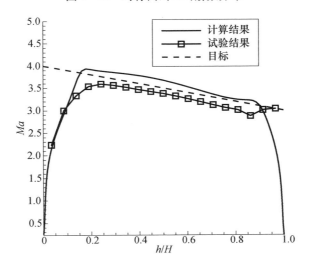

图 4 - 13　*Ma*6 条件下的出口马赫数分布

图 4 - 14为来流 *Ma*6 时的模型纹影照片。特殊设计的曲面压缩面产生的弯曲激波恰好封口。说明模型设计所用的边界层修正是适当的,风洞试验证实了本书提出的反设计方法是正确、可行的。

图 4 – 14　$Ma6$ 试验的纹影照片

4.3　多道弯曲激波的反设计[49 –51]

4.3.1　两道弯曲激波

采用一道弯曲激波往往难以满足一些特殊需要的出口限制条件,为了扩大反设计的适应性,考虑多道弯曲激波的复杂情况,首先研究两道弯曲激波的反设计问题。

整个反设计过程在预设出口马赫数分布 $Ma_{exit}(h)$ 和出口气流方向角 θ_{exit} 的前提下进行,来流马赫数、来流静压 p 和总温 T^* 已知。取捕获高度为 h_c,根据已知的进出口条件对进气道进行预配波,预配波后得到第一道弯曲激波沿捕获高度方向的总压恢复系数分布函数 $\sigma_1(y)$ 和第二道弯曲激波位于唇口处的总压恢复系数 σ_2。将第一道弯曲激波均分为 n 段,按照 4.2 节介绍的由激波总压恢复系数分布反求压缩面的方法计算出生成第一道弯曲激波所需要的壁面,称为前压缩面。紧接前压缩面之后,使用无激波条件下沿程马赫数分布可控压缩面反设计方法计算出一段 $Ma(x)=f(x)$ 的壁面,称为后压缩面,其中 $f(x)$ 为可控函数。使用特征线理论计算其对应的流场。通过以上过程得到的流场区域如图 4 – 15 所示,称该流场为基础流场。

在基础流场中,根据预配波得到的第二道弯曲激波唇口点处的总压恢复系数计算出波后流动参数和该激波点 S 的激波角 β_s,坐标 (x_s,y_s),其波后总压即为唇口壁面流线的出口总压,再结合预设的出口马赫数分布就可以计算得到唇口壁面流线的出口静压 p_{exit}。由于出口静压均匀分布,因此 p_{exit} 即为出口静压。这样,出口的总压恢复系数分布就被确定下来:

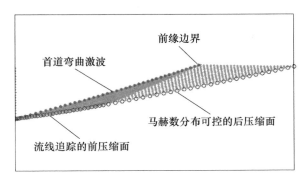

图 4 – 15　基础流场

$$p_{\text{exit}}^{*}(h) = p_{\text{exit}}\left[1 + \frac{\gamma - 1}{2}Ma_{\text{exit}}^{2}(h)\right]^{\frac{\gamma}{\gamma - 1}} \qquad (4-2)$$

根据进出口质量流量守恒可以计算得到出口高度 h_{exit}。给定计算间距 Δh，根据已知激波点 S 的激波角 β_S 和坐标 (x_S, y_S)，向下计算下一个激波点 A 的位置、激波角和波后流动参数，计算过程分为预估步和校正步(图 4 – 16)，预估步为：首先初步计算激波点 A 的坐标 (x_A, y_A)。

$$x_A = x_S + \frac{\Delta h}{\tan\beta_S}$$
$$y_A = y_S - \Delta h \qquad (4-3)$$

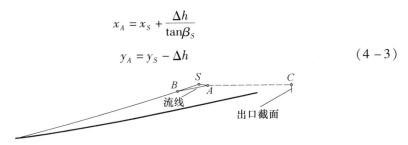

图 4 – 16　计算过程示意图

利用 A 的坐标和距离加权可以得到基础流场中该位置处的流动马赫数、静压 p_A、总压 p_A^*、流向角 θ_A，即激波点 A 的波前流动参数。从 A 点向前流线追踪至与第一道弯曲激波相交，根据交点 B 的坐标和来流条件可以计算出过 A 点流线与下壁面之间流管的质量流量，通过质量流量守恒就能够得到该流线在出口截面上的落点 C。根据 C 的坐标和式(4 – 2)就可以得到流线上的出口总压 p_{Ae}^*，进而可以计算出激波点 A 的总压恢复系数 σ_A：

$$\sigma_A = \frac{p_{Ae}^{*}}{p_A\left(1 + \frac{\gamma - 1}{2}Ma_A^2\right)^{\frac{\gamma}{\gamma - 1}}} \qquad (4-4)$$

　　结合 A 点的波前流动参数和 σ_A ,使用激波关系式就可以计算出激波点 A 的激波角 β_A 和波后流动参数,至此完成预估步。

　　校正步过程为:取 $\tan\dfrac{\beta_S + \beta_A}{2}$ 作为 SA 直线的斜率对激波点 A 的位置进行修正,修正后 A 的坐标为

$$x'_A = x_S + \frac{\Delta h}{\tan\left(\dfrac{\beta_S + \beta_A}{2}\right)}$$

$$y'_A = y_S - \Delta h \tag{4-5}$$

　　使用修正后的 A 点坐标重复预估步中的计算过程,得到修正后 A 点的激波角 β_A 和波后流动参数。反复进行校正过程,直至 A 点的位置不再变化,这样就完全确定了激波点 A 的坐标、激波角和波后流动参数。

　　使用上述的预估校正过程,朝着下壁面方向逐个计算第二道弯曲激波各个激波点的坐标、激波角和波后流动参数,直至与下壁面相交,交点 P 为流场装配点,这样就得到了第二道弯曲激波的波形。以各个激波点的波后流动参数构成一条超声速初值线,使用 4.2 节介绍的由激波反算壁面的方法,计算生成第二道弯曲激波所需要的壁面,即唇口壁面。通过装配点 P 的流动参数对预配波进行调整,直至 P 的流动参数满足所需要求,这样就完成了对激波流场的计算,如图 4-17 所示。

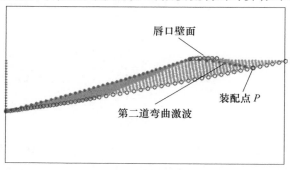

图 4-17　激波流场示意图

　　在上面计算过程中已经得到了出口截面高度 h_{exit}、静压 p_{exit} 和总压分布 $p^*_{\mathrm{exit}}(h)$,同时出口马赫数分布 $Ma_{\mathrm{exit}}(h)$ 和气流方向角 θ_{exit} 是预设的,这样就得到了由出口流动参数构成的一条超声速初值线。从该初值线出发,利用 4.2 节介绍的反设计方法计算得到图 4-18 所示的装配流场。该流场为三角形区域,三条边界分别为出口边界、可调壁面和结尾特征线。通过对壁面形状的调整使装配点 P' 的马赫数与上面装配点 P 的马赫数相同,再对装配流场进行适当旋转,使装配点 P'

流向角与 P 点一致,至此完成了对装配流场的计算。

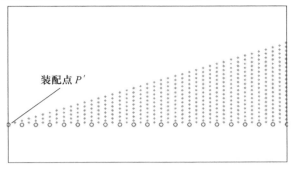

图 4 - 18　装配流场

　　将图 4 - 17 和图 4 - 18 所示的流场在装配点处进行装配,装配完成后能够得到从 $P(P')$ 点发出的两条异族特征线,在这两条特征线之间利用内点单元过程可以计算出一块菱形流场区域,在该流场区域中使用流线追踪就能得到其余的几何壁面,至此,为实现预设出口流动参数分布的两条弯曲激波二元高超进气道无黏型面被完全确定,如图 4 - 19 所示。以上介绍的整个反设计流程可用图 4 - 20 所示的框图概括。

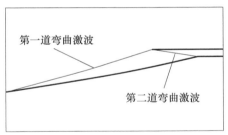

图 4 - 19　两道弯曲激波的超声速进气道

4.3.2　三道弯曲激波

1. 三道弯曲激波的流场反设计过程

　　反设计过程同样首先预设出口马赫数分布 $Ma_{exit}(h)$ 和出口气流方向角 θ_{exit},同时给定来流马赫数、静压 p 和总温 T^*。取捕获高度为 h_c,根据已知的进出口条件对进气道进行预配波,预配波后得到第一道弯曲激波沿捕获高度方向的总压恢复系数分布函数 $\sigma_1(y)$、第二道弯曲激波总压恢复系数分布 $\sigma_2(y)$ 和第三道弯曲激波位于唇口处的总压恢复系数 σ_3。将第一道弯曲激波平分为 n 段,按照 4.2 节介绍的由激波总压恢复系数分布反求压缩面的方法计算出生成第一道弯曲激波所

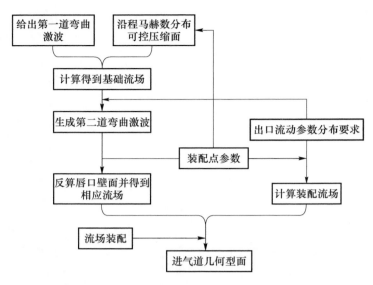

图 4 - 20　两道弯曲激波双重反设计流程

需要的壁面,称为第一段前压缩面。紧接其后,使用无激波条件下沿程马赫数分布可控压缩面反设计方法计算出一段 $Ma_1(x) = f_1(x)$ 的壁面,称为第一段后压缩面。使用特征线理论计算其对应的流场,流场示意图见图 4 - 21。在图 4 - 21 所示的流场中,从唇口点开始,再次使用弯曲激波反设计方法计算出第二道弯曲激波的波形、位置及对应的压缩面,称为第二段前压缩面,之后同样紧接一段沿程马赫数分布可控 $Ma_2(x) = f_2(x)$ 的壁面,称为第二段后压缩面,使用特征线法计算其对应的流场。以上计算过程完成后就能得到如图 4 - 21 所示的基础流场。

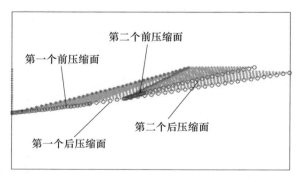

图 4 - 21　基础流场

在基础流场中计算第三道弯曲激波的方法与计算第二道弯曲激波的方法大致相同,不同之处在于:计算第三道弯曲激波各待求激波点的总压恢复系数时,需要首先从该待求激波点的位置出发,向前流线追踪至第二道弯曲激波并获取该处的总压恢复系数 σ'_2,再从该处的波前点出发继续向前流线追踪至第一道弯曲激波并获取总压恢复系数 σ'_1;使用质量流量守恒定律确定待求激波点的流线在出口截面的落点并计算流线的出口总压 p^*_{exit},据此就可以计算出待求激波点的总压恢复系数为

$$\sigma'_3 = \frac{p^*_{\text{exit}}}{p^* \sigma'_1 \sigma'_2} \qquad (4-6)$$

式中　p^*——来流总压。

逐点向下计算,直至完成第三道弯曲激波的反设计。计算完成后得到如图 4-22 所示激波流场,装配点 P 是第三道弯曲激波与第二段后压缩面的交点。利用 P 点的流动参数对预配波方案和沿程马赫数分布规律进行调整,直至 P 点流动满足设计要求。装配流场的设计方法与上面完全一致,在装配点处按照马赫数相同和流向角一致的准则进行流场装配,装配完成后能够得到从装配点发出的两条异族特征线,在这两条特征线之间利用内点单元过程可以计算出一块菱形流场区域,在该流场区域中使用流线追踪就能得到其余的几何壁面,如图 4-23 所示。以上设计流程可以由框图 4-24 概括。

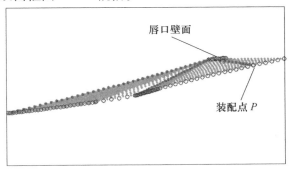

图 4-22　激波流场示意图

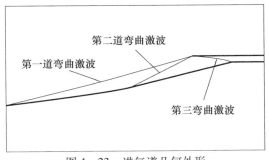

图 4-23　进气道几何外形

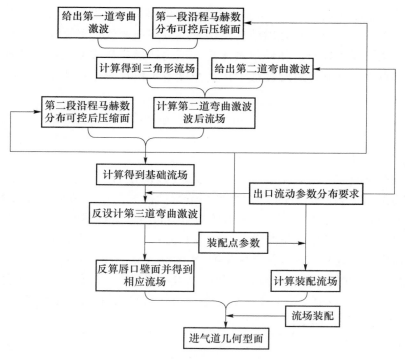

图 4 - 24　三弯曲激波双重反设计流程

2. 三道弯曲激波反设计实例——均匀来流到非均匀出口

为了验证三弯曲激波双重反设计方法在多种流动条件下的适用性,对均匀来流转非均匀出口流动、非均匀来流转均匀出口流动的反设计算例做了研究。设定设计点来流 $Ma6$, $p_{far} = 531\,\mathrm{Pa}$, $T^* = 549.4\,\mathrm{K}$,预设出口 $Ma2.8 \sim 3.2$ 非均匀线性分布(图 4 - 25)。

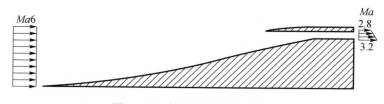

图 4 - 25　均匀转非均匀示意图

根据进出口流动分布和装配点流动参数要求,选取第一道弯曲激波总压恢复系数分布为

$$\sigma_1(y) = 0.99 - \frac{0.21}{h_c}y, \ 0 \leqslant y \leqslant h_c \qquad (4-7)$$

第二道弯曲激波总压恢复系数分布为

$$\sigma_2(y) = 1.05 - \frac{0.21}{h_c}y, \ h_s \leqslant y \leqslant h_c \qquad (4-8)$$

式中　h_c——捕获高度；

　　　h_s——第二道弯曲激波与第一段后压缩面交点的纵坐标,本算例 h_c 取
　　　　　为 200mm。

第三道弯曲激波唇口点处的总压恢复系数 $\sigma_3 = 0.672$。由于第一段后压缩面较短,而且对于非均匀流动主要是依靠激波对速度剖面进行修正,因此本算例第一段后压缩面选取的是一段半径为 $200h_c$ 的圆弧,前后压缩面接点处圆弧切角等于气流流向角。为便于调节,同时使沿程马赫数梯度逐渐减小,第二段后压缩面沿程马赫数分布规律选为式(4-9)所示横置的二次曲线规律:

$$Ma(x) = -\frac{b}{2a} - \sqrt{\frac{x}{a} + \frac{b^2}{4a^2} - \frac{c}{a}} \qquad (4-9)$$

通过对装配点参数的调节,式(4-9)中各参数取:$a = 47.5$、$b = -353.2$、$c = 687.4$。对反设计的进气道在设计点进行无黏数值计算,图 4-26 给出了等马赫线图,可以看出三道弯曲激波均满足设计要求:两道入射弯曲激波封口,唇口激波打在顶板肩点位置。图 4-27 是出口马赫数和静压比分布曲线,出口马赫数分布与预设非均匀线性分布几乎重合,静压均匀,实现了反设计目标。以上结果表明该三弯曲激波双重反设计方法同样可以实现均匀来流转非均匀出口流动,而且更接近实际高超声速进气道的气动造型。

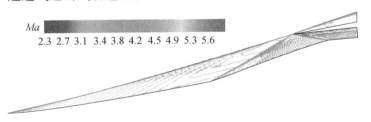

图 4-26　设计点无黏数值计算等马赫线

3. 三道弯曲激波反设计实例——非均匀来流转均匀出口流动

给定如图 4-28(a)那样的非均匀来流 $Ma(y)$,已知来流静压 $p = 531\text{Pa}$、总温 $T^* = 549.4\text{K}$,经过三道弯曲激波和其余等熵压缩波的压缩,希望在压缩通道出口得到如图 4-28(b)那样的 $Ma3$ 均匀分布出口流场,研究弯曲激波-曲面压缩面对非均匀超声速来流的"均匀化校正"能力。预设出口 Ma_{exit} 3.0 均匀分布,出口气流方向角水平,给定进气道捕获高度 $h_c = 0.2\text{m}$,其中 $Ma(y)$ 为

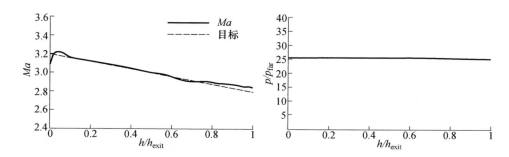

图 4 - 27　出口流动参数分布曲线

$$Ma = \begin{cases} 5.5 + 5y, & 0 \leqslant y \leqslant 0.1 \\ 6, & y > 0.1 \end{cases} \qquad (4-10)$$

本算例就是在进出口马赫数分布预先给定的条件下,通过三道弯曲激波的损失分配,设计整个曲面压缩通道。

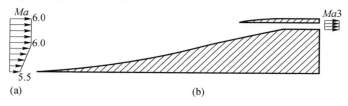

图 4 - 28　非均匀转均匀示意图

采用 Fluent 软件提供的用户自定义函数(UDF)将式(4 - 10)所示的非均匀马赫数分布输入到 Fluent 数值计算中。经过数值试验可得本算例中进气道第一道弯曲激波总压恢复系数分布为

$$\sigma_1(y) = 0.99 - 0.95y, \ 0 \leqslant y \leqslant 0.2 \qquad (4-11)$$

第二道弯曲激波总压恢复系数为

$$\sigma_2(y) = 1.08 - 1.286y, \ h_s \leqslant y \leqslant h_c \qquad (4-12)$$

式中　h_s——第二道弯曲激波与第一段后压缩面交点的纵坐标(m)。

第三道弯曲激波唇口点处的总压恢复系数 $\sigma_2 = 0.727$,装配点流动马赫数和流向角与目标出口流动一致,为了便于调节,两段后压缩面马赫数分布规律 $Ma(x)$ 为式(4 - 13)所示横置的二次曲线规律:

$$Ma(x) = -\frac{b}{2a} - \sqrt{\frac{x}{a} + \frac{b^2}{4a^2} - \frac{c}{a}} \qquad (4-13)$$

本算例中第一段后压缩面各参数值分别为:$a = 90.0$、$b = -869.2$、$c = 2098.8$,

第二段后压缩面各参数分别为：$a = 42.5$、$b = -290.8$、$c = 528.3$。按照 4.2 节介绍的反设计流程设计了非均匀来流转均匀出口流动二元高超进气道，使用 Fluent 软件对其进行无黏数值计算，得到的等马赫数线图如图 4-29 所示，来流马赫数分布曲线和出口马赫数分布曲线分布如图 4-30 所示，可见出口马赫数分布均匀，且与目标分布吻合，进气道激波符合设计要求。以上结果说明 4.2 节反设计方法同样能够实现对非均匀来流的修正，利用该方法能够在非均匀来流下得到所需的出口速度分布。该算例说明本书介绍的曲面激波 - 曲面压缩有能力对来流非均匀性实现"均匀化"的作用。

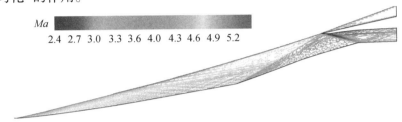

图 4-29　非均匀来流条件下无黏等马赫线

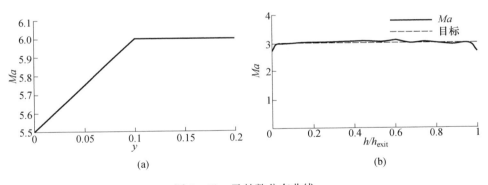

图 4-30　马赫数分布曲线

（a）来流非均匀马赫数分布；（b）出口实现均匀的马赫数分布。

4.4　三维通道的反设计[49]

对于高超声速气流通道，由于流体微团的流动速度大，在横向压力梯度不太大的情况下，流体微团发生的横向流动不显著，流动也将具有一定的二维流动的特点。因此，在均匀超声速来流条件下，探索了利用二维切片叠加的方法实现某一简单三维非均匀出口马赫数分布流场的近似方法。

研究中设定切片各截面出口马赫数均为线性分布，设定模型的横向尺寸（Z 轴正向)为1.5,各截面的出口马赫数分布如表4-1所列,利用4.2节中的方法沿 Z 轴生成6个二维切片气流通道(截面)。由于各个二维气流通道设定的出口马赫数分布不同,需调整壁面流线的总压恢复系数,将各个二维气流通道的出口截面静压调成同一值。

表4-1 各截面位置和出口参数

截面位置	壁面流线总压恢复系数	出口截面马赫数分布
$Z=0.0$	0.4822	2.5 ~ 3.5
$Z=0.3$	0.5554	2.6 ~ 3.6
$Z=0.6$	0.6385	2.7 ~ 3.7
$Z=0.9$	0.7327	2.8 ~ 3.8
$Z=1.2$	0.8394	2.9 ~ 3.9
$Z=1.5$	0.9600	3.0 ~ 4.0

在壁面流线总压恢复系数相同情况下,$Z=1.5(Ma3.0 \sim 4.0)$ 截面出口静压最小,所以本算例以 $Z=1.5$ 截面的出口静压作为基准。表4-1列出了各二维气流通道的壁面流线总压恢复系数。以 $Z=0$ 截面的二维气流通道出口高度为基准,对其他截面的二维气流通道进行比例缩放,保证各截面具有相同的出口高度。

生成的6个截面可以采用前缘点对齐或后端对齐的简单方式进行积叠,还可以使用其他复杂方式积叠。图4-31为出口 $Ma2.7 \sim 3.7$、$Ma2.8 \sim 3.8$ 的两个相邻截面在无黏情况下的下壁面压强分布。从图中可以看出,两个相邻截面的压强分布具有相似性,若将 $Ma2.7 \sim 3.7$ 线性分布的气流通道截面相对 $Ma2.8 \sim 3.8$ 的截面适当后移,可以降低横向压力梯度,有利于避免流体微团产生较大的横向速度

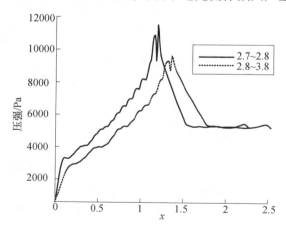

图4-31 出口 $Ma2.7 \sim 3.7$、$Ma2.8 \sim 3.8$ 两个相邻截面无黏壁面压强分布

分量,保持流动的二维性。据此,本书将各个气流通道截面按照出口对齐的简单方式进行积叠,得到图 4－32 所示的三维压缩通道。采用商用 CFD 软件 Fluent 软件进行无黏流动计算,计算使用密度基隐式求解器进行求解,对计算区域生成结构化网格,网格总数约为 70 万,计算中采用了压强远场、压强出口及无滑移绝热固壁和对称面边界条件。计算收敛准则为连续方程、动量方程、能量方程的残差至少下降 3 个数量级,并且不再发生显著变化,进出口质量流量平衡。

图 4－32　采用切片方法获得的压缩通道

图 4－33 是无黏情况下该压缩通道下壁面的三维流线图。从图中可以看出,虽然流体微团发生了横向流动,但横向流动并不显著,流动具有一定的二维流动特点。

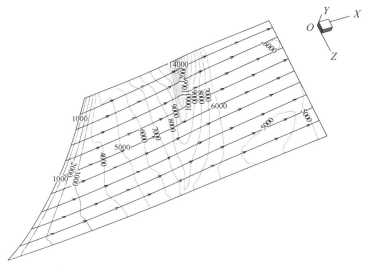

图 4－33　无黏流动下壁面的三维流线

图 4－34 给出了其中 4 个切片截面的流场图,可见由这 4 个切片叠加生成形状特殊的曲面压缩面以及激波贴口的空间弯曲激波面。

图 4－35 为无黏数值计算得到的出口马赫数分布图,图中给出了中间 4 个截面的马赫数分布,并与预设的马赫数分布进行比较。可以看出,虽然实际马赫数分

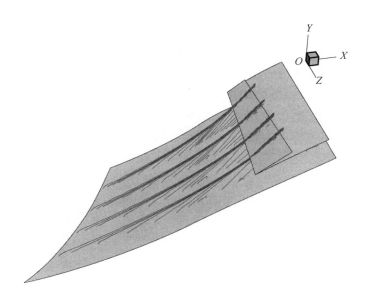

图 4-34　无黏情况下 4 个切片截面的流场

布同预设的马赫数有一定的差距,但是不同位置上的出口马赫数均能保持较好的线性度,并且不同位置上的马赫数分布的总体趋势是正确的,流动具有明显的分层流动的特点,所以采用二维切片进行叠加的方法可以得到一定程度上可控的超声速三维非均匀流场。

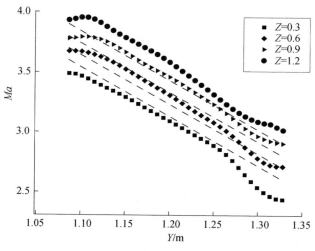

图 4-35　无黏计算出口马赫数分布

图 4-36 给出了有黏计算结果,计算采用了密度基隐式求解器,湍流模型选用 $\kappa-\varepsilon$RNG 模型,使用标准壁面函数进行壁面处理,分子黏性采用 Sutherland 公式计算,比热比 $\gamma=1.4$。壁面处采用等比加密的边界层网格。计算收敛准则为连续方程、动量方程、能量方程的残差至少下降 3 个数量级,并且不再发生显著变化,进出口质量流量平衡。

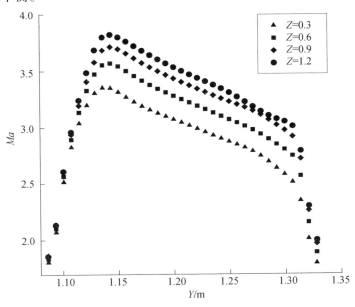

图 4-36　有黏计算出口马赫数分布

图 4-37 为将横向尺寸缩小 1/4 得到的模型的出口马赫数分布,可以看到此时由于横向压力梯度增加,出口马赫数分布的线性度变差,同时由于横向干扰严重,相邻两个截面之间的分层流动变得不明显。

本节探索了利用二维切片积叠得到三维气流通道的方法。研究表明,该方法在气流通道横向尺寸较大的情况下,可以获得总体上大致符合给定简单三维马赫数分布规律的气流通道,产生的三维非均匀马赫数分布可能用于对速度剖面要求不太严格的场合。

综上所述,本章介绍的第一类反设计仅仅是初步的尝试和方法的探索,从原理上解释了从出口参数的要求逆流向反设计整个压缩通道是可能的,也形成了初步的设计流程,当然还有许多问题值得进一步研究和发展。

这里提出的反设计方法用在喷管类超声速膨胀管道也是可行的。

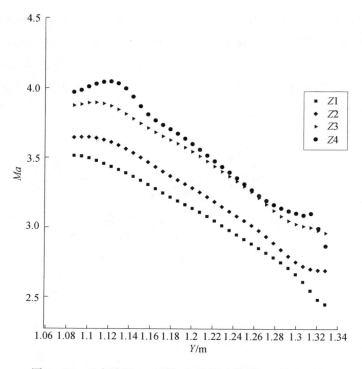

图 4 – 37 Z 向缩短 1/4 的气流通道无黏出口马赫数分布

第5章　指定壁面气动参数的弯曲激波压缩型面反设计

本章是本书的核心,介绍第二类反设计的详细过程,即指定压缩面壁面的压强分布设计压缩面的型面和整个压缩流场,或者指定压缩面的减速规律来设计压缩面的几何型面和完整的弯曲激波压缩流场。这是一种非常实用的设计方法,可以设计出性能优良的实用型进气道,该设计方法已经在工程实际中获得了应用,并取得了良好的效果。

5.1　反设计方法[42,52]

超声速气流的压缩取决于压缩面的气动设计,压缩面上的气动参数分布对整个压缩过程影响巨大,常规的气流压缩流场设计除了等熵压缩外都是根据某些成熟的理论或经验先给出压缩面几何形状,然后分析压缩流场的性质和压缩效率。本章将研究另一类设计方法,即由型面超声速气流的气动参数分布求型面几何参数的反设计,这属于本书定义的第二类反设计,可以先给定压缩面的压强(或压力梯度)、压缩面的减速规律,如马赫数(或马赫数梯度)的分布,然后构建整个压缩流场及压缩面的型线,其构思的基本原理基于二维定常有旋超声速流特征线法。

由来流条件以及壁面边界向下游推进得出整个超声速流场参数已是成熟且被广泛应用的无黏解法,在同一特征线上的上游点和下游点通过相容方程紧密关联,因此可以将正向的壁面点、内点等单元过程做适当调整,就能实现超声速流道型面的第二类无黏反设计。图5−1、图5−2就是这一概念的示意图,其中图5−1是常规的正向过程,图5−2就是本章讨论的"反设计"过程。通常壁面点求解是已知壁面形状(即壁面流线34),根据上游已知的点2、点3条件得到待求点(点4)的气动参数。而分析特征线方程组可知,在壁面形状未知时,如果已知待求点点4的气动参数(如压强、速度等)就可以反求该点坐标x_4、y_4(图5−2),根据壁面气动参数分布进行流道壁面的反设计,而不再是根据壁面型线求解流场。

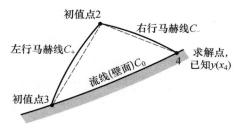 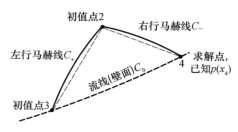

图 5－1 已知型线求壁面点气动参数 　　　图 5－2 由气动参数求解壁面型线坐标

5.2 指定壁面压强分布的弯曲压缩型面[42,52,53]

5.2.1 压强分布的设定

从给定的压缩面压升规律设计超声速气流压缩面是一项具有挑战性的研究工作,它反映了气流的压缩历程,对前缘激波形状、出口流场性能有决定性的作用,而且也直接影响到边界层的发展历程。经过数年的探索和研究,已经建立并发展了根据给定的压缩面升压规律反设计整个弯曲激波压缩系统的方法。在给定压缩面沿流向每一点的压强值后,就可以求出整个型面坐标并确定弯曲激波形状和整个压缩流场。在此基础上,研究了该方法在二维、侧压、轴对称及内收缩等多种压缩型面与进气道设计中的应用。

在给定压缩面每一点压强值后,该反设计方法以弯曲激波前端为起始线,利用特征线理论,逐点求解下游流场,求得整个弯曲压缩面的型面坐标,同时解出无黏情况下的弯曲激波和整个压缩流场气动参数。

根据压缩面不同位置压强增长的缓急程度,可以构造多种压强分布形式,除了最常用的多级斜楔压缩外,图 5－3 给出了早期研究的几种典型压缩面压升规律。

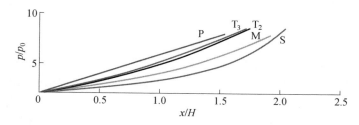

图 5－3 几种早期研究的压升规律

图中有等压力梯度压升规律 P、二次压升规律 T_2、三次曲线压升规律 T_3、著名的等熵压缩规律 S 等。研究后期还采用更复杂的反正切压升规律以及将压缩面分为前、中、后三部分的分段函数升压形式等。几年来,已经对各种不同压升规律下的压缩面性能特点与优化设计方法进行了系统的研究和分析。对于一个特定的压缩面,只要调节关键点的压力梯度就可以获得性能各异的曲面压缩面。

从整体优化和控制点数目掌控的角度出发,提出采用分段的二次 Hermite 插值函数描述的壁面压强分布:

$$f_{\bar{p}}(\bar{x}) = \bar{p}_i + (\bar{x} - \bar{x}_i)\bar{g}_i + \frac{1}{2}(\bar{x} - \bar{x}_i)^2\left(\frac{\bar{g}_{i+1} - \bar{g}_i}{\bar{x}_{i+1} - \bar{x}_i}\right), \bar{x}_i \leqslant \bar{x} \leqslant \bar{x}_{i+1}, i = 1, 2, \cdots, N-1$$

$$(5-1)$$

式中　$f_{\bar{p}}(\bar{x})$——以来流静压 p_∞ 无量纲化的压强分布函数;

　　　N——分段节点数目;

　　　i——各节点编号;

　　　$\bar{x} = x/L$——以指定的特征尺度 L 无量纲化的坐标;

　　　x——沿自由来流方向的坐标;

　　　$\bar{x}_i$——第 i 个节点的坐标;

　　　$\bar{p}_i = p_i/p_\infty$——第 i 个节点处的无量纲压强;

　　　$\bar{g}_i = g_i/(p_\infty/L)$——第 i 个节点处的无量纲压力梯度。

函数式(5-1)的导函数即压力梯度分布:

$$f_g(\bar{x}) = \frac{\mathrm{d}f_p(\bar{x})}{\mathrm{d}\bar{x}} = \bar{g}_i + (\bar{x} - \bar{x}_i)\left(\frac{\bar{g}_{i+1} - \bar{g}_i}{\bar{x}_{i+1} - \bar{x}_i}\right), \ \bar{x}_i \leqslant \bar{x} \leqslant \bar{x}_{i+1}, i = 1, 2, \cdots, N-1$$

$$(5-2)$$

式中　$f_g(\bar{x})$——以 (p_∞/L) 无量纲化的压力梯度分布函数。

式(5-1)中 N 个坐标 $\bar{x}_i$(记为 N 维向量 $\bar{\boldsymbol{X}} = \{\bar{x}_1, \bar{x}_2, \cdots, \bar{x}_N\}$)、对应的 N 个压力梯度 $\bar{g}_i$(记为 N 维向量 $\bar{\boldsymbol{G}} = \{\bar{g}_1, \bar{g}_2, \cdots, \bar{g}_N\}$)以及前缘压比 $\bar{p}_1$ 共 $2N+1$ 个参数是需要给定的设计变量。增加节点数目 N 能够实现对压强分布更精细的控制,调整节点位置和梯度大小能够控制压缩过程压强增长的缓急。

这种表达方式将压缩面划分为 $N-1$ 个区间,在每个区间内压强分布为二次函数的形式,在节点处连续可导。每个区间内压力梯度为线性分布,在节点处连续。设计参数具有明显的物理意义,容易调节和分析。

5.2.2　压缩性能分析

取一个二维曲面压缩面为研究对象,以压缩面前缘激波压比 $\bar{p}_1$,依次均布的 4 个节点 1、2、3、4 位置的压力梯度 $\bar{g}_1$、$\bar{g}_2$、$\bar{g}_3$、$\bar{g}_4$ 为自变量,考察对该曲面压缩面出口

截面的升压比 π、总压恢复系数 σ、激波长度 L_s/H_s、出口总压畸变 ε_p、阻力系数 C_D 等的影响。

1. 压比与总压恢复系数

图 5-4 为出口压比 p_e^*/p_∞ 和总压恢复系数 p_e^*/p_∞^* 随各设计参数的变化趋势。图中显示各设计参数增大一般会使压比上升而总压恢复下降。但对于压比，压缩面中后部参数 $\bar{g}_3$ 的影响最显著，而对于总压恢复，中前部参数 $\bar{g}_2$ 影响最显著。$\bar{g}_4$ 主要影响出口而对激波的影响较小，因此在使压比提高时对总压恢复几乎无影响。

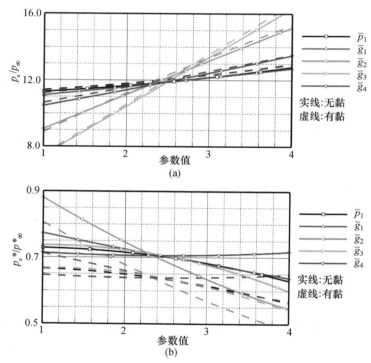

图 5-4　出口压比和总压恢复系数随设计参数的变化趋势
(a) p_e/p_∞；(b) p_e^*/p_∞^*。

2. 激波长度

图 5-5 显示了各设计参数对激波长度比 L_s/H_s 的影响规律。任一设计参数增大均会使激波长度比减小，其中 $\bar{p}_1$ 和 $\bar{g}_2$ 最为显著，而 $\bar{g}_4$ 在取值较大时几乎无影响。原因在于前部参数 $\bar{g}_2$ 对激波的作用较大，因此对长度比的影响最为显著。$\bar{g}_4$ 的作用范围在曲面末端，对激波影响较小。

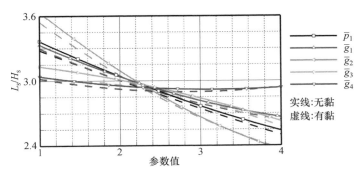

图 5－5　激波长度比 L_s/H_s 随设计参数的变化趋势

3. 出口畸变

压缩面出口总压畸变 ε_{p^*} 随设计参数变化的规律见图 5－6。无黏条件下,气流总压不均匀的原因在于前缘激波的弯曲,因此 $\bar{p}_1$、$\bar{g}_1$ 和 $\bar{g}_4$ 几乎没有影响,$\bar{g}_2$、$\bar{g}_3$ 增大均使畸变增大,而且其影响在取值较小与较大时有所不同。

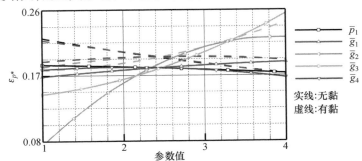

图 5－6　总压畸变 ε_{p^*} 随设计参数的变化趋势

4. 阻力系数

无黏条件下,任一设计参数增大均会使阻力系数增加,其中 $\bar{g}_2$ 和 $\bar{g}_3$ 的影响最大。根据式(2－61):

$$\frac{1 + \gamma Ma_1^2 \left(1 - \frac{1}{2}C_D\right)}{\sqrt{\dfrac{2\gamma Ma_1}{\gamma - 1}}} = \frac{\left(1 + \dfrac{\gamma - 1}{2}Ma_1^2\right) - \dfrac{\gamma + 1}{2\gamma}(\pi/\sigma)^{\frac{\gamma - 1}{\gamma}}}{\sqrt{\left(1 + \dfrac{\gamma - 1}{2}Ma_1^2\right) - (\pi/\sigma)^{\frac{\gamma - 1}{\gamma}}}}$$

可知阻力系数与压比、总压恢复系数之间存在确定的关系,这一点从图 5－7 与图 5－4 也可看出。

与此类似,出口马赫数、进出口面积比与以上参数也存在确定性的关系,即

$$\left[(\pi/\sigma)^{\frac{\gamma - 1}{\gamma}} - 1\right] + \left[\frac{1}{\alpha^2 \pi^2}(\pi/\sigma)^{\frac{2(\gamma - 1)}{\gamma}} - 1\right]\frac{\gamma - 1}{2}Ma_1^2 = 0$$

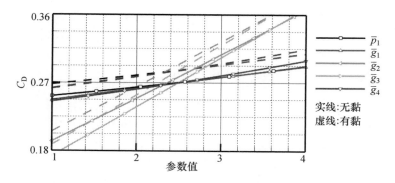

图 5-7 阻力系数 C_D 随设计参数的变化趋势

5.2.3 性能优化

为了定量地探索弯曲激波压缩流场能达到的性能,本节在上述研究基础上增加设计参数数量并扩大参数取值范围,针对不同的性能要求建立优化模型进行优化设计,同时按照等强度配波原则设计具有不同前缘压缩角的三楔压缩型面作为比较基准,对两种压缩方式的性能进行对比。压强分布函数中取 $N=6$,优化算法采用 NSGA2,初始种群 40,交叉概率 0.9,进化至最优前沿不再变化。

1. 压比和总压恢复系数

以压比和总压恢复系数两者最高为优化目标进行优化,图 5-8 显示了进化60 代后得到的可行解与 Pareto 解,并对比了三楔压缩的结果。可见弯曲激波压缩设计结果中存在大量压缩效率显著优于三楔压缩的方案。在压比 8 倍时,弯曲激波压缩总压恢复系数可比三楔压缩高 10%。

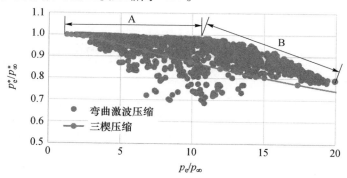

图 5-8 弯曲激波压缩两目标优化可行解与 Pareto 解

图 5-8 中弯曲激波压缩的最优解集可分为两部分:一部分保持较高的总压恢复系数(图 5-8 中 A);另一部分总压恢复系数随着压比增加迅速下降(图 5-8 中

B）。两部分均对应沿程压力梯度（$\bar{g}_1 \sim \bar{g}_6$）逐渐提高的方案。A 部分前缘压比较小（$\bar{p}_1 < 1.5$），前部压力梯度也较小，弯曲激波强度低，主要由等熵压缩波压缩气流，因而总压损失小，压缩量取决于后部压力梯度的取值，常规的等熵压缩是其中一种特例。B 部分前缘压比和各个压力梯度均较大（$\bar{p}_1 > 1.5$，$\bar{g}_6$ 保持为最大值），形成的前缘激波较强，使出口总压恢复系数降低，但也可高于相同压缩量下三楔压缩。给定的设计参数取值范围决定了最优解的分布，例如，若提高 $\bar{g}_6$ 取值上限，在不增加总压损失的同时可以提高压缩量，使最优前沿 B 部分向右移动，而提高 $\bar{p}_1$ 取值上限会使压缩量和损失同时增加，最优前沿 B 部分向右下方延伸。

2. 低马赫数流量

宽马赫数工作的定几何进气道应尽可能提高其低马赫数下的流量系数。在前面的优化计算中，增加来流 $Ma4$ 时流量系数最高的目标，采用相同的算法进行了优化设计。

优化得到的 Pareto 最优解集是压比 – 总压恢复系数 – 流量系数三维空间中的前沿曲面，图 5 – 9 显示了其在压比 – 总压恢复系数图、压比 – 流量系数图上的分布。可见，其中存在压比、总压恢复系数、流量系数均高于三楔压缩的设计方案。在压比 8 倍时，流量系数可达到约 0.8，比三楔压缩提高了 20% 以上。

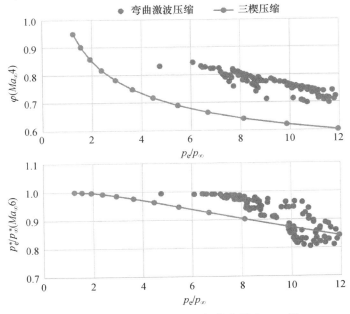

图 5 – 9　弯曲激波压缩三目标优化的 Pareto 解

分析弯曲激波波系容易得知，取尽量小的前缘压缩角、前部和中部压力梯度可以提高低马赫数流量系数。而分析表明:压比－总压恢复系数两目标优化要求压力梯度沿程逐渐增大,因此在压比较小时(10 倍以下),通过降低前部、中部压力梯度提高低马赫数流量系数对总压恢复系数影响不大;压比较大时,后部压力梯度$\bar{g}_5$、$\bar{g}_6$已达到取值上限,提高低马赫数流量系数与提高总压恢复系数相矛盾。此外,分析三楔压缩波系容易得知,出口压比相同时,等激波强度配波是低马赫数流量系数最低的方案。

3. 压缩面长度

从飞行器结构设计和减小进气道黏性损失的角度考虑,应该尽量减小压缩面长度。因此继续在优化中增加外压缩段相对长度 L_s/H_s 最小的目标进行多目标优化设计。优化过程收敛后的 Pareto 解集与传统的三楔压缩结果对比见图 5 - 10。

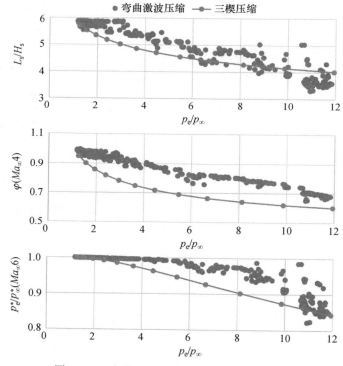

图 5 - 10 弯曲激波压缩四目标优化 Pareto 解

前缘压比提高能够增大激波前缘角度,前部压力梯度提高能够增加激波的弯曲程度,均使相对长度减小,但同时导致激波损失增大,总压恢复系数降低,也会导致低马赫数流量系数降低。弯曲激波压缩的相对长度必然低于相同前缘压缩角时的三楔压缩,而且优化结果表明,通过略微提高前缘压比和前部压力梯度,弯曲激波压缩能够以较短的长度获得压比、总压恢复系数、低马赫数流量系数均优于三楔

压缩的性能,例如,在压比 8.7 倍时,其长度能够缩短 6% ,总压恢复系数提高 4% ,
$Ma4$ 流量系数提高 23% 。

根据式(2 – 56)、式(2 – 60)和式(2 – 61)等公式,压缩面阻力系数、收缩比、出口马赫数与压比、总压恢复系数之间存在确定的关系,因此不应当再同时针对这些参数进行优化。

▓5.3　指定壁面马赫数分布的压缩型面[46,52,53]

5.3.1　指定壁面马赫数分布的意义

与给定压缩面的压强分布反设计压缩系统的方法类似,给定压缩面的减速规律也可以进行反设计,两者分别从不同的角度对流场进行控制,取得的效果也有所区别。例如,根据壁面压强分布反设计流场,对内部流线压强分布控制并不理想,而根据马赫数分布反设计的流场内部流线则保持了相似的趋势。从气动原理上讲,静压和马赫数并非简单的线性关系,给定沿程马赫数分布规律的反设计是另一种新的设计途径。针对不同的场合,选择合适的反设计目标有利于快速得到高性能的压缩系统。

5.3.2　性能分析

1. 壁面马赫数呈线性分布规律压缩面设计

首先考虑等马赫数梯度的壁面减速规律。在无黏条件下,给定压缩面壁面马赫数线性递减规律,在一定的增压比下,利用有旋特征线法逐点计算压缩面的空间坐标以得到其壁面型线,所得到的物理壁面即可以产生预先给定的壁面马赫数线性递减规律。

壁面马赫数线性减速的曲面压缩面的主要设计参数包括来流马赫数、初始压缩角、初始压缩楔长度、壁面马赫数变化的斜率以及压缩面增压比。根据给定的设计参数即可得到如图 5 – 11 所示的壁面马赫数分布规律,即等马赫数梯度 $\mathrm{d}Ma/\mathrm{d}x = C$ 分布:

$$Ma = Ma_0 + A(x - B) \tag{5 – 3}$$

式中　Ma_0——压缩曲面前端点的波后马赫数,由来流马赫数和压缩面初始压缩角大小决定;

　　　A——壁面马赫数线性变化的斜率;

　　　B——由压缩面初始压缩楔长度确定的系数。

此外,图 5 – 12 给出了按给定的壁面马赫数线性分布规律设计得到的曲面压缩面对应的壁面压升规律,它与等熵压缩的升压规律有一定程度的类似。

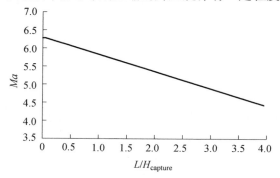

图 5 – 11   设计的壁面马赫数线性分布

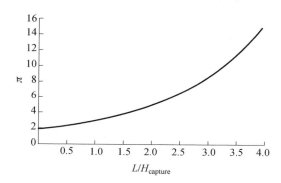

图 5 – 12   壁面马赫数线性分布对应的壁面压强

图 5 – 13 给出了设计与无黏计算得到的壁面马赫数分布规律对比。从图中可以看出,两种方法计算得到的壁面马赫数分布规律吻合很好。考虑气流黏性影响时,进气道壁面上气流的马赫数趋近于 0。因此,分析时选取靠近壁面附近一条流线上的马赫数分布作为壁面马赫数分布。图 5 – 14 给出了设计和近壁处一条流线上的马赫数分布规律对比,从图中可以看出,黏性计算得到的壁面马赫数分布规律与设计值基本吻合,符合给定的壁面马赫数线性分布规律。只是在压缩面的末端部分,选取的流线太靠近壁面并且在压缩面末端的边界层较厚,使得靠近壁面的一条流线上的马赫数分布规律与设计的壁面马赫数分布规律存在一定的偏差。

对于按给定的壁面马赫数线性分布规律设计的曲面压缩面而言,图 5 – 15 给出了黏性情况下其壁面的压强分布规律与近壁处一条流线上的压强分布规律的对比,从图中可以看出,虽然曲面压缩面是按给定的壁面马赫数线性分布规律进行设计的,但是所形成的流场中流线上的压强分布规律与该曲面压缩面对应壁面压强分布规律是一致的。

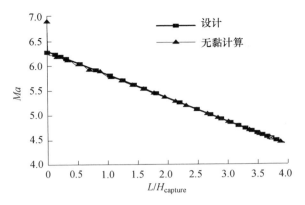

图 5-13　设计和无黏壁面马赫数

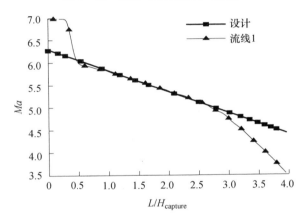

图 5-14　设计和有黏计算马赫数

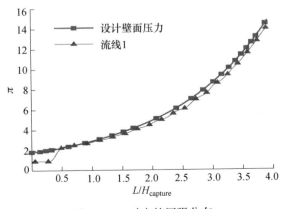

图 5-15　对应的压强分布

2. 壁面马赫数呈二次分布规律压缩面设计

作为另一种可能的壁面减速规律,预定压缩面马赫数按二次规律减少,在一定的气流增压比下,通过有旋特征线法,逐点计算压缩面的空间坐标最终得到其壁面型线,所得到的物理壁面即可以产生预先给定的壁面马赫数二次分布规律。

壁面马赫数呈二次分布规律的曲面压缩面其主要设计参数包括来流马赫数、初始压缩角、初始压缩楔的长度、壁面马赫数二次分布规律的二次项系数和一次项系数以及压缩面的增压比。如图 5-16 所示的壁面马赫数分布规律为

$$Ma = Ma_0 + A(x - C)^2 + B(x - C) \tag{5-4}$$

式中　Ma_0——压缩曲面前端点的波后马赫数,由来流马赫数和压缩面初始压缩角决定;

　　　A——壁面马赫数二次分布规律二次项系数,即马赫数梯度;

　　　B——壁面马赫数二次分布规律一次项系数;

　　　C——由压缩面初始压缩楔长度确定的系数。

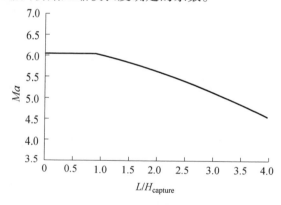

图 5-16　设计的壁面马赫数二次分布

此外,图 5-17 给出了按给定的壁面马赫数二次分布规律设计得到的曲面压缩面对应的壁面压升规律,可见壁面末端的压升较快。

图 5-18 给出了设计与无黏计算得到的壁面马赫数分布规律对比。从图中可以看出,两种方法计算得到的壁面马赫数分布规律吻合很好。考虑黏性影响时,进气道壁面上气流的马赫数趋近于 0。因此,分析时选取靠近壁面附近一条流线上的马赫数分布代替壁面马赫数分布。图 5-19 给出了设计和近壁处一条流线上的马赫数分布规律对比,从图中可以看出,黏性计算得到的壁面马赫数分布规律与设计值基本吻合,符合给定的壁面马赫数二次分布规律。只是在压缩面的末端部分,选取的流线太靠近壁面并且在压缩面末端的边界层较厚,使得靠近壁面的一条流线上的马赫数分布规律与设计的壁面马赫数分布规律存在一定的偏差。

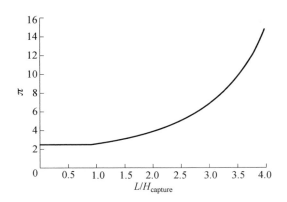

图 5 – 17　对应的壁面压升规律

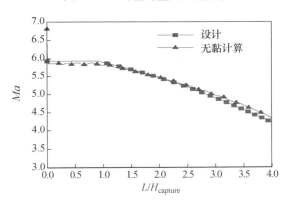

图 5 – 18　设计和无黏计算马赫数

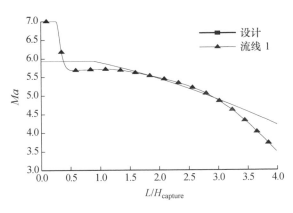

图 5 – 19　设计和有黏马赫数分布

对于按给定的壁面马赫数二次分布规律设计的曲面压缩面而言,图 5-20 给出了黏性情况下其壁面的压强分布规律与近壁处一条流线上压强分布规律的对比,从图中可以看出,按壁面马赫数二次分布规律设计的曲面压缩面,近壁流线上的压强分布规律与该曲面压缩壁面的压强分布规律一致。

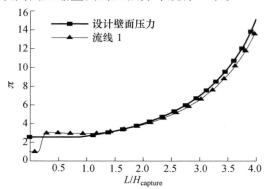

图 5-20　壁面附近压强分布

3. 壁面马赫数线性递减的曲面压缩面性能分析

图 5-21 给出了设计 $Ma6$、壁面马赫数按线性递减规律的曲面压缩面在不同工作马赫数下的马赫数等值线图:

Ma4　　　　　　Ma5　　　　　　Ma6　　　　　　Ma7

图 5-21　壁面马赫数线性分布规律的压缩面对应不同工作马赫数下的马赫数等值线

从图 5-21 中可见,按来流 $Ma6$、压缩面等马赫数梯度设计的曲面压缩面,在不同来流马赫数下,弯曲激波形态各异。在 $Ma4$ 时,前缘激波弯曲程度不明显,而随着马赫数的增加,激波逐渐贴近压缩面,激波弯曲程度也随之增加,末端激波强度也略有增加。

为进一步分析压缩流场内部的压缩过程,在设计 $Ma6$ 的压缩流场中取 5 条流线(图 5-22),考察其马赫数递减规律并与壁面减速规律对比。从图 5-23 可以看出,各条流线上的气流仍然遵循几乎相同的减速规律流动,而且不同流线上的增压规律也与壁面设计的压升规律相当吻合(图 5-24)。

图 5-25 给出了壁面马赫数线性递减规律压缩面在不同工作马赫数下壁面压强分布规律。从图 5-25 中可以看出,对于压缩面壁面上的绝对压强分布规律而言,在 $Ma4 \sim 7$ 工作范围内,其壁面压强分布规律变化趋势是一致的(图 5-25(a))。

而压缩面的增压比则随来流马赫数的加大而增加(图 5 - 25(b)),这与 *Ma*4 ~ 7 等动载轨迹计算有关。在低马赫数工作时,环境压强较大,压缩面的增压效果不明显;随着工作马赫数的逐步增大,环境压强降低,压缩面的增压效果越来越明显。

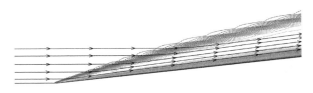

图 5 - 22　*Ma*6 壁面马赫数线性分布压缩流场

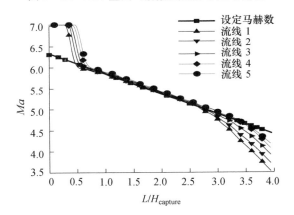

图 5 - 23　不同流线上的马赫数分布规律

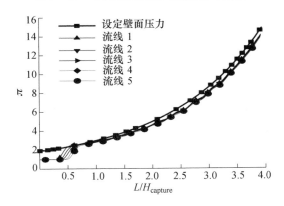

图 5 - 24　设计工况下不同流线上的压强分布

图 5 - 26 给出了不同来流马赫数下、按 *Ma*6 设计的同一个压缩面,壁面压升

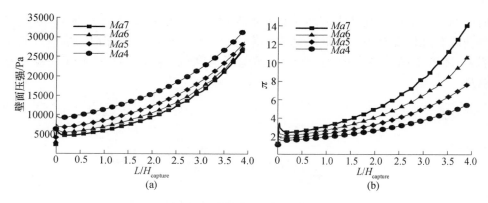

图 5-25　壁面马赫数线性递减压缩面压强分布

（a）壁面压强分布；（b）压缩面增压比。

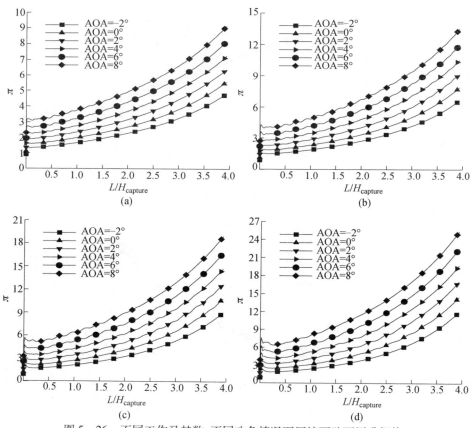

图 5-26　不同工作马赫数、不同攻角情况下压缩面壁面压升规律

（a）Ma4；（b）Ma5；（c）Ma6；（d）Ma7。

规律随攻角的变化。由于压缩面的初始压缩角不变,来流攻角增加将造成初始激波强度加大,激波起始段增压效果增加。此外,当来流马赫数一定时,不同攻角情况下压缩面压升规律的变化趋势是一致的,只是随着攻角的增加,压升曲线逐渐陡峭,壁面末端压升加剧,可能会影响压力面上边界层的稳定性。

4. 壁面马赫数二次曲线减速的曲面压缩面性能分析

图 5 – 27 给出了设计 $Ma6$,壁面马赫数二次规律减速的同一个曲面压缩面在不同工作马赫数下的压缩流场马赫数等值云图。

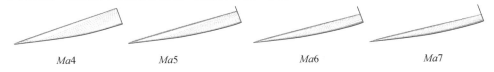

$Ma4$　　　　$Ma5$　　　　　　$Ma6$　　　　　　$Ma7$

图 5 – 27　壁面马赫数二次分布压缩面马赫数等值线

从图 5 – 27 中可见,与等马赫数梯度不同,几个马赫数下曲面压缩面产生的激波基本上变成了"直线型"激波,激波的弯曲程度大为下降,当然,随着马赫数的增加,激波逐渐贴近曲面压缩面。为进一步分析流场内部气流的减速规律,同样地在设计 $Ma6$ 条件下追踪 5 条流线进入曲面压缩流场后的减速历程,见图 5 – 28 ~ 图 5 – 30。从图中可以看出,5 条流线的减速规律大致相似,但在流线的后段,近壁流线由于压缩面边界层的发展,减速过程略有差别,至于各条流线的增压过程则与壁面压强分布基本吻合。

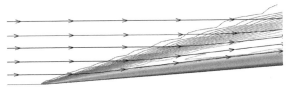

图 5 – 28　设计点壁面马赫数二次分布压缩面局部流场

图 5 – 31 给出了不同来流马赫数下对应壁面的压强分布。从图中可以看出,在 $Ma4$ ~ 7 的工作范围内,除起点由于激波压比不同而不同外,其壁面压强分布规律的趋势是一致的(图 5 – 31(a))。而增压比随着工作马赫数的增加而增大,见图 5 – 31(b)。

图 5 – 32 给出了不同工作马赫数下,攻角增加时壁面压强分布的变化。与前面等马赫数梯度类似,攻角增加导致激波初始段强度增强,压强分布曲线上移,但基本规律和变化趋势则变化不大。只是在不同攻角情况下气流经初始激波增压不同,造成整个压缩面的壁面压强分布在数量上存在一定差别。

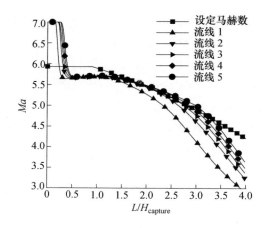

图 5 – 29　不同流线马赫数分布

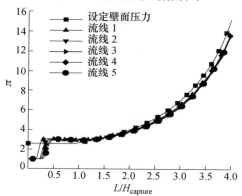

图 5 – 30　设计点不同流线压强分布

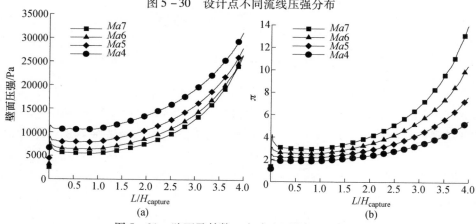

(a)　　　　　　　　　　　　(b)

图 5 – 31　壁面马赫数二次减速压缩面压强分布

（a）壁面压强分布；（b）压缩面增压比。

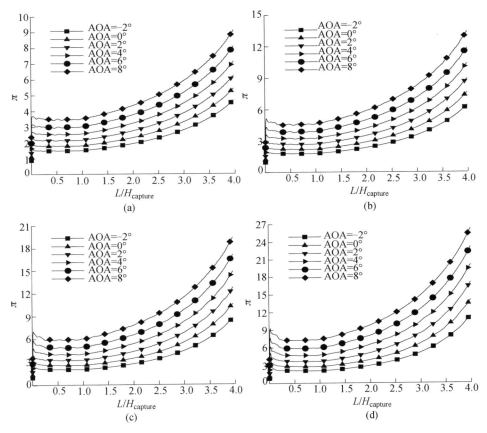

图 5-32　壁面马赫数二次分布压缩面不同攻角压升规律对比

（a）*Ma*4；（b）*Ma*5；（c）*Ma*6；（d）*Ma*7。

▪5.4　壁面不同气动参数组合的压缩型面[46,52-54]

5.4.1　设计方法

由于压强分布设计的曲面压缩流场与马赫数分布设计的曲面压缩流场各具特色,因此可以根据不同的需求将这两种参数分布形式结合起来,以发挥各自的优势。可以根据壁面压升规律可控和壁面减速规律可控的曲面压缩系统设计方法,分别设计一部分壁面型线,然后基于气动参数连续的原则将二者组合成新的压缩型面。图 5-33 给出了壁面压强/马赫数复合分布气动方式组合压缩型面设计过程的示意图。这种气动组合压缩型面的前段是按压强分布来进行反设计,后段是根据马赫数分布进行反设计,后段的进口参数就是前段的出口参数。具体设计过程如下:首先,根据壁面压升规律可控的曲面压缩系统设计方法设计偏转角为 δ_p 的一段壁面型线;其次,再以偏转角为 δ_p 的壁面压升规律可控的曲面压缩系统出口参数作为设计壁面减速规律可控的曲面压缩系统的初始条件,计算获得偏转角为 δ_{Ma} 的一段壁面型线。这样就能够得到总偏转角 $\delta_{total} = \delta_p + \delta_{Ma}$ 的壁面压强/马赫数复合分布气动方式组合压缩型面,并且确保两部分压缩面的壁面型线能够平滑过渡。由此可知,气动方式组合压缩型面的主要设计参数就是壁面压升规律可控和壁面减速规律可控的压缩型面分别占的比例 δ_p 和 δ_{Ma}。

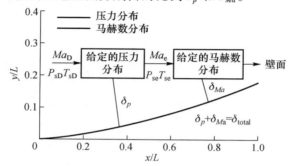

图 5-33　气动方式组合压缩型面设计过程示意图

5.4.2　组合压缩面气动性能分析

为了与壁面按单一参数变化所设计的曲面压缩系统进行对比,设计壁面压升规律可控的曲面压缩系统时前缘压缩角取为 $4°$。在来流马赫数 $Ma_0 = 6$、来流静压 $p_0 = 2549\mathrm{Pa}$ 的设计状态下,根据图 5-33 所示的壁面压强/马赫数复合分布气动方式组合压缩型面的方法,设计压升可控折角 $\delta_p = 9°$、马赫数可控折角 $\delta_{Ma} = 7°$ 的气动方式组合压缩型面。图 5-34 给出了设计状态下该气动方式组合压缩型面的壁面压升规律,其所对应的壁面马赫数分布如图 5-35 所示。从图中可以看出,为适应有旋特征线的反设计要求并且确保两种不同压缩形式壁面型线平滑地过渡,气动方式组合压缩型面的壁面参数分布曲线尽管不够光顺,但其变化还是连续的。

根据上述设计得到的 $\delta_p = 9°$、$\delta_{Ma} = 7°$ 的气动方式组合压缩型面,在其末端切向方向连接一定长度的直线来构成计算域,采用与前面相同的计算方法对组合压缩型面的流场进行黏性计算。图 5-36 给出了设计状态 $Ma6$ 时 $\delta_p = 9°$、$\delta_{Ma} = 7°$ 的气动方式组合压缩型面的流场结构图。与几何方式组合压缩型面设计情况类似,气动方式组合压缩型面也能够形成弯曲程度介于壁面 S 型压升规律和壁面线性减速规律的曲面压缩系统之间的弯曲激波。图 5-37 给出了设计状态 $Ma6$、黏性情

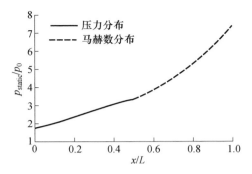

图 5 - 34　$Ma6$ 气动组合压缩型面
（$\delta_p = 9°$、$\delta_{Ma} = 7°$）壁面压升规律

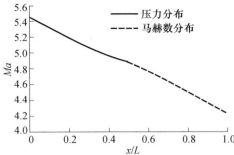

图 5 - 35　$Ma6$ 气动组合压缩型面
（$\delta_p = 9°$、$\delta_{Ma} = 7°$）壁面马赫数分布

况下数值计算与设计的壁面压升规律对比,无黏情况下的壁面马赫数分布对比如图 5 - 38 所示。从图中可以看出,气动方式组合压缩型面的壁面压强分布、马赫数分布在变化趋势上符合设计时给定的壁面参数分布规律。由于黏性的影响,数值计算得到的组合压缩型面起始段的壁面参数分布与设计情况相比略有差别。

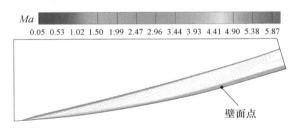

图 5 - 36　$Ma6$ 气动组合压缩面（$\delta_p = 9°$、$\delta_{Ma} = 7°$）流场结构

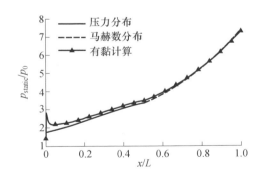

图 5 - 37　$Ma6$ 黏性计算与设计壁面压升规律对比

根据图 5 - 33 所示的壁面压强/马赫数复合分布气动方式组合压缩型面的设计方法,在来流马赫数 $Ma_0 = 6$、来流静压 $p_0 = 2549\text{Pa}$ 的条件下,设计了前缘压缩

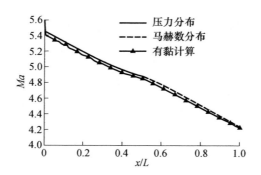

图 5 – 38　*Ma*6 无黏计算与设计壁面马赫数分布对比

角为 4°的壁面 S 型压升规律分别与马赫数线性减速规律、二次减速规律复合分布的两种气动方式组合压缩型面,通过改变 S 型压升规律的压缩面所占比例 δ_p 和减速规律可控的压缩面所占比例 δ_{Ma},便可以获得不同气动方式组合的压缩型面。为了便于与壁面按单一参数变化设计的曲面压缩系统进行比较,实际设计时保证组合压缩型面的总偏转角为 16°即 $\delta_p + \delta_{Ma} = 16°$,采用数值模拟方法对它们的流场进行了对比。

1. 压强与马赫数线性减速气动组合压缩型面分析

取 δ_p 为 8°、9°、10°、11°、12°、13°,取 δ_{Ma} 为 8°、7°、6°、5°、4°、3°,确保 $\delta_p + \delta_{Ma} =$ 16°,这样共获得了 6 种壁面 S 型压升规律与线性减速规律复合分布的气动方式组合压缩型面。图 5 – 39 给出了设计状态下上述 6 种气动方式组合压缩型面的流场结构图。可以看出,采用气动方式组合 2 种不同压缩形式的压缩面时,壁面 S 型压升规律的压缩面所占的比例 δ_p 对弯曲激波的弯曲程度影响更为显著。尤其是 $\delta_p = 13°$时气动方式组合压缩型面形成弯曲程度特别大的弯曲激波。

图 5 – 40 给出了设计状态 *Ma*6、黏性情况下不同 δ_p 和 δ_{Ma} 的 6 种气动方式组合压缩型面的壁面压升规律对比,无黏情况下它们的壁面马赫数分布对比如图 5 – 41所示。可见,6 种组合压缩型面的壁面压升规律和马赫数分布均存在较大的差异,尤其是 S 型压升规律与线性减速规律两种不同压缩形式的压缩型面连接处。根据前面研究可知:壁面 S 型压升规律的曲面压缩系统对气流的压升作用主要集中在其壁面前部,设计气动方式组合压缩型面时将其置于前部,能够直接决定弯曲激波的形成并控制其形态变化;对于壁面线性减速规律的曲面压缩系统来说,它利用整个压缩面对气流进行减速增压作用,壁面参数分布变化比较适中。实际设计时,以 S 型压升规律的压缩面的出口气流参数作为设计壁面采用线性减速规律的压缩面的初始条件,并且改变设计参数 δ_p 和 δ_{Ma} 时确保 $\delta_p + \delta_{Ma}$ 为定值。当 δ_p 较小时,组合压缩型面前部的压升作用较小,对气流的减速增压作用主要由壁面后

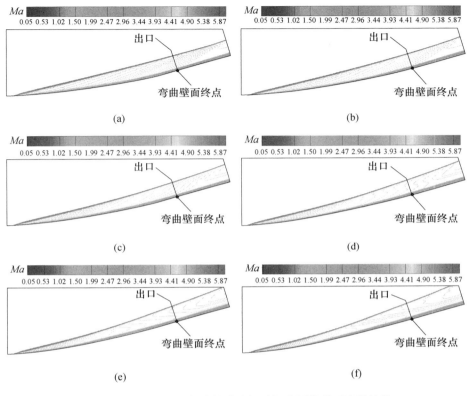

图 5 - 39　*Ma*6 压强与线性减速气动组合压缩型面流场结构

（a）$\delta_p = 8°$、$\delta_{Ma} = 8°$；（b）$\delta_p = 9°$、$\delta_{Ma} = 7°$；（c）$\delta_p = 10°$、$\delta_{Ma} = 6°$；

（d）$\delta_p = 11°$、$\delta_{Ma} = 5°$；（e）$\delta_p = 12°$、$\delta_{Ma} = 4°$；（f）$\delta_p = 13°$、$\delta_{Ma} = 3°$。

部完成；随着 δ_p 增大，壁面前部的压升作用逐渐增强，而后部的压升作用则逐渐减弱。这样就使得组合压缩型面前部的参数分布变化逐渐变剧烈而后部的则逐渐变平缓，从而造成两种不同压缩形式壁面型线连接处参数分布的气动变化差异较大。

图 5 - 42 给出了设计状态 *Ma*6、黏性计算情况下不同 δ_p 和 δ_{Ma} 的 6 种气动方式组合压缩型面出口截面（图 5 - 39）的总压分布对比。根据前面研究可知，利用曲面压缩系统所形成的弯曲激波压缩气流时，弯曲激波与壁面之间的区域主要是等熵压缩区域，在不考虑黏性损失的情况下，流场中流动损失主要由激波压缩产生。由于受到壁面压缩波系的汇聚作用，弯曲激波沿流向的强度将逐渐增强，这样就使得远离壁面的气流受到更强的激波压缩，造成流动损失增加。随着 δ_p 取值的增大，远离壁面的气流受到的激波压缩比例急速增加，从而造成它们出口总压分布存在明显的差异。而对于出口截面的气流来说，δ_p 取值的增大，却使得靠近壁面

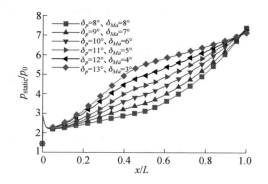

图 5 - 40　$Ma6$ 不同 δ_p/δ_{Ma} 气动组合压缩面压升规律对比

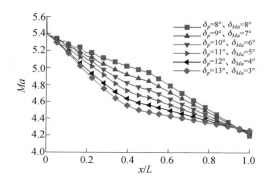

图 5 - 41　$Ma6$ 不同 δ_p/δ_{Ma} 气动组合压缩面马赫数分布对比

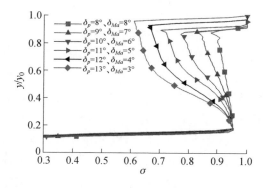

图 5 - 42　$Ma6$ 不同 δ_p/δ_{Ma} 气动组合压缩面出口总压分布

和远离壁面的气流受到的压缩程度差异逐渐减小,表现为出口马赫数分布的不均匀性随 δ_p 增加而逐渐减小并趋于均匀分布(图 5 - 43)。

图 5 - 44、图 5 - 45 分别给出了设计状态 $Ma6$、黏性情况下气动方式组合压缩

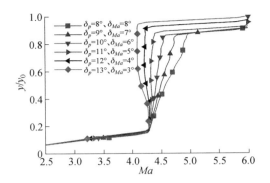

图 5 - 43　$Ma6$ 不同 δ_p/δ_{Ma} 气动组合压缩面出口马赫数分布

型面出口截面(图 5 - 39)的总压恢复系数和增压比随 δ_p 的变化关系。同几何方式组合相比,采用气动方式对 S 型压升规律与线性减速规律的两种压缩面进行组合时, δ_p 对弯曲激波的影响作用更显著,使得流场中激波压缩所占的比例急速增加,造成严重的气流损失。同时,较强的弯曲激波压缩气流会产生比较大的增压作用。同 $\delta_p = 8°$ 的情况相比,当 δ_p 增大至 13°时出口总压恢复系数降低 17.9% ,而出口增压比增加 26.8% 。

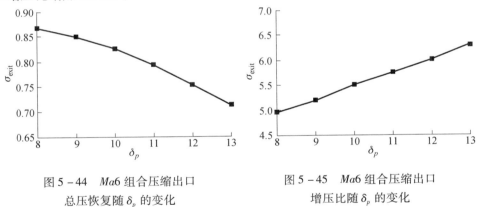

图 5 - 44　$Ma6$ 组合压缩出口　　　　　图 5 - 45　$Ma6$ 组合压缩出口

总压恢复随 δ_p 的变化　　　　　　　　增压比随 δ_p 的变化

2. 压强与马赫数二次减速气动组合压缩型面分析

　　结合前面的研究可知,气动方式组合时弯曲激波受 δ_p 变化的影响比较突出。本节研究壁面 S 型压升规律与二次减速规律复合分布的气动方式组合压缩型面时,不再考虑 $\delta_p = 13°$ 的情况,这样选取 δ_p 为 8°、9°、10°、11°、12°,取 δ_{Ma} 为 8°、7°、6°、5°、4°,确保 $\delta_p + \delta_{Ma} = 16°$,共获得 5 种气动方式组合压缩型面。图 5 - 46 给出了设计状态 $Ma6$ 时该 5 种气动方式组合压缩型面的流场结构图。与压强/二次减速复合分布几何方式组合的压缩型面相比,气动方式组合能够形成弯曲程度更大的弯曲激波,并且弯曲程度受 δ_p 取值变化的影响特别敏感。

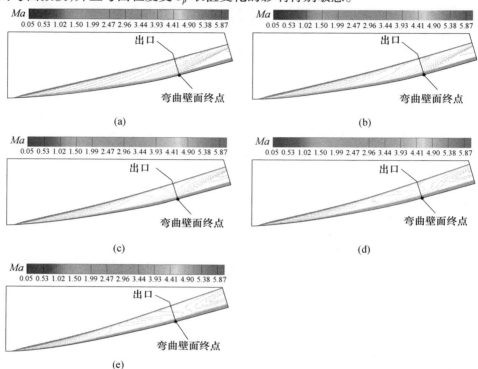

图 5 – 46　$Ma6$ 压强与二次减速气动组合压缩面流场结构

(a) $\delta_p = 8°$、$\delta_{Ma} = 8°$; (b) $\delta_p = 9°$、$\delta_{Ma} = 7°$; (c) $\delta_p = 10°$、$\delta_{Ma} = 6°$;

(d) $\delta_p = 11°$、$\delta_{Ma} = 5°$; (e) $\delta_p = 12°$、$\delta_{Ma} = 4°$。

图 5 – 47 给出了设计状态 $Ma6$、黏性情况下不同 δ_p 和 δ_{Ma} 的 5 种气动方式组合压缩型面的壁面压升规律对比,它们在无黏情况下的壁面马赫数分布对比如图 5 – 48所示。采用气动方式组合 S 型压升规律与二次减速规律的压缩面时,与压强/线性减速复合分布气动方式组合时的情况类似,通过改变设计参数 δ_p 和 δ_{Ma} 可以对壁面参数分布进行大幅度的调整,尤其是两种不同压缩形式的压缩型面连接处的参数分布变化范围比较大。组合压缩型面后部采用二次减速规律的压缩面,它的流场接近等熵压缩的流动特征,壁面前端的参数分布变化平缓而末端则剧烈变化。与后部采用线性减速规律的压缩面(图 5 – 40、图 5 – 41)相比,其壁面前端的参数分布变化比较平缓而末端变化则比较剧烈,这样就造成两种压缩型面连接处参数分布存在一小段变化比较平缓的区域。δ_p 越大,两种型面连接处的参数变化平缓区域越明显。而对于整个参数分布规律来说,随着 δ_p 取值的增大,组合

压缩型面末端壁面参数分布的变化逐渐减缓。

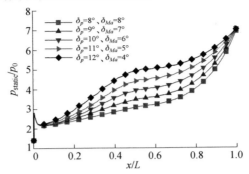

图 5 – 47　$Ma6$ 不同 δ_p/δ_{Ma} 气动组合压缩面压升规律

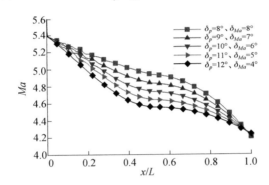

图 5 – 48　$Ma6$ 不同 δ_p/δ_{Ma} 气动组合压缩面马赫数分布

图 5 – 49 给出了设计状态 $Ma6$、黏性计算情况下不同 δ_p 和 δ_{Ma} 的 5 种气动方式组合压缩型面出口截面(图 5 – 46)的总压分布对比,它们出口截面的马赫数分布对比如图 5 – 50 所示。根据前面分析,流场中激波压缩所占比例的大小将决定流动损失的大小。组合压缩型面中 δ_p 所占的比例越大,所形成的弯曲激波就越弯。这样,对于整个流场来说,气流所受到的激波压缩所占比例将随着 δ_p 的增大而快速增加,特别是靠近弯曲激波末端的气流受到的激波压缩比例增加明显。因此,它们出口截面的总压分布差异较大。此外,流场中气流的减速增压作用是通过激波压缩与等熵压缩共同作用完成的。对于出口截面的气流,靠近壁面和远离壁面的气流所受到的压缩程度差异随着 δ_p 的增大而逐渐减小,这样出口截面的马赫数逐渐趋于均匀分布。

图 5 – 51、图 5 – 52 分别给出了设计状态 $Ma6$、黏性情况下气动方式组合压缩型面中 δ_p 所占比例对其出口截面的总压恢复系数和增压比的影响规律。同压强/

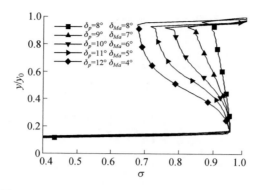

图 5 – 49　$Ma6$ 不同 δ_p/δ_{Ma} 气动组合出口总压分布

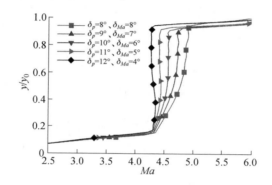

图 5 – 50　$Ma6$ 不同 δ_p/δ_{Ma} 气动组合出口马赫数分布

线性减速复合分布气动方式组合时的情况相同,组合压缩型面中 δ_p 的变化将造成流场中激波压缩所占的比例剧烈变化,受此影响出口截面的总压恢复系数和增压比也将随 δ_p 变化而产生较大的变化。当 $\delta_p = 12°$ 时,压强/线性减速、压强/二次减速复合分布的两种气动方式组合压缩型面的出口总压恢复系数相当,同 $\delta_p = 8°$ 时相比下降幅度也相同,均降低 13.2% ;而由于线性减速和二次减速的压缩型面对流向压缩程度的控制不同,使得它们出口增压比变化幅度略有差别。

综上可知,与几何方式组合相比,采用气动方式组合时压缩型面的壁面参数分布受到设计参数 δ_p 和 δ_{Ma} 改变的影响更显著,能够拓宽壁面参数分布变化的范围。对于压强/线性减速、压强/二次减速复合分布的两种气动方式组合压缩型面来说,它们最大的差异在于压缩面后部,两种不同减速规律控制流向压缩程度的分配各不相同。与后部采用线性减速规律的压缩面相比,采用二次减速规律时两种压缩型面连接处存在一小段参数分布变化比较平缓的区域,并且壁面末端参数分布的变化比较剧烈。运用气动方式组合的方法实际设计时,为了获得激波弯曲程度适中、壁面参数分布合理和出口性能较高的组合压缩型面，δ_p 的取值不宜过小或者过大。

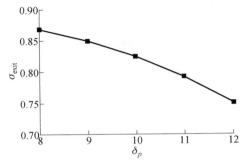

图 5－51　$Ma6$ 组合压缩出口总压恢复随 δ_p 的变化关系

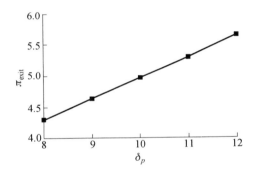

图 5－52　$Ma6$ 组合压缩出口增压比随 δ_p 的变化关系

第6章 指定壁面气动参数的轴对称基准流场反设计

随着高超声速推进技术研究的深入,适应不同飞行器总体需求的进气系统也有很大的发展,近年来,除了常规的二维平面压缩进气道、轴对称进气道、侧压式进气道外,以 Busemann 进气道为早期代表的内转式进气道由于其特殊的性能越来越受到各国的重视,生成这种内转式进气道的关键是"基准流场",基准流场的压缩性能在很大程度上就决定了内转进气道的总体性能。除了传统的 Busemann 形式的轴对称基准流场外,已经有多种形式的基准流场生成方式,但基本上没有摆脱从几何造型开始的正设计途径。本章围绕这一核心关键问题,充分利用弯曲激波压缩流场的优势和本书提出的第二类反设计思想,从型面气动参数分布着手来设计这种轴对称基准流场的压缩面,如给定压缩面升压规律或者给定减速规律来确定型面的几何造型,书中介绍了性能优良的壁面反正切增压规律、壁面反正切减速规律来设计轴对称基准流场的过程和设计细节。

6.1 从气动参数分布到壁面造型的设计方法[42,52,53]

目前,常用的二维轴对称基准流场压缩系统主要由三部分构成,流场结构简图如图 6-1 所示,它包括前缘曲激波、中间的曲面压缩面以及反射曲激波。气流经过前缘曲激波压缩后,继续在曲面压缩面上通过马赫波系进一步压缩,由于马赫波系压缩没有总压损失,因而这种压缩方式具有很高的压缩效率,之后再经过结尾曲激波压缩,同时将气流近似折转至来流方向。

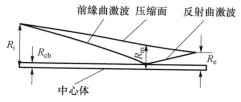

图 6-1 轴对称基准流场结构示意图

　　在轴对称流场中,当入射激波直接在对称轴上反射时,由于存在奇异性,正常反射不能稳定存在,必然转捩为马赫反射,马赫反射结构复杂,损失较大,不宜作为基准流场。但如果在对称轴上加一个圆柱形中心体,则可以产生稳定正常反射。因此,通常在设计基准流场时,于对称轴上加一个适当直径的圆柱形中心体。

　　分析这种曲面压缩基准流场结构可知,它的前缘曲激波和反射曲激波均为曲面激波。同时,这两道激波的形状和中间的曲面压缩面是相互耦合的。前缘曲激波仅与曲面压缩面的前面一小段相对应,结尾激波则由激波前流场及中心体共同决定。当中心体形状确定后,结尾激波仅由波前流场决定,而波前流场由前缘激波和曲面共同决定。由以上分析可知,中间的曲面压缩面可以完全决定两道激波的形状。因此,只要设计出中间曲面压缩面便可设计出整个基准流场。

　　由压升规律反设计壁面的关键是合适的壁面沿流向 $P(s)$ 分布,当压升规律给定后,如何由压升规律反设计出曲面压缩面及入射、反射两道曲面激波则是设计基准流场的核心。对于这种超声速流场,其控制方程为拟线性偏微分方程组,可采用特征线法进行求解。特征线法作为无黏超声速流场的一种精确解,不需要全场迭代,计算效率高,而且二维特征线法计算过程相对简单,可以用它作为设计工具。

　　传统的特征线法用于求解正问题,即给定壁面形状求解流场,而本书则需要通过给定压强数值来反求壁面,因此需要对特征线法进行扩展。具体方法为,通过增加一个由壁面压强求解壁面坐标的单元过程来实现给定压强反解壁面的反设计问题。详细计算过程见 5.1 节的图 5 – 1 和图 5 – 2。图 6 – 2 再次给出了求解流线点4 坐标的方法,其中点 2、点 3 为已知点,点 4 压强已知,因此可以从相容方程的求解得到点 4 的坐标。

图 6 – 2　由 4 点压强反求坐标过程示意图

6.2　等压力梯度轴对称基准流场参数分析[52,53]

6.2.1　前缘压缩角 δ 的影响分析

由基准流场结构可知,前缘激波强度由壁面至对称轴逐渐增大,壁面前缘处激波具有最弱的强度,而当来流一定时,该激波强度仅由前缘压缩角决定,因此,前缘压缩角对前缘激波的强度有很大影响,从而影响流场的压缩量和压缩效率。

压升规律以简单的等压力梯度规律为例,其具体表达式为

$$p(x) = (0.5x + 1)p_r \qquad (6-1)$$

式中 p_r——壁面处经过前缘激波波后的静压。

对于该压强分布规律,在来流马赫数 $Ma = 6$ 时,中心体半径为进口半径的 0.1 倍的条件下,选取不同的前缘压缩角。研究了前缘压缩角对内收缩基准流场的性能影响规律。

图 6-3 为前缘压缩角对内收缩流场总压恢复和增压比的影响曲线,当前缘压缩角增大时,由于前缘激波增强,总压恢复减小,增压比增大。前缘压缩角对收缩比、内收缩比的影响如图 6-4 所示,随前缘压缩角增大,收缩比和内收缩比均增大,而且收缩比的增长速度更大。收缩比和内收缩比增大,必然导致流场的压缩量增大,这与图 6-3 的规律一致。当前缘激波增强时,前缘激波和对称轴上的中心体相交位置必然向前移动,波后马赫数减小,反射激波波角增大,最终导致基准流场长度减小(图 6-5)。

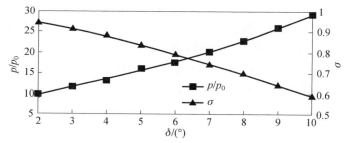

图 6-3　前缘压缩角对内收缩流场总压恢复和增压比的影响

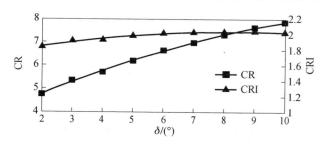

图 6-4　前缘压缩角对收缩比和内收缩比的影响

前缘压缩角对流场性能参数的影响近似呈线性变化规律。在选取该设计参数时应综合考虑。对于基准流场,总压恢复作为最重要的性能指标应重点考虑。由

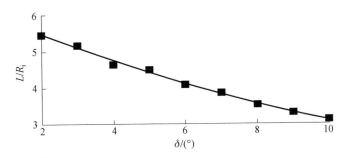

图 6 - 5　前缘压缩角对流场长度的影响

于前缘压缩角对总压恢复影响较大,建议尽量取较小的前缘压缩角。一般而言总压恢复至少应在 0.8 以上,故前缘压缩角应小于 6°。

6.2.2　中心体半径的影响分析

对于 $p(x) = (0.5x+1)p_r$ 等压力梯度流场,当中心体半径为进口半径的 2% 左右时,反射激波脱体,此时中心体已不能有效避免马赫反射的产生。故中心体半径必须大于这个极限值,才可能产生正常反射。而当正常反射发生时,中心体半径虽不影响流场结构,但其可以决定前缘激波和中心体相交的位置,而且靠近中心体附近,激波弯曲程度加大,强度急剧增加,中心体半径必然对前缘激波的强度以及流场的几何尺寸产生影响。因此中心体半径对收缩比、内收缩比以及气动性能都有影响。

图 6 - 6 为总压恢复及增压比随中心体半径的变化曲线,可见中心体半径对增压比和总压恢复影响较小。当中心半径从 0.05 倍进口半径增加到 0.3 倍时,总压恢复几乎均为 0.8,增压比仅由 18 降至 16 左右。当中心体半径增大时,对流场激波形状影响很小,虽然中心体增大会占据曲激波曲率最大的部分,但由于该流场为轴对称流场,中心体占据的曲激波面很有限,此外反射曲激波也会进一步削弱这种影响,因此中心体半径增大对流场的总压恢复影响很小。图 6 - 7 为收缩比及内收缩比随中心体半径的变化曲线,可知收缩比随中心体半径增大逐渐减小,这是压缩量有所减小的原因;而内收缩比随着中心体半径的增大而增大,但增大速度迅速减小。中心体半径对收缩比和内收缩比有较大影响,同时中心体半径增大导致轴对称基准流场长度近似线性减小(图 6 - 8)。

根据中心体半径对基准流场性能的影响规律可知,在流场长度允许的情况下,应尽量选取较小的中心体半径,有利于得到较高的增压比、较大的收缩比及较小的内收缩比。

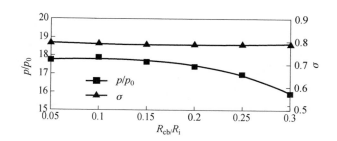

图 6 - 6 增压比、总压恢复随中心体半径变化

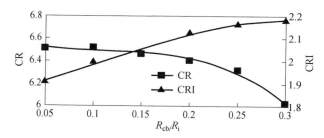

图 6 - 7 收缩比、内收缩比随中心体半径变化

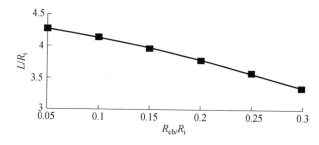

图 6 - 8 总长度随中心体半径变化

6.3 二次曲线压强分布的基准流场[52,53]

6.3.1 二次曲线压升规律

初步选取二次曲线型压升规律,主要研究该规律对基准流场总体性能的影响规律,从而为压升规律的选取提供必要的依据。其压力梯度为线性函数,具体表达式为

$$\frac{\mathrm{d}p(x)}{\mathrm{d}x} = c_1 x + c_2 \qquad (6-2)$$

设起始点静压为 p_r，积分整理后得

$$p(x)/p_r = ax^2 + bx + 1 \qquad (6-3)$$

显然式中 $a = c_1/(2p_r)$，$b = c_2/p_r$，该二次曲线的两个系数 a、b 代表了沿程压强分布对轴对称基准流场性能的影响程度。作为一个研究实例，基准流场其他三个设计参数可以分别取为：来流 $Ma6.0$，前缘压缩角 $6°$，中心体半径为进口半径的 0.1 倍。

6.3.2　基准流场的存在条件

压缩系统用来对气流进行减速增压，对超声速气流，轴对称压缩流场的气动流道必然是收缩的。此外，收缩度又不能太大，其极大值由激波脱体条件决定。以上两个条件决定压强分布规律有一定的范围。对于本书研究的二次曲线压强分布规律，由以上两个条件可以得到曲线的两个系数 a、b 的取值范围，两条边界如图 $6-9$ 所示。

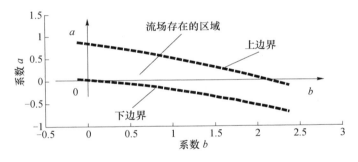

图 $6-9$　内收缩流场存在时系数 a、b 的取值范围

其中下边界由流道收缩条件决定，下边界以下区域流场喉道附近通道出现扩张部分。上边界由激波脱体条件决定，该边界以上区域反射激波脱体，产生马赫反射。两条边界的中间部分为合理的物理流场实际存在的区域，该区域基准流场的流场结构和目前普遍采用的基准流场相似，可以作为高超声速内收缩进气道的基准流场。

6.3.3　系数 a 的影响

在研究系数 a 的影响时，b 取 0.5。对 a 取不同的值得到几条压强分布曲线如图 $6-10$ 所示。可见，当 $a>0$ 时，压力梯度逐渐增大。当 $a=0$ 时，压力梯度为定值。当 $a<0$ 时，压力梯度逐渐减小。通过调整 a 的正负可以得到压力梯度逐渐增大或逐渐减小的压升规律。其中 $a>0$ 时，压力梯度逐渐增大，这与典型的

Busemann 流场压升规律相似，$a=0$ 和 $a<0$ 的情况目前研究较少。

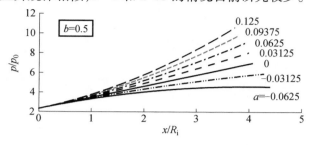

图 6-10   系数 a 取不同值的压强分布曲线

如图 6-11 所示，当 a 增大时，增压比增大，总压恢复降低。a 作为二次曲线的二次项系数，对压力梯度的变化产生很大影响。当 a 增大时，压力梯度逐渐增大，压缩量必然增大，沿程压力梯度的增大，会导致曲激波强度增强，从而总压损失增大。相比而言，增压比增大较为明显，而总压恢复减小并不十分明显，因而仅从压缩效率和压缩量考虑，应该取较大的 a 值较为合理。

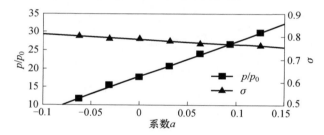

图 6-11   系数 a 对总压恢复和增压比的影响

系数 a 对基准流场的几何参数影响如图 6-12 和图 6-13 所示。可见，当 a 增大时，收缩比和内收缩比都增大，流场长度减小。

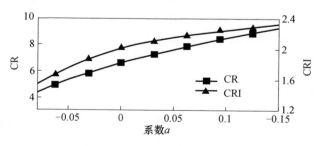

图 6-12   系数 a 对收缩比和内收缩比的影响

通过减小 a 可以得到较小的内收缩比，这对进气道的自起动性能有利，如

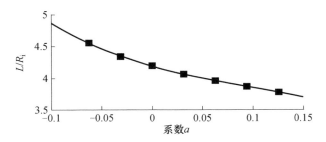

图 6 - 13　系数 a 对流场长度的影响

图 6 - 12 所示。如当 a 取 -0.0625 时,内收缩比仅为 1.63,明显小于 Busemann 流场。但减小 a 会导致压缩量明显减小而长度增加。在设计时应综合考虑压缩量和内收缩比两个因素,最终选取适当的 a 值。

6.3.4　系数 b 的影响

在研究系数 b 影响时,$a = 0$,此时压强分布规律为等压力梯度规律。相比目前研究较多的压力梯度逐渐增大的基准流场,如 Busemann 流场、直内锥流场和倒置等熵喷管流场等,等压力梯度规律在流场壁面的任何位置均具有相同的压力梯度值。特别是后半段较低的压力梯度有利于边界层的稳定,故该规律应更适用于具有黏性影响的流场,从而更有利于流线追踪进气道设计。本书选取的几组沿程压强分布曲线如图 6 - 14 所示。

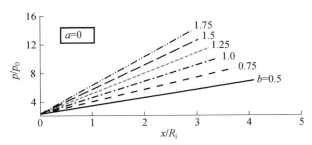

图 6 - 14　系数 b 取不同值的压强分布曲线

图 6 - 15 给出了系数 b 对总压恢复和增压比的影响规律,当系数 b 增大时,增压比近似线性增大,总压恢复近似线性减小。收缩比和内收缩比增大(图 6 - 16),流场长度减小(图 6 - 17),影响规律和前缘压缩角相当。与系数 a 不同的是,系数 b 对总压恢复影响较大。对于无黏流场,总压损失仅由激波产生,因此,系数 b 对前缘曲激波及反射激波均有较大影响,从而对流场长度也具有较大影响。通过调整该系数,可以有效调整激波形状及流场总长度。

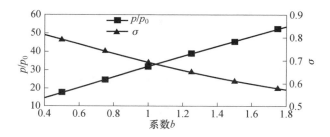

图 6-15　系数 b 对总压恢复和增压比的影响

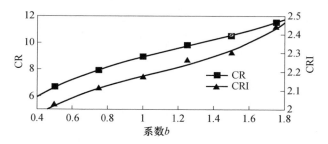

图 6-16　系数 b 对 CR、CRI 的影响

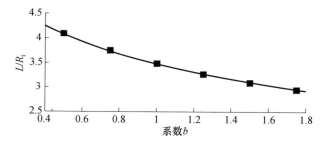

图 6-17　系数 b 对流场长度的影响

　　由于系数 b 对总压恢复有较大影响,因而建议选取较小的 b 值。虽然系数 b 减小时流场的内收缩比减小,内收缩比减小有利于进气道的起动性能,但同时压缩量减小较大,因此通过减小 b 来减小内收缩比不十分可取。

　　通过分析二次曲线两个系数对基准流场性能的影响规律,可知,从总压恢复和压缩量的角度考虑,应取尽量大的 a 值和尽量小的 b 值,这样的压升规律为压力梯度逐渐增大的分布规律。由于初始部分压力梯度较小,有利于产生较弱的前缘曲激波,减小总压损失。后面压力梯度逐渐增大,但该部分为等熵压缩,无黏情况没有损失。因此,采用压力梯度逐渐增大压升规律的基准流场具有较高的压缩效率和压缩量,这便是 Busemann 流场总体性能优良的原因。但是采用这种压升规律的基准流场具有较大的内收缩比,这不利于最终设计出的进气道在宽马赫数范围工作。当内收缩比较小时,需要后半段压力梯度较小的分布规律,但这种规律压缩效率较低,因而在设计定几何宽马赫数高超进气道时,可能需要牺牲设计点性能,以兼顾接力点的起动性能。

6.4　反正切曲线压升规律基准流场[42,52,53]

6.4.1　几种压升规律基准流场的对比

压升规律可选范围大,究竟哪种规律更适合作为基准流场的压升规律,需要进行深入对比分析。为此在相同的约束条件下选取了三种典型的压升规律,分别设计了轴对称基准流场。此外,也设计了 Busemann 流场,通过分析比较这四种基准流场的性能,从而得到性能优良的压升规律。设计的四种基准流场如下:

(1) 等压力梯度规律基准流场。沿压缩面的升压规律为

$$P(x)/p_r = ax + 1 \qquad (6-4)$$

(2) 三次曲线规律基准流场。它的升压规律为

$$P(x)/p_r = ax^3 + bx^2 + cx + 1 \qquad (6-5)$$

(3) 截短的 Busemann 流场,图 6 – 18 给出没有截短的典型基准 Busemann 流场。

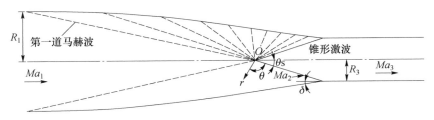

图 6 – 18　基准 Busemann 流场

(4) 反正切曲线规律基准流场。它的压缩面升压规律为

$$P(x)/p_r = c \cdot \arctan[a(x-b)] + 1 \qquad (6-6)$$

取设计 $Ma6.0$,前缘压缩角为 4°,中心体半径和进口半径之比为 0.05,分别设计了三个压升规律可控的轴对称基准流场,通过调整压升规律的系数,设计出的三个基准流场的收缩比均为 6.6,同时也设计了收缩比为 6.6 同样前缘压缩角的截短 Busemann 流场。这四种流场的压升规律如图 6 – 19 所示,等压力梯度规律沿程

压力梯度为定值;三次曲线压升规律,初始压力梯度较小,之后逐渐增大,最后又逐渐减小;截短 Busemann 流场的压强分布表现为压力梯度逐渐增大,至出口处压力梯度增大很快;反正切曲线压升规律和三次曲线接近,但初始部分和末尾部分压力梯度更小,中间部分压力梯度更大。相比三次曲线规律,由于初始部分和末尾部分更平坦,因而其前缘激波强度更弱,同时内收缩比更小。

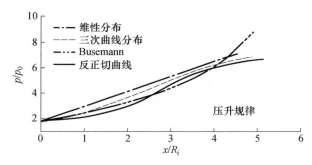

图 6 - 19　四种基准流场的压升规律

设计出四个基准流场的物理型面后,对四种基准流场进行了无黏数值模拟。四种流场结构相似,但总体性能差别较大。图 6 - 20 给出了四种流场的总压恢复及内收缩比。内收缩比为前缘激波和中心体交点处横截面面积与出口面积之比。图中横坐标 1、2、3 和 4 分别对应前面四种基准流场。可见,等压力梯度基准流场压缩效率较低,Busemann 流场压缩效率较高,但其内收缩比最大,三次曲线规律基准流场压缩效率高于等压力梯度规律基准流场,同时内收缩比相当。采用反正切曲线压升规律的基准流场压缩效率最高,同时其内收缩比和前两种流场相当,明显低于截短的 Busemann 流场。

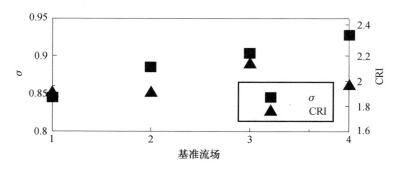

图 6 - 20　四种基准流场总压恢复及内收缩比比较

经过对四种压升规律对比分析发现,反正切曲线压升规律初始段斜率较小,中间段斜率逐渐增大,末尾段斜率又逐渐减小。初始压缩段产生了较弱的前缘激波;

中间段主要对气流进行压缩,由于该段为等熵压缩,故压缩效率高;末尾段压力梯度减小有利于减小内收缩比,改善进气道的起动性能。采用反正切曲线设计出的基准流场可以同时满足压缩效率高和内收缩比小两个目标,这对设计定几何宽马赫数进气道具有重要意义。

6.4.2　反正切曲线压升规律参数化研究

反正切曲线压升规律(式(6-6))有三个系数 a、b、c,这三个系数对基准流场性能有何影响值得深入研究,下面将分别介绍这几个系数对基准流场性能的影响规律。图6-21为采用反正切曲线压升规律设计的轴对称基准流场。

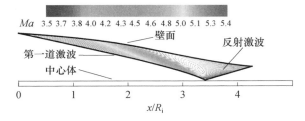

图6-21　反正切内收缩轴对称基准流场

基准流场设计仍取 $Ma6.0$,前缘压缩角仍为 $4°$,为使这三个系数具有较大的可选范围,同时在较大的范围内均能产生稳定正常反射,将中心体半径和进口半径比取为0.1。

1. 对收缩比及内收缩比的影响

收缩比及内收缩比是进气道的重要几何参数,收缩比决定了进气道的压缩量,而内收缩比则决定了进气道自起动滞止回线的大小,即决定了进气道起动马赫数和自起动马赫数的差值的大小。对于高超声速内收缩进气道,基准流场的收缩比和内收缩比决定了最终设计出的流线追踪进气道的收缩比及内收缩比,故研究此类进气道的压缩量及起动性能应从其基准流场着手。

图6-22~图6-24分别为反正切曲线三个系数对基准流场收缩比及内收缩比影响的一组典型曲线。可见,系数 a 和系数 c 对收缩比的影响规律相同,均为单调递增关系,而对内收缩比的影响规律却不相同,随着系数 c 的增大,内收缩比增大,但随着 a 的增大,内收缩比先增大,最后趋于不变,甚至略有减小。由于系数 a 增大,压强分布数值增大,从而总的收缩度增大,会导致内收缩比增大,但同时压升曲线初始部分和末尾部分越平缓,因而内收缩比最终会趋于不变。系数 b 对收缩比及内收缩比的影响较为复杂,随着 b 的增大,收缩比先增大后减小,内收缩比变

化规律较复杂,总体而言也表现为先增大后减小。因为系数 b 决定了压升曲线拐点的位置,该处为压力梯度的极值点,因此系数 b 的影响规律较复杂。

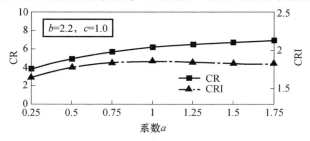

图 6 - 22 系数 a 对收缩比及内收缩比的影响

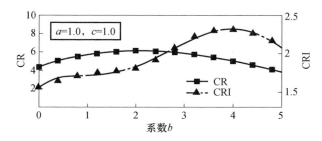

图 6 - 23 系数 b 对收缩比及内收缩比的影响

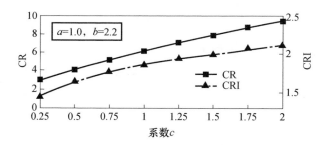

图 6 - 24 系数 c 对收缩比及内收缩比的影响

2. 对压缩效率和压缩量的影响

总压恢复和增压比是衡量压缩系统性能的重要参数,总压恢复反映了压缩系统的压缩效率,而增压比则是表示压缩系统压缩程度的参数。对于基准流场而言,产生较大的压缩量同时有高的总压恢复则是性能优良的基本要求。对于本书研究的反正切曲线压升规律,如何选取三个系数才能达到这一要求,则需要进行仔细研究。

图 6 - 25 ~ 图 6 - 27 分别给出了三个系数对基准流场总压恢复及增压比的影

响规律。系数 a 和系数 c 对总压恢复和增压比的影响规律相当,随着 a 和 c 的增大,总压恢复单调递减,增压比单调递增。同样的,系数 b 的影响规律较为复杂,随着 b 的增大,总压恢复先减小后增大,趋于一极限值,增压比先增大后减小。系数 b 越大,拐点距前缘越远,前缘激波强度越弱,总压恢复越高,当 b 大于一定值后,前缘激波强度已基本不变,总压恢复也基本不变。

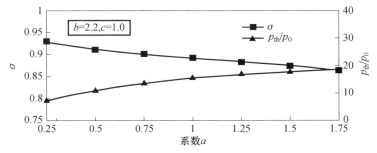

图 6 - 25　系数 a 对总压恢复及增压比的影响

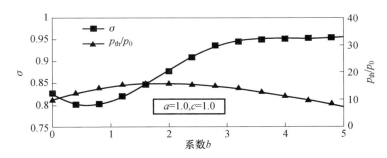

图 6 - 26　系数 b 对总压恢复及增压比的影响

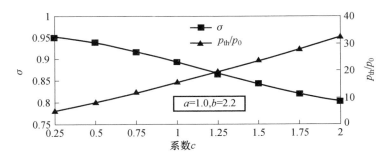

图 6 - 27　系数 c 对总压恢复及增压比的影响

3. 对基准流场长度的影响

高超声速进气道的压缩面长度较长,使超燃冲压发动机整体长度过长,如何缩短压缩面长度已成为需求之一。对于高超进气道而言,设计出性能优良同时长度较短的构型具有重要意义,本章也分析了设计参数对基准流场长度的影响。

图 6 – 28 ~ 图 6 – 30 分别为三个系数对基准流场长度的影响规律,可见,随着系数 a 的增大,基准流场长度减小,但减小较少。系数 b 的影响并不单调,随着 b 的增大,基准流场长度先减小后增大。相比而言,系数 c 对流场长度影响较大,随着 c 的增大,基准流场长度明显减小。因此,如果想缩短基准流场长度,可适当增大系数 a 和系数 c,并减小系数 b。

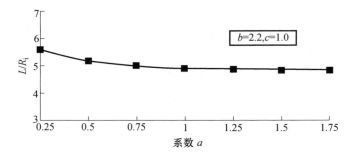

图 6 – 28　系数 a 对流场长度的影响

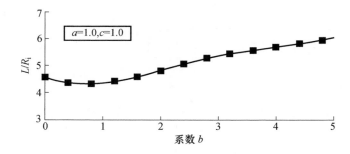

图 6 – 29　系数 b 对流场长度的影响

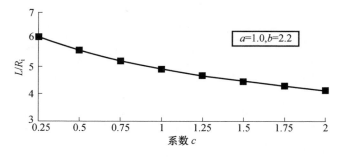

图 6 – 30　系数 c 对流场长度的影响

4. 对基准流场综合性能的影响

压缩系统的性能指标有总压恢复、增压比等,此外还希望压缩面较短。对于某个确定的压缩系统而言,可以给出它的这几个性能参数,但若对不同的压缩系统比较这些性能参数,较难确定其优劣,故本书引入两个总体性能参数来比较不同的压缩系统。这两个参数分别如下:

(1)压缩系统产生单位增压比的平均总压损失为

$$\xi_p = (1 - \sigma)/(p_{th}/p_0) \tag{6-7}$$

(2)单位长度压缩系统产生单位增压比的平均总压损失为

$$\xi_{pl} = (1 - \sigma)/[(p_{th}/p_0)(l/R_i)] \tag{6-8}$$

式中　σ——总压恢复;

p_{th}——基准流场出口截面平均静压;

l——基准流场总长度;

R_i——基准流场进口半径。

这两个参数,前者不考虑压缩系统长度的影响,仅综合评价压缩量和压缩效率,而后者不仅考虑了压缩效率、压缩量,而且考虑了压缩系统长度的影响。本书采用这两个参数来衡量轴对称基准流场的总体性能,得到三个系数对基准流场总体性能的影响规律。

图 6-31～图 6-33 分别为三个系数对这两个性能参数的影响规律。相比而言,系数 a 和系数 c 对这两个参数的影响较小,系数 b 的影响较大。当 a 取 1 时基准流场总体性能较好。如果要设计出总体性能良好的基准流场,系数 b 取 3.2 左右。此时基准流场具有最高的压缩效率。但内收缩较大,不利于起动性能。随着系数 c 增大,ξ_p 逐渐减小,而 ξ_{pl} 先减小后增大,由于系数 c 对基准流场长度有较大影响,随着系数 c 增大,基准流场长度减小,但减小速度逐渐变慢,因而导致参数 ξ_{pl} 先减小后增大,最后趋于不变。

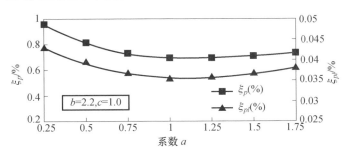

图 6-31　系数 a 对基准流场总体性能的影响

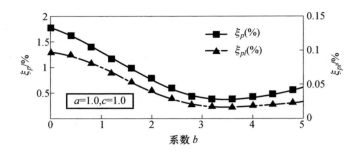

图 6-32 系数 b 对基准流场总体性能的影响

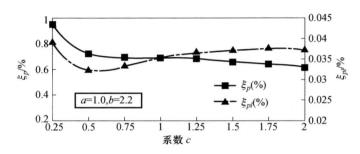

图 6-33 系数 c 对基准流场总体性能的影响

6.4.3 反正切曲线压升规律基准流场研究小结

为了使流线追踪内收缩进气道在设计点具有优良的总体性能,在接力点具有优良的起动性能,要求基准流场具有较高的总压恢复和较小的内收缩比。反正切曲线压升规律,其初始部分压缩量小,产生较弱的前缘激波,从而减小总压损失,中间等熵压缩部分对气流完成主要的压缩,末尾部分较小的压缩量利于产生较小的内收缩比。

相比其他几种典型的压升规律,反正切曲线压升规律具有较高的压缩效率,并且具有较低的内收缩比,因而更适合用于设计宽马赫数定几何高超声速内收缩进气道。

通过分析反正切曲线压升规律三个系数的影响表明,系数 a、b、c 对流场总体性能的影响规律各不相同,除了系数 b 外,系数 a 和系数 c 的影响基本是单调变化的。从提高总压恢复角度出发,系数 a、c 取小值,系数 b 取较大值较为有利,从提高收缩比看,系数 a、c 取较大值有利,但同时又增大了内收缩比;从缩短压缩面长度看,系数 a、c 取较大值有利,系数 b 取略小值较为合适。

增大系数 a 有利于减小前缘和后缘的压力梯度;对于系数 b,考虑到总压恢复和增压比,合理的取值在 3.2 左右,若考虑到内收缩比,合理的取值在 2.0 左右;系

数 c 对流场总体性能影响明显,可在 1 以上适当选取。

6.5　反正切马赫数分布的轴对称基准流场研究[42,52,53]

6.5.1　典型马赫数分布规律的基准流场比较

高超声速内收缩进气道的总体性能与基准流场性能密切相关,对不同马赫数分布规律基准流场的研究十分必要。首先在型面设计 $Ma_i = 6$,截短角度 $\delta = 4°$,总收缩比 $R_{ct} = 9.4$ 的条件下设计了典型的截短基准 Busemann 流场(BF – 1),其次在保持 $Ma_i = 6$,$\delta = 4°$,$R_{ct} = 9.4$,$R_c = 0.1R_i$ 相同的约束条件下选取四种典型的马赫数分布规律来设计轴对称基准流场,它们分别是:

等马赫数梯度(BF – 2)为

$$Ma(x) = Ma_r - c_1 x \tag{6 – 9}$$

马赫数梯度增加(BF – 3)为

$$Ma(x) = Ma_r - c_2 x^2 \tag{6 – 10}$$

马赫数梯度减小(BF – 4)为

$$Ma(x) = Ma_r - c_3 \sqrt{x} \tag{6 – 11}$$

反正切马赫数分布(BF – 5)为

$$Ma(x) = Ma_r - \{ \mathrm{carctan}[a(x - b)] + \mathrm{carctan}(ab) \} \tag{6 – 12}$$

式中　Ma_r——前缘激波后压缩面起始点马赫数。

上述马赫数分布规律如图 6 – 34 所示,图 6 – 35 给出了对应的压强分布情况。对马赫数分布而言,Busemann 基准流场与等马赫数梯度基准流场十分接近,这说明 Busemann 流场实际是近似等马赫数梯度分布规律的基准流场。虽然基准流场 BF – 4 和 BF – 5 后半段马赫数梯度都减小且绝对值不大,但是其对应的压力梯度明显较大。对应的压强分布总体而言,BF – 5 的压强分布近似为反正切规律,后半段压力梯度逐渐减小,其余流场的后半段压力梯度都较大且不断增加,容易造成设计的进气道肩部附近边界层分离。马赫数梯度变化与对应的压力梯度变化是一种非线性关系,如果要减小末尾段压力梯度可以通过进一步减小后半段的马赫数梯度来实现,这也说明研究马赫数分布规律可以进一步拓宽内收缩进气道的设计思路。

利用 Fluent 软件对五种基准流场进行无黏数值模拟,图 6 – 36 比较了其几何和总体性能参数,其中内收缩比 R_{ci} 定义为前缘激波与中心体交点处横截面积和出口面积之比。可以看出,BF – 4 的总压恢复系数最小、压比最大,但是长度也最短,BF – 3 正好相反。五种基准流场的出口马赫数相差很小。BF – 1、BF – 2 和 BF – 4

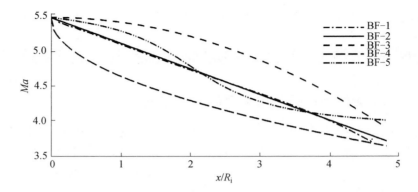

图 6 – 34　五种基准流场压缩面马赫数分布

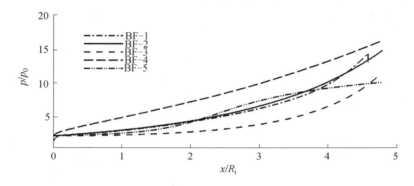

图 6 – 35　五种基准流场压缩面对应压升规律

的总压恢复系数、压比和长度相当。对于内收缩比,BF – 5 的内收缩比最小,BF – 4 次之,BF – 3 最大。经过五种基准流场的比较发现:初始段马赫数梯度较小可以提高总压恢复系数;末尾段的马赫数梯度较小有利于减小内收缩比,可以提高起动性能;提高前半部分马赫数梯度可以缩短长度。为了同时考虑起动性、总体性能、长度以及边界层稳定等因素,本书通过加权平均法给出了综合评估参数:

$$f(\bar{\sigma}, \bar{R}_{ci}, \bar{p}, \bar{L}) = w_1 \bar{\sigma} - w_2 \bar{R}_{ci} + w_3 \bar{p} - w_4 \bar{L} \qquad (6 – 13)$$

式中包含了总压恢复系数、内收缩比、增压比和基准流场长度四个因素,w_j 为第 j 个参数的权重且 $\sum w_j = 1$;$\bar{\sigma}$ 为归一化参数,即 $\bar{\sigma}_i = \sigma_i / \sum \sigma_i$,其余参数按同样计算方法归一化;系数的正/负表示正/负效应,正效应表示该参数越大越好,负效应反之。按照每个参数的实际重要程度选取权重,此处取 $w_1 = 0.4$,$w_2 = 0.3$,$w_3 = 0.2$,$w_4 = 0.1$。按照式(6 – 13)计算就可以得到每个基准流场的综合评估参数 f,见图 6 – 36,BF – 5 的综合性能最好,BF – 1 次之,BF – 3 最差。BF – 3 过大的内收缩比和长度使其综合性能最差,BF – 5 对应的反正切规律是一种较优的马赫数分布规律,初始段梯度较小,中间段梯度逐渐增大,末尾段梯度又逐渐减小。初始段马赫数梯度较小有利于减弱前缘激波提高压缩效率,前半段马赫数梯度整体较大,主要完成对气流的等熵压缩,效率高且可以缩短尺寸;末尾段马赫数梯度不大且逐渐减小,可以降低内压缩量,利于此处边界层的稳定且可以提高起动性能。因此,本章重点研究反正切马赫数分布的轴对称基准流场的流场特点。

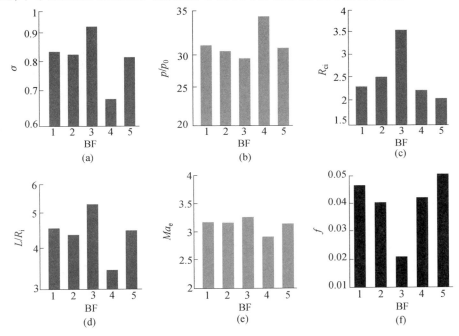

图 6 - 36　五种基准流场的性能参数和几何参数

（a）总压恢复系数；（b）增压比；（c）内收缩比；（d）长度；（e）出口马赫数；（f）综合评估参数。

6.5.2　反正切马赫数分布的基准流场特征

图 6 - 37 给出了按照前面设计方法设计的反正切马赫数分布基准流场结构,入射激波为弯曲激波,从压缩面到中心体激波强度逐渐增大,弯曲激波后是等熵压缩,实现了较高的压缩效率,反射激波近似为直线,基准流场的压缩面在与反射激波相交处截止,压缩面末尾段较平缓。基准流场出口沿径向高度的参数分布如图 6 - 38所示,随着径向高度的增加,出口静压不断减小,最大与最小值相差24% ,横向压力梯度较大;总压恢复系数不断增加且靠近压缩面几乎不变,约为 0.88,靠近中心体处的激波强度较大造成总压恢复系数较低且变化剧烈。图 6 - 39 给出了基准流场压缩面的沿程马赫数分布及对应的压升规律,在初始段和末尾段马赫数

和压强变化均较缓。图 6 – 40 给出了基准流场内部不同位置处的流线及对应的沿程马赫数分布,可以看出,压缩面上的流线即第一条流线与给定的马赫数分布规律吻合,随着向中心体靠近,各条流线较好地保持反正切规律,但是其梯度呈现整体增大的趋势,这样会造成基准流场后部区域整体压缩量较大。

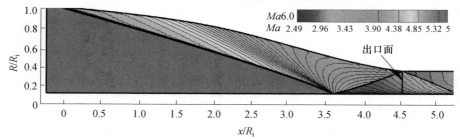

图 6 – 37 　轴对称基准流场的等马赫线

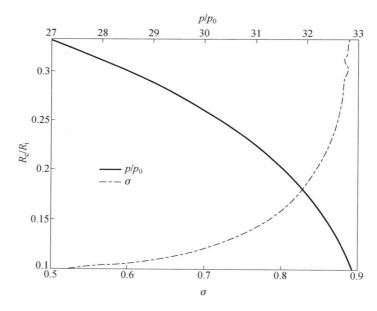

图 6 – 38 　基准流场出口参数

取相同的反正切分布规律来研究马赫数分布可控基准流场与压强分布可控基准流场的异同。反正切压升规律为

$$p(x)/p_r = c \cdot \arctan(a \cdot (x - b)) + c \cdot \arctan(a \cdot b) + 1.0 \qquad (6 - 14)$$

式中　p_r——前缘激波后压缩面起始点静压。

取相同的设计参数:$Ma_i = 6.0, \delta = 4°, R_c/R_i = 0.10, a = 4.0, b = 0.5$ 以及

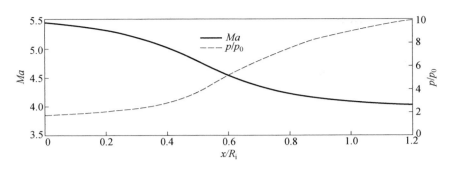

图 6 - 39　基准流场马赫数分布及对应的压升规律

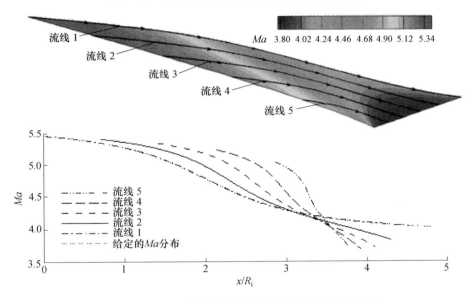

图 6 - 40　基准流场内部流线及对应的沿程马赫数分布

$c = 0.9$。从基准流场出口的总体性能来看(表 6 - 1),马赫数分布可控基准流场的总收缩比远大于压强分布可控基准流场,这样造成前者增压比为后者的 5.5 倍,同时总压恢复系数也相对下降 13.4% ;马赫数分布可控基准流场的长度只有压强分布可控基准流场长度的 71% 。

表 6 - 1　马赫数分布可控和压强分布可控基准流场的总体性能参数

基准流场	σ	p/p_0	Ma_e	R_{ct}	L/R_i
马赫数可控	0.771	76.9	2.56	12.8	3.66
压强可控	0.890	13.9	3.70	5.8	5.14

图 6 - 41 给出了两种基准流场的流场结构,二者差别明显。压强分布可控基

准流场的压缩面较平缓,前缘激波弯曲程度不大;马赫数分布可控基准流场压缩面的后段偏转剧烈,前缘激波靠近中心体处非常弯曲,这样极易造成非正常反射。

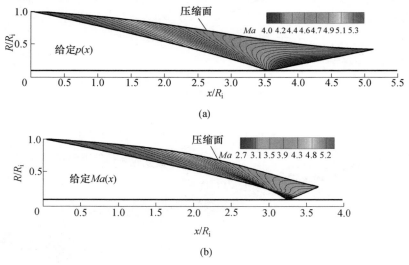

图 6 - 41   基准流场的流场结构
(a) 压强分布可控的基准流场;(b) 马赫数分布可控的基准流场。

对压强分布可控的基准流场,其给定的压缩面压升规律记为 $p_1(x)/p_r$,其对应的马赫数分布为 $Ma_1(x)$;对马赫数分布可控基准流场,给定的压缩面马赫数分布规律记为 $Ma_2(x)$,其对应的压强分布为 $p_2(x)/p_r$。图 6 - 42 给出了相应的分布曲线,给定的压缩面压强分布和马赫数分布规律一致,压强不断增加而马赫数不断减小。与 $p_1(x)/p_r$ 相比较,$p_2(x)/p_r$ 的压强上升更加明显且差距越来越大;与 $Ma_2(x)$ 相比较,$Ma_1(x)$ 的马赫数变化更加平缓,但是马赫数之间的差距远小于对应的压强之间的差距。这说明压强和马赫数是典型的非线性关系,即使二者分布规律相同,其相对应的马赫数分布和压强分布规律也会有很大的差别。图 6 - 43 给出了图 6 - 42 对应参数的梯度分布,可以明显看出,在给定的压力梯度分布与给定的马赫数的梯度分布相同的前提下,二者对应的马赫数分布与压强分布也均为反正切曲线,但是 $Ma_2(x)$ 对应的压强 $p_2(x)/p_r$ 梯度远大于给定的压强分布 $p_1(x)/p$,梯度且其最大值点对应的横坐标也不同。这说明即使马赫数分布变化较平缓,其对应的压强分布变化也会非常剧烈,即较小的马赫数分布规律调整将使其对应的压强分布在较大范围内变化。当分段设计压缩面时,可以考虑两端给定压强分布,中间段给定马赫数分布规律,以实现高压比的等熵压缩。总之,马赫数分布律是不同于压强分布的另一种变化规律,其压缩能力更强,对其进行研究可以扩展轴对称基准流场的设计方法。

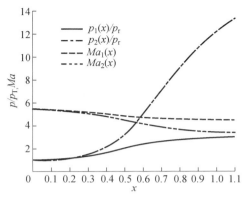

图 6-42 沿程压强和马赫数分布

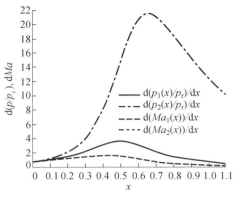

图 6-43 沿程压力梯度和马赫数梯度

6.5.3 反正切马赫数分布的基准流场参数化研究

对于马赫数分布可控的轴对称基准流场,反正切规律是一种较优的马赫数分布规律,为了设计总体性能优良的基准流场,有必要对其进行参数化研究。设计参数包括型面设计马赫数 Ma_i、进口半径 R_i、前缘压缩角 δ、中心体半径 R_c 和马赫数分布规律 $Ma(x)$。本书在保持 Ma_i 和 R_i 不变及反正切马赫数分布规律的条件下,在表 6-2 给出的取值域内对设计参数进行参数化研究,通过 Fluent 软件无黏计算获得流场性能参数,均使用流量平均法获得。

表 6-2 反正切马赫数分布基准流场的设计参数

参数	Ma_i	R_i/m	$\delta/(°)$	R_c/R_i	a	b	c
基准值	6.0	0.25	4.0	0.1	4.25	0.365	0.6
取值域	6.0	0.25	2.0~8.0	0.05~0.45	1.0~8.0	0.0~1.0	0.2~0.9

1. 前缘压缩角对基准流场性能的影响

前缘压缩角(δ)对前缘激波的强度影响很大,在进口马赫数一定的条件下,它决定着初始激波角的大小,选择合适的激波角对提高基准流场的压缩效率至关重要。图 6-44 给出了前缘压缩角的影响规律,计算中其余参数取值见表 6-2 中的基准值,后面与此相同,不再特别说明。随着 δ 的增加,R_{ct} 和 R_{ci} 均增大,其中 R_{ct} 梯度更大;前缘激波增强,从而 p/p_0 增加,σ 和 Ma_e 下降。另外,δ 增大会导致前缘激波与中心体的交点前移,反射激波角增大也会导致反射激波与压缩面的交点前移,从而导致 L 减小。可见,在流场长度允许的前提下减小前缘压缩角对提高性能有利。

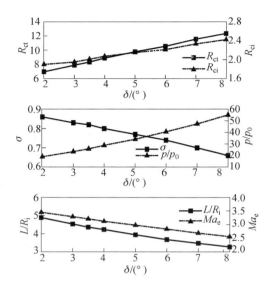

图 6-44　前缘压缩角对基准流场几何和性能参数的影响

2. 中心体半径对基准流场性能的影响

中心体半径 R_c 虽然不影响流场的结构,但其决定着前缘激波与中心体相交的位置进而影响反射激波。图 6-45 给出了中心体半径 R_c 对流场性能的影响规律,随着 R_c 增加,总收缩比 R_{ct} 不断减小而内收缩比 R_{ci} 整个区间内都是增加的。R_{ct}、p/p_0、Ma_e 和 σ 在 $R_c/R_i < 0.25$ 时都存在一个平台区。当 $R_c/R_i > 0.25$ 时,p/p_0 不断减小而 σ 增加。随着 R_c 增加,前缘激波与中心体的交点前移,反射激波与压缩面交点也前移,导致 L 减小。同时内压段中压缩量大的型线比例不断增加导致 R_{ci} 不断增大。由于前缘激波是弯曲激波,当 R_c 开始增加时,反射激波角度变化不大,加之基准流场压缩面末尾段较平缓,从而 R_{ct} 几乎不变,存在一个平台区;当 R_c 增加到一定值后,前缘激波几乎是直线,反射激波与基准流场压缩面的交点也处于压缩面中间剧烈变化段,从而造成各个参数变化剧烈。总体而言,从各个参数的相对变化量来讲,R_c 对流场性能影响不显著,尤其是 $R_c/R_i < 0.25$。

3. 系数对基准流场性能的影响

反正切马赫数分布规律由系数 a、b 和 c 决定,马赫数分布的梯度表达式如下:

$$dMa(x)/dx = -ac/(1 + a^2(x - b)^2) \tag{6-15}$$

图 6-46 是系数 a 对基准流场几何和性能参数的影响规律,其他设计参数取值为表 6-2 中的基准值。当 $a > 4.0$ 时,R_{ct} 和 R_{ci} 几乎保持不变;当 $a > 3.0$ 时,σ 变化剧烈。随着 a 的增加,p/p_0、L 和 Ma_e 变化趋于平缓,尤其在 $a > 4.0$ 区间。对于马

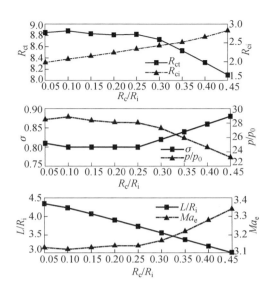

图 6 - 45　中心体半径对基准流场几何和性能参数的影响

赫数分布曲线，$a > 1$ 说明曲线将沿着 x 方向缩放 $1/a$，这样会造成马赫数梯度增加，流场收缩程度增大，进而 p/p_0 和 R_{ct} 不断增加，σ 不断减小。当 a 较大时，曲线的缩放程度就会变缓，相应的性能参数变化就趋于平缓。

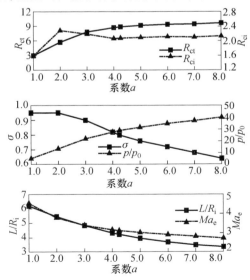

图 6 - 46　系数 a 对基准流场几何和性能参数的影响

图 6-47 是系数 b 的影响规律,随着 b 的增加,R_{ct} 和 p/p_0 呈现出先增加后减小的趋势;R_{ci} 初始段增加缓慢,当 $b \in (0.5 \sim 0.7)$ 时 R_{ci} 急剧增加;σ 和 L 先减小,当 $b \in (0.25 \sim 0.7)$ 时增加剧烈,$b > 0.7$ 时变缓。由于系数 b 是马赫数梯度分布的极值点,决定马赫数分布曲线的拐点位置,调节压缩面初始段、中间段和末尾段在整个基准流场中所占的比例,b 取值不同对应三者比例不同,因此性能参数变化趋势复杂。当 b 开始增加时,初始平缓段所占比例增加,末尾平缓段所占比例减小,中间主要压缩段比例增加更大,靠近中心体的前缘激波更加弯曲,R_{ci} 和 p/p_0 不断增加,σ 不断降低。当 b 增加到一定值后,前面平缓段居于主导地位,前缘激波几乎为直线,后半段压缩波自行汇聚为第二道激波,L 增加的同时提高了 σ。

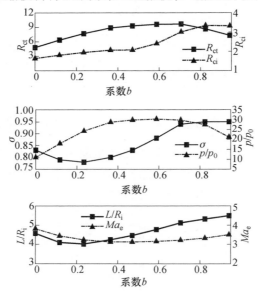

图 6-47　系数 b 对基准流场几何和性能参数的影响

图 6-48 给出了系数 c 的影响规律,随着 c 增加,R_{ci} 和 Ma_e 的斜率几乎不变;R_{ct}、p/p_0 和 σ 梯度不断增大。系数 c 决定马赫数分布及其梯度的幅值,对总体性能影响明显。当 c 增加时,前缘激波越来越弯曲,流场收缩程度增大,p/p_0 和 R_{ct} 不断增加,σ、L 和 Ma_e 不断减小。

上述研究表明,对于反正切的马赫数分布规律,各个参数随着系数 a 和系数 c 的增加基本单调变化,随着系数 b 的变化比较复杂,其中系数 c 对流场的性能影响最明显。为了兼顾各个性能参数和起动性能,a 在 $2.0 \sim 5.0$ 区间取值较好,b 在 $0.5 \sim 0.7$ 区间取值较好,c 在 $0.4 \sim 0.6$ 区间取值较好。三者如何协调选取,需要进一步研究。

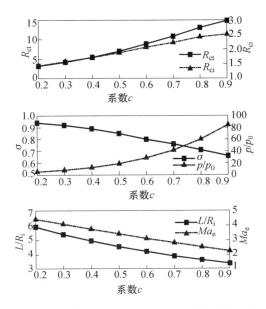

图 6 - 48　系数 c 对基准流场几何和性能参数的影响

6.5.4　反正切马赫数分布的基准流场敏感度分析

参数化研究虽然可以获得参数的影响规律,但是无法确定参数之间的交互作用。为了更全面地获得设计参数的敏感度,通过试验设计方法进行分析。本章采用正交试验设计构建了 37 组样本点,通过 Fluent 软件进行相应的无黏数值计算获得基准流场设计点性能的样本数据库,应用 Isight 软件对各设计参数进行灵敏度分析。

在保持 $Ma_i = 6.0, R_c/R_i = 0.1$ 不变的条件下,图 6 - 49 ~ 图 6 - 54 给出了前缘压缩角 δ 及反正切马赫数分布系数 a、b、c 对基准流场性能参数影响的 Pareto 图和主效应图。对于 Pareto 图(左图),填充图代表正效应意味着随着输入增大,响应也会变大,未填充图代表负效应,与之相反。对于总压恢复系数 σ,影响最大的是 δ 且为负效应,即随着 δ 增加,激波变强,总压损失增加。系数 b 呈现正效应,对于系数 a 和系数 c 呈现负效应,二者的交互作用 $a - c$ 对 σ 影响明显。另外,δ 存在二阶主效应说明该因素对于 σ 影响非线性。这些可以从主效应图(右图)得到印证,其中 δ 的影响不断增大且斜率最大,系数 a 和系数 c 的影响整体呈一定线性,系数 b 的影响有一定非线性。总体而言,要提高 σ,要减小 δ、a 和 c,适当增大 b。

对增压比 p/p_0 而言,影响最大的是系数 c,其次是交互作用 $a - c$,接着是系数 a。对于系数 b,二阶主效应起主要作用,所以呈现明显非线性,随着系数 b 的增

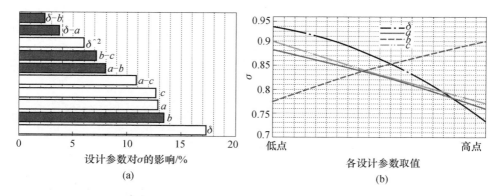

图 6 - 49　设计参数对 σ 影响的 Pareto 图(a)和主效应图(b)

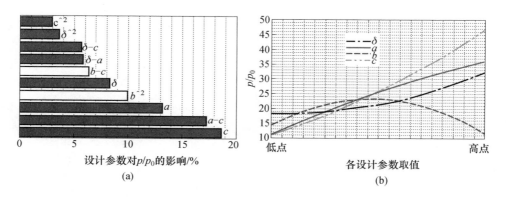

图 6 - 50　设计参数对 p/p_0 影响的 Pareto 图(a)和主效应图(b)

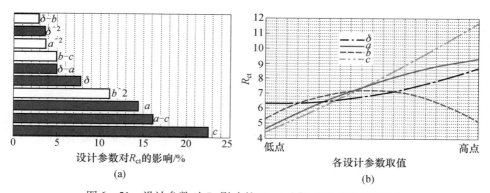

图 6 - 51　设计参数对 R_{ct} 影响的 Pareto 图(a)和主效应图(b)

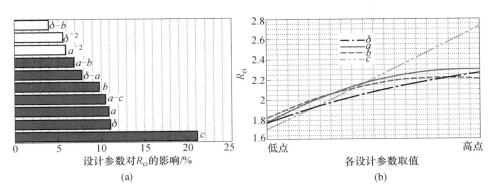

图 6-52　设计参数对 R_{ci} 影响的 Pareto 图(a)和主效应图(b)

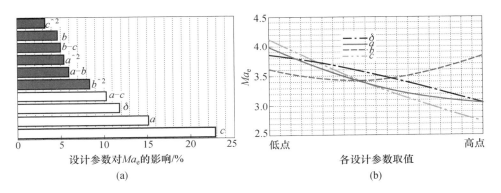

图 6-53　设计参数对 Ma_e 影响的 Pareto 图(a)和主效应图(b)

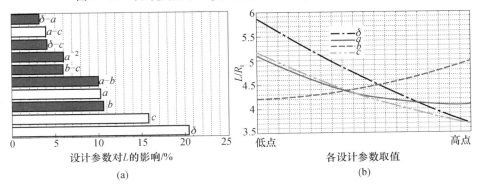

图 6-54　设计参数对 L 影响的 Pareto 图(a)和主效应图(b)

加,p/p_0 先增加后减小。随着 δ 的增加,p/p_0 不断增加且梯度越来越大。提高 p/p_0 最主要是同时增大系数 a 和 c。

对总收缩比(R_{ct})而言,影响最大的仍然是系数 c,其次是交互作用 $a-c$,接着

是系数 a。对于主要影响因素及其主效应变化趋势,与压比类似。一般而言,R_{ct} 越大收缩越剧烈,对应 p/p_0 越大,二者存在对应关系。

对内收缩比(R_{ci})而言,影响最大的是系数 c,其余系数的影响相当,交互作用 $a - c$ 也有较大影响。系数 a 和系数 b 的二阶主效应较小,主效应图中呈现一定的非线性,但影响不断减小。总之,通过减小系数 c 可以明显降低 R_{ci}。

对出口马赫数 Ma_e 而言,影响最大的是系数 c,其次是系数 a,交互作用 $a - c$ 也较为明显。系数 b 仍然呈现非线性,Ma_e 变化趋势与 p/p_0 正好相反。因为在相同来流条件下,随着 p/p_0 增大,压缩量增加,Ma_e 随之下降,反之增加。

对基准流场的长度(L)而言,影响最大的是 δ,其次是系数 c。系数 a 和系数 b 的影响大小几乎相同,但是方向相反,随着系数 b 的增加,L 不断增加。交互作用 $a - b$ 也影响明显且为正效应。总体而言,增大 δ 和系数 c,减小系数 b 对于缩短长度有利。

以上可知,各个设计参数对基准流场性能的影响呈现非线性和耦合效应,若要设计一个性能优良的基准流场,需要综合考虑和权衡。影响总压恢复系数和长度最大的是 δ,对其他性能参数影响最大的是系数 c,另外,交互作用 $a - c$ 对总收缩比和压比的影响仅次于系数 c。为了提高增压比同时保持高总压恢复系数,可以在适当增大系数 c 和系数 b 的同时减小 δ 和系数 a。与参数逐一变化的参数化研究相比,这种灵敏度分析方法考虑了交互作用的影响,获得的结果更加全面。

6.5.5 反正切马赫数分布的基准流场优化设计

采用基于代理模型的优化策略对基准流场进行优化:首先在设计域内根据试验设计方法确定样本点,通过 CFD 计算获得设计点性能样本数据库;其次利用这些样本数据构造出适合的代理模型;最后根据代理模型进行优化设计。多项式响应面是多学科设计优化技术中最为常用的一种代理模型,其中三阶响应面的数学表达式为

$$f(x) = c_0 + \sum_{i=1}^{n} c_{ij}x_i^2 + \sum_{i=1}^{n-1}\sum_{j \geqslant i}^{n} c_{ij}x_i x_j + \sum_{i=1}^{n} c_{ij}x_i^3 \qquad (6-16)$$

式中 $f(x)$——响应;

$\quad\quad x$——设计变量;

$\quad\quad c$——多项式参数;

$\quad\quad n$——设计变量的维数。

利用上节 37 组样本数据建立基准流场的三阶响应面模型,其中设计参数变量 4 个(δ、a、b、c),输出响应为 6 个几何和性能参数。通过误差平方 R^2 对三阶响应面模型与 CFD 计算结果的误差进行分析,从表 6-3 可知三阶响应面模型精度较高,

可以满足优化要求。

表6-3　几何参数和性能参数的误差系数

误差平方	σ	p/p_0	Ma_e	R_{ct}	R_{ci}	L/R_i
R^2	0.988	0.905	0.996	0.924	0.927	0.996

由于基准流场的评价参数不是单一的,需要对多个参数综合考虑,因此采用多目标优化方法。对性能优良的基准流场而言,应在产生较大压缩量的同时具有尽可能高的总压恢复系数,因此先选择这两个参数作为优化目标。在设计点 $Ma_i = 6.0, R_c/R_i = 0.1$ 不变条件下建立优化模型:

优化目标为

$$\text{Max } f(x) = \{\sigma(x), p/p_0(x)\}$$

优化变量为

$$2 \leq \delta \leq 8; 1.0 \leq a \leq 7.0; 0.1 \leq b \leq 1.0; 0.2 \leq c \leq 0.9$$

约束条件为

$$1.0 \leq R_{ct} \leq 12.0; p/p_0 \geq 10; R_{ci} \leq 2.5$$

在 Isight 软件中集成代理模型,表述优化问题。采用非劣分类遗传算法 NSGA Ⅱ进行优化,这是一种经典的全局搜索算法。计算中,种群大小为 24,进化代数取 60,交叉概率为 0.9。图 6-55 给出了两目标优化计算得到可行解及 Pareto 最优前沿,Pareto 最优前沿为设计人员提供了各自目标性能的综合权衡信息,实际中可以根据对目标的具体要求进行折中选取。

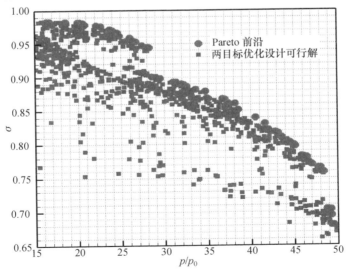

图 6-55　两目标优化设计可行解及 Pareto 前沿

此外,发动总体单位希望进气道越短越好,不但可以为其他部件节省大量的空间,而且对减小飞行器重量十分有利,所以将长度作为第三个优化目标,即 $\min f(x) = \{L(x)/R_i\}$,其他条件与两目标优化相同。图 6 – 56 给出了优化计算得到的三目标 Pareto 最优前沿,这是一个空间的三维曲面。在该优化前沿中,选取其中一个基准流场与反正切压升基准流场参数化研究结果进行比较,基于综合性能优良基准流场设计的进气道已经进行了试验。由于代理模型的近似性,最优解对应的基准流场性能参数必须通过 Fluent 软件重新计算获得。表 6 – 4 给出了两种基准流场的性能参数,相对压升可控的基准流场,优化的马赫数可控基准流场在总收缩比和增压比略高的情况下,总压恢复系数提高了 2.91%,但是长度也有所增加。总体而言,优化结果良好。

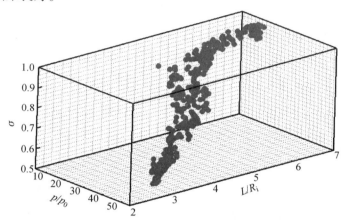

图 6 – 56　三目标优化设计的 Pareto 前沿

表 6 – 4　两种基准流场的总体性能参数

基准流场	σ	p/p_0	Ma_e	R_{ct}	L/R_i
压升可控	0.927	16.72	3.61	6.6	5.24
优化的马赫数可控	0.954	16.93	3.61	6.7	5.37
$\Delta/\%$	2.91	1.26	0	1.52	2.48

图 6 – 57 和图 6 – 58 给出了二者的流场结构图,虽然二者均形成了前缘入射曲激波和反射激波,但是马赫数分布可控基准流场的前缘入射激波弯曲变化得更加平缓,尤其是靠近中心体附近的弯曲程度明显小于压强可控基准流场,因此其激波损失更小进而提高了基准流场性能。

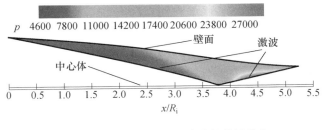

图 6 - 57　压升可控的基准流场静压分布

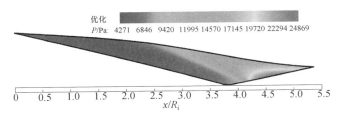

图 6 - 58　优化后马赫数可控基准流场静压分布

6.6　采用新型中心体构型减弱反射波[42,53]

6.6.1　下凹圆弧型中心体

激波诱导分离是高超声速进气道中普遍存在的复杂气动问题,入射激波强度及当地边界层性状是决定边界层是否分离的主要因素,因而采取措施削弱入射激波强度是有效减小激波诱导分离的可能途径。

图 6 - 59 为采用反正切曲线压升规律设计的轴对称基准流场 BF - A,设计 $Ma6.0$,前缘压缩角取 $4°$,中心体半径为进口半径的 10%,压升规律采用反正切曲线规律。该流场结构与目前设计内收缩进气道的基准流场结构相似。对称轴处放置了圆柱形中心体,前缘激波打在中心体上产生正常反射。该反射激波强度较强,导致了较大的压升,图 6 - 59 所示的流场反射激波在壁面处产生了 2.96 倍的压升,该压升可能造成边界层分离。研究表明,进气道中该激波和顶板边界层相互作用较强,容易导致边界层分离,流场结构恶化。特别是低马赫数时,该激波引起边界层分离,导致进气道较难起动。如果能有效减弱该激波的强度,从而减小边界层分离,则对改善进气道低马赫数下的起动性能非常有利。

反射激波的强度由波前来流马赫数及气流经过该激波后的气流偏转角决定,反射激波前气流马赫数由来流参数及压升规律决定。因此,只能通过减小气流偏

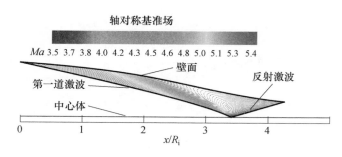

图 6-59　典型内收缩进气道基准流场结构（BF-A）

转角来减弱激波强度,而圆柱形中心体限制了气流的流动空间,使得气流不得不偏转较大的角度,产生较强的激波。如果改变该处中心体的形状,给气流额外的流动空间,就有可能减小气流的偏转角,减弱激波强度。

根据以上分析,本书研究了一种新型的中心体构型,它使原反射激波弥散为一系列微弱的压缩波,虽然压缩波之后可能会汇成一道激波,但是其强度明显较小,从而大大降低反射激波导致上壁面边界层分离的可能性。据此思想设计了新的消波型基准流场 BF-B,其流场结构和中心体构型如图 6-60 所示。前缘曲激波打在中心体上后,该处中心体形状的变化给了额外的流动空间,设计曲母线时也保证曲母线根部壁面方向与气流方向一致,便成功在该点实现消波,但由于中心体半径较小,气流在曲母线的压缩下又汇成微弱激波,不过气流经过这道汇聚波后只偏转了较小的角度,之后经过曲面压缩后逐渐转至来流方向。

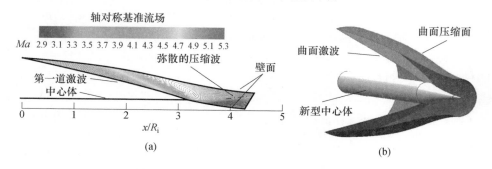

图 6-60　变中心体基准流场结构（BF-B）

（a）基准流场；（b）中心体构型。

图 6-59 和图 6-60 所示的两个流场的设计参数一致,唯一的区别为中心体形状。对于变中心体基准流场,当中心体半径取为进口半径的 20% 时,气流具有足够的偏转空间以弥散反射激波,同时流场不会太长。这种新型中心体,自曲面激

波和中心体相交处开始为一段曲母线锥,正是这段曲母线锥达到了弥散反射激波
的目的。

对上述两个基准流场进行了无黏数值计算,结果表明改变中心体设计,微弱的
汇聚激波只产生了 1.95 倍的压升,出口总压恢复由 0.825 提高至 0.935,约提高了
13%(表 6 – 5)。由于中心体形状改变,几何尺寸发生变化,流场压缩量有所减小。
比较两种基准流场可知,新型基准流场的反射激波被弥散,压缩效率明显提高,从
内流角度分析,新型基准流场优于传统基准流场。

表 6 – 5 BF – A 和 BF – B 的总体性能

	收缩比	总压恢复	增压比	马赫数
BF – A	8.4	0.825	28.04	3.19
BF – B	8.2	0.935	24.54	3.37

6.6.2 弥散反射激波中心体的基准流场设计

为了进一步提升这类可控中心体基准流场高于设计点尤其是巡航点的性能,
设计了一种新型弥散反射激波中心体基准流场。图 6 – 61 给出了 BF – 1 和 BF – 2
两种中心体型线的具体组成,两者总收缩比和内收缩比相等。对于新型中心体,初
步设计中初始段采用与来流方向夹角较小(6°)的直线段,后接一段相切的"上凸
圆弧"(半径为 0.45m),保证 $Ma_\infty 7.0$ 和 $Ma_\infty 8.0$ 时入射激波都落在其迎风侧,末
尾段仍是一段较长"下凹圆弧"(半径为 2.5m),两段圆弧之间光滑过渡。当来流
马赫数高于设计点时由于初始段膨胀角减小,中心体附近的入射激波波前马赫数
降低;入射激波打在"上凸圆弧"的迎风侧以减小其波后气流与中心体夹角,从而
反射激波强度减小,其背风侧产生的膨胀波与反射激波同侧相交可以进一步减
弱反射激波强度;过渡段和末尾端的"下凹圆弧"主要产生等熵压缩波进一步压
缩气流,因此新型中心体可以同时减弱中心体附近入射和反射激波强度,不但内
唇口边界层不易分离,而且可以提高基准流场来流马赫数高于设计点时的性能。
另外,新型中心体由于初始段与来流方向夹角较小,进气道外罩阻力也有所下
降。图 6 – 61(a)给出巡航点($Ma_\infty 7.0$)时 BF – 2 的流场结构,入射激波靠近中心
体处波前马赫数为 7.72,波后压比为 9.3,反射激波后靠近中心体压比为 3.6,强度
减弱。出口总压恢复为 0.891,较 BF – 1 提高 2.3%,二者压缩量近似相等,增压比
约为 23。

来流马赫数高于设计点时基准流场 BF – 2 的性能有所提高,接着考察其设计
点和低来流马赫数的性能。图 6 – 62 给出设计点时 BF – 2 的流场结构,中心体
附近的入射激波后气流方向与中心体初始直线段存在约为 4°的夹角。这样在入

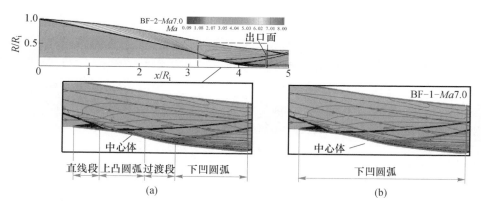

图6-61 圆弧和新型中心体的组成以及巡航点的流场结构
(a)四段修型的新型中心体;(b)圆弧中心体。

射激波相同的情况下,与 BF-1 相比,BF-2 的反射激波强度更大,进而造成压缩效率降低,在中心体处反射激波的压升为 1.86。此外,"上凸圆弧"的背风侧仍存在膨胀区,过渡段的下凹圆弧部分等熵压缩波汇聚为一道较弱激波。BF-2 的出口总压恢复系数为 0.931,较 BF-1 降低 1.9%,二者压缩量基本相等。图 6-63 给出了接力点($Ma_\infty 4.0$)时 BF-1 和 BF-2 的流场结构,随着来流马赫数减小,入射激波角变大且近似为直激波,与中心体起始点存在较大的距离。内压段进口处马赫数减小,但是中心体处的激波角变大,该激波在壁面上的反射激波也几乎在内压段。相对于 BF-1,BF-2 中心体处的激波角更大(约为 23°),波后压比约为 2.05,而 BF-1 压比约为 1.49。BF-2 出口平均总压恢复系数为 0.974,较 BF-1 仅降低了 1.2%,但是其压比略高。综合考虑宽马赫数工作要求,BF-2 设计思路可行。

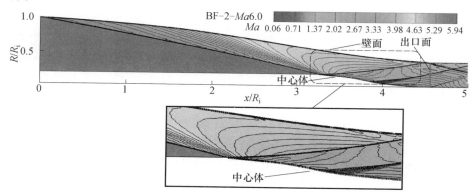

图6-62 设计点时新型中心体基准流场的流场结构(BF-2)

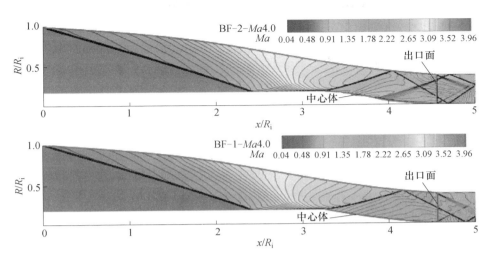

图 6 - 63 接力点时基准流场的流场结构(BF - 1 和 BF - 2)

6.7 给定激波配置的马赫数分布可控轴对称基准流场[46,52,53]

上述研究对前缘入射激波和反射激波都是一种被动控制,为了实现对二者的主动控制,提高基准流场设计的灵活性,本节采用有旋特征线理论提出了一种给定激波配置的马赫数分布可控轴对称基准流场的反设计方法,通过预先给定激波强度和压缩面马赫数分布来控制基准流场中激波压缩与等熵压缩的比例,从而设计出性能优良的基准流场。完成了给定激波配置的典型"两波三区"基准流场和双弯曲入射激波基准流场的设计。

6.7.1 给定激波配置的"两波三区"基准流场设计与特征

给定激波配置的"两波三区"基准流场的流场结构见图 6 - 64,两波为入射激波 AC 和反射激波 CD,三区分别为:①入射激波波前区;②入射激波与反射激波的波间区;③反射激波后的波后调整区。其中,反射激波可以通过给定中心体的型面气动参数分布进行反设计,或者弥散成可控的等熵压缩波。本书的两道激波 AC 和 CD 都是通过给定激波强度沿径向的分布进行反设计,AB 和 CE 分别是两道激波所决定的曲线;压缩面 BD 通过给定沿程马赫数分布规律反设计;中心体曲线 CEF 中的 EF 是与 CE 相切的二次曲线。通过调整入射激波 AC 的强度可以控制激波的压缩效率以及控制其与中心体的交点 C,这样也就决定了进气道外压段的长度。减小反射激波 CD 的强度可以进一步提高基准流场的压缩效率,但是会造成反射激波与压缩面相交点 D 后移,基准流场长度和内收缩比增加。由于 BD 是等熵压缩,为了提高基准流场的压缩效率,可以在保证长度要求的前提下尽可能增加等熵压缩的比例。考虑到减小内收缩以提高设计的内收缩进气道起动性能以及进气道肩部附近边界层的稳定,BD 的参数梯度分布不断减小较为合理。调整入射激波强度以及后接的沿程马赫数分布可以分配②区的激波压缩和等熵压缩比例。

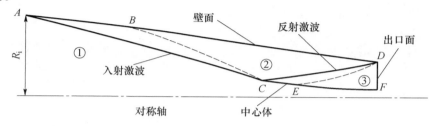

图 6-64　给定激波配置的"两波三区"基准流场结构示意图

　　为了获得弯曲激波系的最大总压恢复系数,可以将一道入射激波压缩分解为两道或多道入射激波,这样也就出现了下节所述的双弯曲入射激波的轴对称基准流场。不论单入射激波还是双入射激波的基准流场,由于波后均为超声速流动,此时 Oswatisch 配波理论不再适用,而 Henderson 配波理论不要求两道激波间马赫数处处相等,只要激波间是等熵流动即可。对于弯曲激波系统而言,只要保证沿着每条微流管的每道曲激波的总压恢复相等,其对应的波系总压恢复系数将最大,特殊情况是每道曲激波沿着径向总压恢复系数分布为常数。总之,合理配置激波和等熵压缩波系,可以获得综合性能优良的基准流场。

　　对于超声速流场,给定弯曲激波形状来计算激波后流场,归为一类 Cauchy 问题。这类问题要求特征线与初值线不相切,这样给定的弯曲激波在物理上才能存在。否则,特征线网格会出现反向折叠。特征线法也不能直接应用于流动参数不连续的区域,遇到超声速流场存在激波的情形,必须将激波前后关系式与特征线结合起来使用。对于前缘入射激波 AC,在自由来流条件下,弯曲激波的形状可以通过给定其径向的总压恢复系数分布 $\sigma_i(R)$ 来确定,根据斜激波关系式求出波后各点参数。这些波后点构成一条初值线 AC,从该初值线出发应用内点单元过程求解波后流场,同时从激波起始点 A 出发进行流线追踪可获得相应的弯曲压缩面 AB,弯曲激波的设计过程以一条右行特征线 BC 结尾。

　　反射激波 CD 设计过程与前缘激波类似,在②区流场完全确定的前提下,由于激波角大于马赫角,所以反射激波一定在基准流场压缩面决定的计算区域内,即反射激波波前参数已知。然后从中心体处反射激波起始点 C 开始,根据该点波后总压就可以通过斜激波关系式求得该点反射激波的斜激波角度和其他参数。对于下一个反射激波点 G 的求解,先假设 G 点在 C 点斜激波方向的直线上,由此获得 G 点的空间坐标。G 点的波前参数由距离该点最近的三个已知点插值获得,具体插值公式为

$$f = w_1 f_1 + w_2 f_2 + w_3 f_3 \qquad (6-17)$$

式中　w_1、w_2、w_3——距离权重系数,$w_1 + w_2 + w_3 = 1$;

　　　f_1、f_2、f_3——三个已知点的某物理参数和位置坐标;

　　　f——待求点物理参数和位置坐标。

根据 G 点的波后总压,就可以求得该点处的反射激波角度,到此预估计算完成。然后,取 A 点和 G 点处斜激波角度的平均值进行校正计算,获得 G 点的新坐标。重复以上计算过程,直到相邻两次计算的空间坐标误差在给定的范围内,此时 G 点的坐标和参数最终确定。采用同样的方法计算出反射激波后其他各点,直至反射激波与压缩面相交为止。以反射激波 CD 为初值线,采用内点单元计算过程计算波后流场,同时从 C 点开始往下游追踪流线,就可以获得激波所决定的中心体型线 CE,DE 为结尾左行特征线。

图 6-65 给出了以上设计思想构成的特征线计算网格图,图中蓝色网格区域 ABC 为前缘入射激波 AC 决定的区域,红色的流线 AB 为前缘入射激波所决定的压缩面,红色区域 CDE 为反射激波 CD 决定的区域,绿色的流线为反射激波所决定的中心体型线。中间的等熵压缩面 BD 由给定的马赫数分布规律进行反设计。

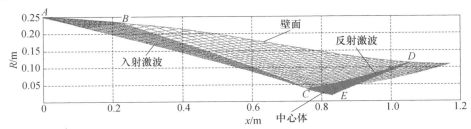

图 6-65　给定激波配置的"两波三区"基准流场的特征线网格

6.7.2　双弯曲入射激波基准流场设计方法

利用二维有旋特征线法,给出了给定激波配置的双弯曲入射激波基准流场设计方法。基准流场的流场结构见图 6-66,它分为"三波四区",三波为两道入射激波 AC 和 DC 及一道反射激波 CF,四区分别为:①第一道入射激波的波前区;②两道入射激波的波间区;③第二道入射激波与反射激波的波间区;④反射激波后的波

后调整区。具体设计方法如下：①三道激波 *AC*、*DC* 和 *CF* 通过给定激波强度沿径向的分布进行反设计。*AB*、*DE* 和 *CG* 分别是三道激波所决定的压缩面。以 *DC* 为例，此时激波的波前流场已知，从 *C* 点开始利用斜激波关系式求解出波后所有点参数，直至激波 *DC* 与压缩面 *AD* 相交。接着以 *DC* 的波后点作为初值线计算波后流场，同时从 *D* 点出发进行流线追踪得到对应的压缩面 *DE*，*CE* 为结尾特征线。②压缩面 *BD* 和 *EF* 可以采用第 2 章的设计方法给定沿程马赫数分布规律反设计。③中心体曲线 *CGH* 中的 *GH* 是与 *CG* 相切的二次曲线，当然 *GH* 也可以通过给定压缩面参数进行反设计。设计过程中要求两道入射激波 *AC* 和 *DC* 交于中心体起始点 *C*，出口 *FH* 尽可能均匀。从以上设计过程可以看出，通过调整两道入射激波强度以及后接的沿程马赫数分布可以分配②和③区的压缩比例及压缩效率；调整 *EF* 的马赫数梯度分布不但可以调整外压缩比例和内收缩比，而且可以控制压缩面边界层的稳定性。由于 *BD* 和 *EF* 是等熵压缩，为了提高基准流场的压缩效率，可以在保证长度要求的前提下尽可能增加等熵压缩的比例；反射激波 *CF* 强度减小，基准流场压缩效率将得以提高，但此时反射激波角减小，其与压缩面的交点后移，基准流场长度和内收缩比都有所增加。

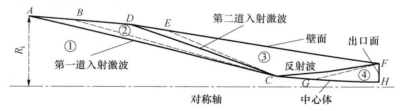

图 6−66　给定激波配置的双弯曲入射激波基准流场结构示意图

第7章 高超声速弯曲激波压缩进气道的反设计与试验

在前面曲面压缩和弯曲激波反设计基本概念的基础上,本章将介绍这种新型设计概念一些实用化的设计方法,包括外压段三段压升的曲面压缩二维进气道反设计、内外压缩面全流道压升可控的曲面压缩二维进气道的设计、压升可控的曲面压缩轴对称进气道反设计、马赫数分布可控的曲面压缩侧压式进气道以及曲面压缩内转进气道的反设计方法,理论设计完成后的进气道压缩面型面进行边界层修正。必须强调的是本章介绍的这四种进气道气动设计实例只是为了说明如何实现由气动参数分布出发具体设计一个进气道的全过程,并没有刻意追求某一方面的高性能。毋庸置疑,曲面压缩进气道的综合性能高、性能提升潜力大、设计手段灵活性强,可以给高超压缩系统设计者为实现某些特殊需求提供更宽广的设计平台。

7.1 三段压升反设计曲面压缩二维进气道[42]

7.1.1 进气道设计方法

研究表明,对于超声速/高超声速进气道,它的压缩面采用分段有别的升压规律,可以获得不同特性的高性能进气道构型,而三段压升反设计的方法不但设计方法灵活,而且可以得到综合性能优良的超声速曲面压缩二维进气道,是一种可以满足工程需求相当实用的反设计方法。

图 7-1 就是这种曲面压缩二维进气道反设计方法的示意图。

外压缩面应用式(7-1)的压强分布函数进行反设计,压缩面压力梯度控制点取 $N=4$,各节点等间距分布为

$$p(x) = G_i(x - x_i) + \frac{1}{2}\left(\frac{G_{i+1} - G_i}{x_{i+1} - x_i}\right)(x - x_i)^2 + p(x_i), \quad x_i < x \leqslant x_{i+1}$$

$$G(x) = G_i + \frac{G_{i+1} - G_i}{x_{i+1} - x_i}(x - x_i), \quad x_i < x \leqslant x_{i+1} \tag{7-1}$$

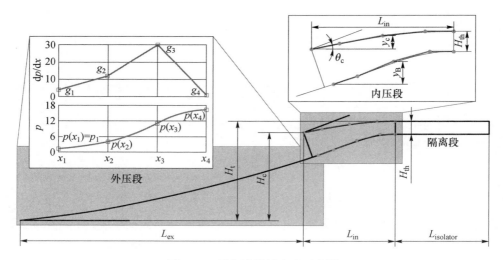

图 7-1　进气道设计方法示意图

式中压强均以来流压强 p_0 无量纲化,以进气道捕获高度作为参考长度。G_1、G_2、G_3 和 G_4 分别为 x_1、x_2、x_3、x_4 处的无量纲压力梯度。这样确定压强分布函数需要五个独立的无量纲设计参数:弯曲激波前端点的压比 p_d,以及压力梯度 G_1、G_2、G_3 和 G_4,这是反设计外压段曲面压缩面的主要参数。

外压段与隔离段之间采用两条 NURBS 曲线作为进气道内压段的顶板和外罩弯曲型面。两条曲线均为由 5 个控制点生成的 6 阶 NURBS 曲线,各控制点权因子均取为 1,横坐标等间距分布。顶板的曲线两端分别与外压段、隔离段在端点处相切;唇口板曲线后端与隔离段在端点处相切,前端点根据无黏情况下的唇口位置前移距离 L_d 确定,切线由指定的唇口压缩角 δ_C 决定,这样生成两条曲线还需要各自中间控制点的纵坐标 y_B、y_C 两个参数。另外,指定唇口与喉道之间的长度 L_{in}、总收缩比 CR、进气道总高度 H_t。其中长度均以捕获高度 H_c 无量纲化,这样就有 7 个独立的无量纲设计参数。

综上所述,确定来流条件及捕获高度后,进气道型线设计方案由 $\bar{p}_1$、$\bar{g}_1$、$\bar{g}_2$、$\bar{g}_3$、$\bar{g}_4$、δ_C、L_d、L_{in}、CR、H_t、y_B 和 y_C 这 12 个无量纲设计参数确定。进气道气动构型完成后,就用数值方法计算流场。

应用优化方法的计算系统,对 12 个设计参数各取 3 个水平,按照正交表 $L243$ (3^{12}) 选取 243 组设计参数组合进行了计算,据此结果构造了估算进气道性能参数的二次响应面模型:

$$y_k = c_{k0} + \sum_{i=1}^{12} c_{ki}x_i + \sum_{i=1}^{12} c_{kii}x_i^2 + \sum_{i=1}^{11}\sum_{j=i+1}^{12} c_{kij}x_ix_j \tag{7-2}$$

式中 y——曲面的各性能参数；

$\qquad x$——设计参数；

$\qquad c$——最小二乘法拟合样本数据获得的系数。

主要性能参数的拟合精度见表 7-1，其中均方根误差 RMS 越接近 0、决定系数 R^2 越接近 1，表示精度越好。

表 7-1 近似模型中部分性能参数的精度

	RMS	R^2
内收缩比	0.01	1.00
$Ma_\infty 6$ 喉道马赫数	0.19	0.53
$Ma_\infty 6$ 喉道总压恢复系数	0.06	0.96
$Ma_\infty 4$ 流量系数	0.02	0.99
$Ma_\infty 7$ 喉道总压恢复系数	0.06	0.97
$Ma_\infty 7$ 分离区大小	0.14	0.74

应用此近似模型构建优化模型，在 12 个设计参数确定的设计空间中，约束内收缩比不大于 2.2，以来流 $Ma_\infty 6$ 时喉道马赫数最低、总压恢复系数最高、$Ma_\infty 4$ 时流量系数最高以及 $Ma_\infty 7$ 时喉道总压恢复系数最高为优化目标，进行多目标优化设计。采用邻域培植遗传算法（NCGA），初始种群数 40，进化代数 100，交换概率 1.0，变异概率 0.01。从最终得到的 Pareto 解集中选取一组设计方案（表 7-2），其内收缩比 1.99，总收缩比 6.80，前缘压缩角 5.6°，总压缩角 18.8°，唇口压缩角 7.3°，前缘至喉道的长度为捕获高度的 4.11 倍，捕获比 0.89。其构型和主要性能参数见图 7-2 和表 7-3。

表 7-2 最优方案的设计参数取值

$\bar{p}_1$	$\bar{g}_1$	$\bar{g}_2$	$\bar{g}_3$	$\bar{g}_4$	δ_C	L_d	L_{in}	CR	H_t	y_B	y_C
2.18	4.90	6.99	7.16	9.36	7.28	0.07	1.00	6.80	1.13	0.2	0.3

表 7-3 进气道最优方案主要性能参数

Ma_∞	φ	喉道			出口		
		p^*/p_∞^*	Ma	p/p_∞	p_e^*/p_∞^*	Ma_e	p_e/p_∞
4	0.74	0.850	1.981	6.4	0.784	1.89	17.1
6	1.00	0.671	2.95	32.2	0.529	2.81	27.5
7	1.00	0.491	2.87	58.1	0.334	2.91	37.5

三维数值模拟得到的进气道性能如表 7-4 所列。

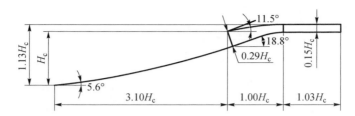

图 7 – 2   进气道最优方案的构型

表 7 – 4   数值模拟的进气道性能

马赫数	流量系数	喉道总压恢复	出口总压恢复	出口马赫数
4	0.739	0.817	0.686	1.75
6	1	0.602	0.397	2.36
7	1	0.455	0.250	2.38

$Ma4$、$Ma6$、$Ma7$ 数值模拟得到的对称面流场如图 7 – 3 所示。

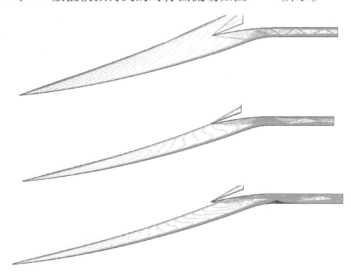

图 7 – 3 $Ma4$、$Ma6$、$Ma7$（自上至下）进气道对称面马赫数分布

7.1.2   进气道模型风洞试验

图 7 – 4 为试验模型的三维结构示意图,标出了各部分的名称和大致构造。图 7 – 5 和图 7 – 6 是模型在风洞试验段内的照片。

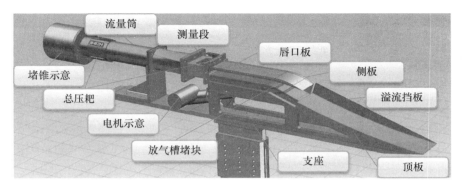

图 7 - 4　带放气机构的进气道模型结构示意图

图 7 - 5　安装在风洞中的模型　　　　图 7 - 6　放气槽打开的状态

在 $Ma_\infty 6$，$\alpha_\infty = 0°$的来流条件下，进气道顶板和唇口板中心线沿程压强的试验测量与计算结果如图 7 - 7 和图 7 - 8 所示。可见，数值计算的壁面压强分布规律与试验结果吻合很好。

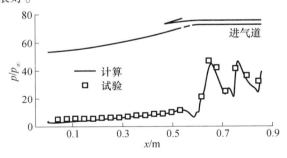

图 7 - 7　顶板压强分布

在来流 $Ma6$ 时拆除挡板，通过纹影观察了外压缩段弯曲激波的形态，以及堵锥节流使进气道进入不起动状态过程中外压段流场的变化，见图 7 - 9。

图 7 - 10 为隔离段出口截面静压、皮托压、总压和马赫数等参数的试验测量与数值模拟的对比。由于试验只测量了壁面静压，插值所得空间中的静压无法反映

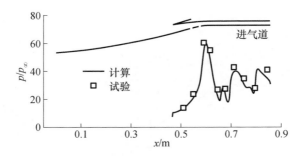

图 7 - 8　唇口板压强分布

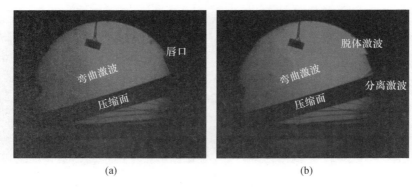

图 7 - 9　试验模型纹影照片

（a）起动；（b）不起动。

截面内的差异。但是也可看出该截面静压分布的趋势：两侧压强略高于中间，顶板处中心压强最低。试验皮托压分布与数值模拟对比表明两者趋势吻合较好，明显反映了顶板处边界层较厚，而且存在两个低压区，但由于测点较少，所得截面结果趋于平均，因此主流部分与计算值相比略低，而壁面附近与计算值相比略高。由试验数据计算出的总压分布和马赫数分布与此类似。

表 7 - 5 为进气道在设计状态下的主要性能参数的试验和计算结果。数值计算和风洞试验得到的隔离段出口截面总压恢复系数与马赫数吻合较好，在一定程度上能够预测进气道总体性能。

表 7 - 5　进气道出口性能参数的试验和计算结果

性能参数	p_e^*/p_∞^*	p_e/p_∞	Ma_e	$p_{pitot.e}^*/p_\infty^*$
试验结果	0.442	39.6	2.48	0.212
计算结果	0.434	34.0	2.49	0.186
相对误差	−1.8%	−14.1%	0.4%	−12.3%

风洞试验达到了预期目的，进气道显示了良好的气动性能。

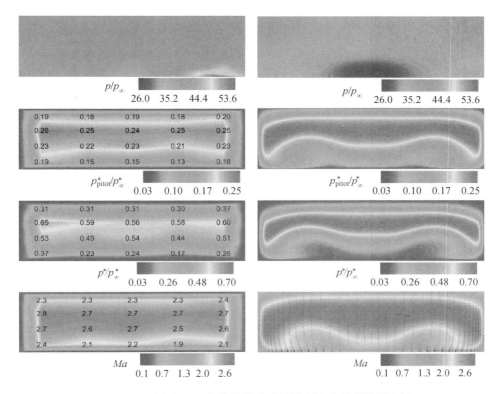

图 7 - 10　隔离段出口各参数的试验结果(左)和计算结果(右)

7.2　全流道压升反设计曲面压缩二维进气道[42]

7.2.1　设计方法

典型的二元弯曲激波进气道在设计点的流场结构如图 7 - 11 所示,可见流场可划分为若干个由壁面及其上下游两道激波围成的类似三角形的区域。每个区域上游的激波是来流被该壁面压缩形成的,下游的激波是由该壁面上气流被对侧壁面压缩形成的反射激波,同时也是对侧壁面上游的激波。因此,如果指定了进气道流道各部分壁面的压强分布,沿来流方向从上游向下游逐个区域进行求解(图 7 - 12 ~ 图 7 - 14),即可反设计得到整个进气道流道的壁面型线。

首先进行外压缩段的反设计(图 7 - 12 区域 1),上游条件即均匀的自由来流,指定顶板壁面前部的压强分布(图 7 - 12 中 $p_1(x)$),利用第 2 章所述特征线法可以反设计这一部分壁面形状,同时得到前缘激波以及区域内的气流参数。

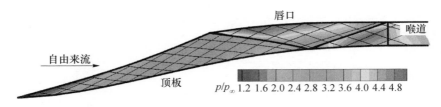

图 7 - 11　弯曲激波压缩进气道流道及流场示意图

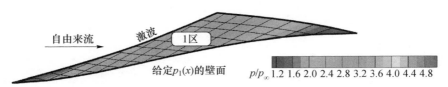

图 7 - 12　区域 1 壁面反设计的特征线网格示意图

图 7 - 13 中区域 2 的上游条件为区域 1 内的非均匀流场,指定唇口位置(设计状态时唇口应位于前缘激波上)及唇口板前部壁面压强分布(图 7 - 13 中 $p_2(x)$),可反设计唇口前部壁面形状,同时得到区域 2 流场参数。区域 2 上游的激波即唇口反射波,其形状是由区域 1 的流场与唇口板压强分布 $p_2(x)$ 决定的。

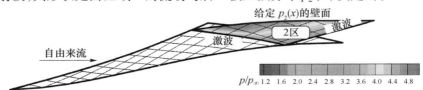

图 7 - 13　区域 2 壁面反设计的特征线网格示意图

与区域 2 的求解过程类似,指定顶板后部的压强分布(图 7 - 14 中 $p_3(x)$)后即可在区域 2 的流场后反设计区域 3 的壁面并计算其流场(图 7 - 14)。区域 3 上游的激波是唇口反射波在顶板上继续反射形成的。

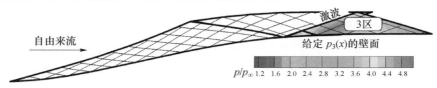

图 7 - 14　区域 3 壁面反设计的特征线网格示意图

重复类似的过程直至出口几何参数或气流参数满足进气道的要求,就得到了图 7 - 11 所示的进气道顶板、唇口组成的整个进气道外压缩、内压缩流道。

按照这种设计方法设定的各区域内的壁面压强分布函数决定了最终得到的进气道方案。通过给定合理的压强分布就可以实现较高的压缩效率,尤其在内压段,唇口板上合理的压强分布能够有效避免唇口反射激波与压缩波在顶板上汇聚,同时也可通过调整顶板膨胀段的压强分布避免反射激波在此处强度骤增,有利于避免边界层发生分离。

本书研究中各部分壁面压强分布函数采用第 3 章所述 Hermite 插值函数的形式:

$$f_{\bar{p}}(\bar{x}) = \bar{p}_i + (\bar{x} - \bar{x}_i)\bar{g}_i + \frac{1}{2}(\bar{x} - \bar{x}_i)^2\left(\frac{\bar{g}_{i+1} - \bar{g}_i}{\bar{x}_{i+1} - \bar{x}_i}\right), \ \bar{x}_i \leqslant \bar{x} \leqslant \bar{x}_{i+1}, \ i = 1, 2, \cdots, N-1$$

$$(7-3)$$

图 7 - 15 为进气道顶板压缩面取 $N = 7$、唇口板压缩面取 $N = 4$ 的示例,其中各节点等间距分布,因此整个进气道共有 13 个设计参数,分别为顶板前缘压比 $\bar{p}_{t,1}$、唇口前缘压比 $\bar{p}_{c,1}$、顶板 7 个节点和唇口 4 个节点处无量纲化后的压力梯度 $\bar{g}_{t,1}$ ~ $\bar{g}_{t,7}$、$\bar{g}_{c,1}$ ~ $\bar{g}_{c,4}$。本章的设计实例中,参考长度取为捕获高度 $H = 150\text{mm}$,参考压强为来流静压。

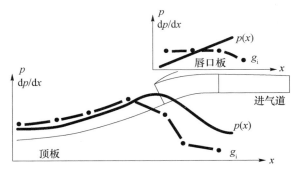

图 7 - 15　进气道设计参数示意图

根据这些设计参数确定压强分布后,即可反设计出进气道型面,同时计算出无黏流场,考虑边界层的影响进行简易修正后通过数值模拟可得到进气道流场参数及其压缩性能。计算设计点为来流 $Ma6$。

在设计分析优化系统中完成全部设计过程(图 7 - 16),其中集成了进气道的反设计程序及数值模拟软件,能够完成从输入设计参数、生成整个进气道构型并计算其无黏流场、生成 CFD 网格并完成有黏数值模拟,最终输出压缩面性能参数的过程,使计算过程自动化以减小工作量和出错概率,并可根据设计经验在进行数值模拟之前排除性能明显较差的方案,节省运行时间,高效完成大规模的抽样计算。

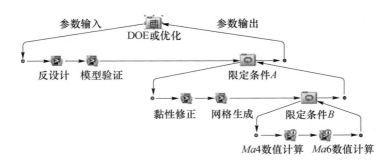

图 7 - 16　进气道优化设计的流程

本书设计参数取值范围见表 7 - 6,进气道网格量约为 10 万,普通计算机(CPU 为 intel i7 2600,内存 8GB)每小时约可完成 6 组设计方案的计算分析。通过正交设计及优化拉丁超立方抽样,对 1485 组有效方案进行了计算。根据抽样计算的数据构造了能够直接估算进气道性能参数的多项式响应面模型。

表 7 - 6　设计参数取值范围

设计参数	$\bar{p}_{t,1}$	$\bar{g}_{t,1}$	$\bar{g}_{t,2}$	$\bar{g}_{t,3}$	$\bar{g}_{t,4}$	$\bar{g}_{t,5}$	$\bar{g}_{t,6}$	$\bar{g}_{t,7}$	$\bar{p}_{c,1}$	$\bar{g}_{c,1}$	$\bar{g}_{c,2}$	$\bar{g}_{c,3}$	$\bar{g}_{c,4}$
下限	1.1	0.01	0.01	0.01	0.01	-8.0	-8.0	-8.0	1.0	0.02	0.02	0.02	-8.0
上限	3.1	3.0	3.0	6.0	6.0	-1.0	-1.0	-1.0	3.0	5.0	6.0	5.0	0

在抽样计算得到的 1485 组数据中,设定如下约束:内收缩比小于 2.1,来流 $Ma_{\infty}6$ 时喉道马赫数小于 3.2,捕获比(捕获高度与总高度之比)大于 0.9,满足此约束的结果有 573 组。然后根据喉道截面总压恢复系数和 $Ma_{\infty}4$ 时流量系数的分布确定了一组优选方案。虽然计算结果中存在喉道截面总压恢复系数和 $Ma_{\infty}4$ 时流量系数均更高的方案,但不满足以上约束,综合性能不佳(例如压缩量不足、起动性能差或迎风阻力较大)。

优选的进气道设计参数见表 7 - 7,几何构型见图 7 - 17,其捕获高度 150mm,外压段长度为捕获高度的 3.37 倍,内压段长度为捕获高度的 1.54 倍,捕获比 0.90,总收缩比 6.16,内收缩 2.09,前缘压缩角 7.04°,总压缩角 15.9°,唇口前缘与来流方向夹角 4.1°,逐渐增大到 10.1°。

表 7 - 7　优选进气道设计参数取值

$\bar{p}_{t,1}$	$\bar{g}_{t,1}$	$\bar{g}_{t,2}$	$\bar{g}_{t,3}$	$\bar{g}_{t,4}$	$\bar{g}_{t,5}$	$\bar{g}_{t,6}$	$\bar{g}_{t,7}$	$\bar{p}_{c,1}$	$\bar{g}_{c,1}$	$\bar{g}_{c,2}$	$\bar{g}_{c,3}$	$\bar{g}_{c,4}$
2.60	0.10	1.27	0.11	4.64	-3.63	-2.77	-5.86	1.95	1.80	4.41	3.34	-1.12

进气道在不同马赫数下主要性能参数见表 7 - 8,流场压强分布见图 7 - 18。来流 $Ma4$ 时流量系数可达到 0.76,而相同外收缩比下按照等强度配波原则设计的三楔压缩进气道在来流 $Ma4$ 时流量系数仅为 0.70。其在低马赫数下流量损失较

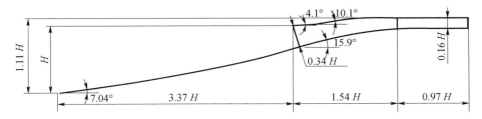

图 7 - 17　优选进气道几何构型

小的原因:一方面是由于外压段长度较短,同时凹形前缘激波在低马赫数下形成的溢流窗小于常规的多道直激波;另一方面是在设计点时外压缩面中部有较弱的压缩波进入了内通道,而在低马赫数时中部压缩波接近封口,因此减少了溢流。而且唇口型面自动调整为先增大的形状适应进入内部的压缩波。

表 7 - 8　优选进气道主要性能参数

Ma_∞	φ	喉道			出口		
		p^*/p_∞^*	Ma	p/p_∞	p_e^*/p_∞^*	Ma_e	p_e/p_∞
7	1.00	0.51	3.3	27.7	0.39	3.0	31.9
6	0.98	0.62	3.0	22.4	0.52	2.8	25.3
4	0.76	0.74	1.8	17.2	0.66	1.7	18.1

　　该优选进气道唇口型面由压强分布反设计得到,而常规唇口板设计往往在确定了进气道内收缩比及捕获比后直接采用圆弧过渡,图 7 - 19(b)即为采用圆弧唇口代替当前优选唇口型面后的内压缩段流场。从图 7 - 19 的流场马赫数等值线、图 7 - 20 的壁面压强分布可见,圆弧唇口前缘激波压缩较弱,而在中部壁面压强急剧上升,形成较强的压缩甚至产生激波,很容易与唇口板前缘反射激波相交加强而导致顶板边界层分离。与此不同,优选进气道方案虽然唇口板前端压缩较强,而之后略微膨胀再缓慢上升,有效避免了上述相交的现象,有利于避免顶板和唇口板边界层分离。

7.2.2　进气道模型风洞试验[42,55]

　　图 7 - 21 是试验模型不同角度的照片。

　　试验通过出口截面静压、皮托压的测量结果换算得到进气道性能参数(表 7 - 9),其中包括六种工况下的通流性能,及对四种工况临界状态性能的估计。表 7 - 9 中攻角 α_∞ 为正值时表示气流偏向进气道顶板一侧。

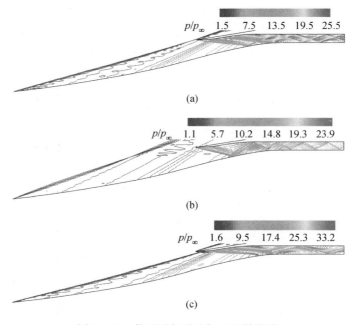

(a)

(b)

(c)

图 7 – 18　优选进气道流场压强等值线

（a）$Ma_\infty 6$；（b）$Ma_\infty 4$；（c）$Ma_\infty 7$。

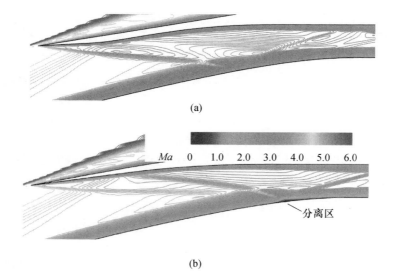

(a)

(b)

图 7 – 19　两种唇口设计方案内通道马赫数等值线

（a）优化唇口；（b）圆弧唇口。

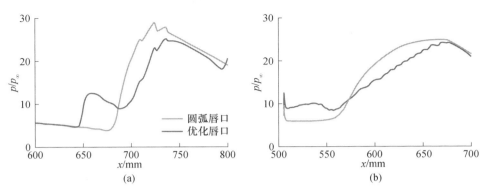

图 7 – 20 两种唇口设计方案内通道壁面压强分布

（a）顶板；（b）唇口。

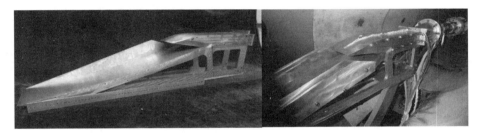

图 7 – 21 风洞试验的进气道模型

表 7 – 9 风洞试验得到的进气道出口截面总体性能

来流		没有节流				临界条件		
Ma_∞	α_∞	φ	p_e/p_∞	p_e^*/p_∞^*	Ma_e	p_e/p_∞	p_e^*/p_∞^*	Ma_e
5	0	0.96	21.8	0.584	2.33			
5	8	0.84	40.2	0.445	1.78			
6	0	1.17	30.2	0.509	2.70	< 132.2	> 0.241	> 1.23
6	4	1.16	44.1	0.427	2.37	157.5 ~ 191.7	0.270 ~ 0.230	1.20 ~ 0.94
7	0	0.98	> 26.6	< 0.377	< 3.20	> 126.6	< 0.142	< 1.52
7	4	0.94	> 41.7	< 0.258	< 2.66	> 180.9	< 0.122	< 1.22

　　对表中六种工况的进气道通流性能进行了计算,计算结果及与试验的误差见表 7 – 10。其中试验与计算的流量系数差异较大,主要原因在于试验误差;$Ma_\infty 7$ 时计算结果中流量系数略大于 1,原因在于前缘挡板的影响。

表 7-10　数值计算得到的进气道通流性能及与试验结果的比较

来流		计算结果				与试验结果误差			
Ma_∞	α_∞	φ	p_e/p_∞	p_e^*/p_∞^*	Ma_e	$\varphi/\%$	$p_e/p_\infty/\%$	$p_e^*/p_\infty^*/\%$	$Ma_e/\%$
5	0	0.88	21.1	0.593	2.33	-8.5	-3.1	1.6	0.0
5	8	0.79	40.7	0.428	1.74	-6.0	1.2	-3.7	-2.5
6	0	1.00	26.4	0.505	2.75	-15	-12	-0.8	1.9
6	4	0.98	38.3	0.414	2.41	-15	-13	-3.0	1.8
7	0	1.07	32.3	0.389	3.05	9.3	<22	>3.2	>-4.8
7	4	1.07	49.2	0.298	2.63	13	<18	<15	>-1.1

图 7-22、图 7-23 是 $Ma6$ 和 $Ma5$ 时的风洞试验纹影照片。

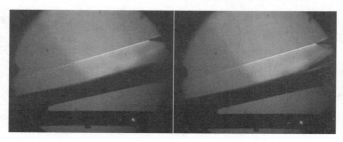

图 7-22　$Ma6$ 设计点波系(左图起动,右图未起动)

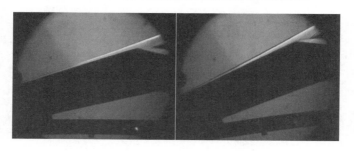

图 7-23　$Ma5$(左图 0°攻角,右图 8°攻角)

给定进气道内外压缩面全流道升压规律反设计整个进气道是一种全新的尝试,风洞试验表明,经优化设计的进气道性能良好,总压恢复、流量系数、抗反压能力都达到很高的水平,证明所建立的新设计方法科学可行,是提高进气道综合性能的有益尝试。同时,试验数据与数值模拟结果也吻合较好,试验达到了预定目的。

7.3　三段压升反设计曲面压缩轴对称进气道[42,56]

7.3.1　设计方法

借鉴二维进气道的分段设计理论,对于压升规律可控的轴对称压缩面,也采用类似的反设计方法,将压缩锥用 A、B、C 及 D 四点把曲锥压缩面分成三段,见图 7-24,给定这些点压力梯度,每段的压力梯度线性分布,选择 $Ma6$ 的总压恢复系数 σ 及增压比 π_k 最大,$Ma4$ 时流量系数 φ 最大为目标,优化设计轴对称进气道外压段和整个进气道,设计结果见图 7-25。

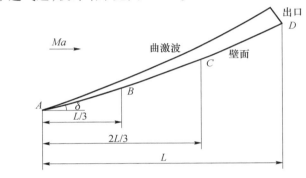

图 7-24　三段升压轴对称压缩面

图 7-25　三段升压优化设计的曲锥轴对称进气道

这种设计方法形成了具有特殊形状的曲锥压缩面,为了评判利用压升规律设计的曲面压缩轴对称进气道的优缺点,在相同的约束条件下比较了下列三种轴对称进气道:

(1) 常规三锥轴对称进气道。

(2) 锥加等熵压缩轴对称进气道。

(3) 三段升压反设计的曲面压缩轴对称进气道。

数值研究表明:

（1）曲面压缩高超轴对称进气道能有效缩短进气道的长度,其长度较三锥进气道及等熵锥进气道分别短了 11.8% 和 26.8%。

（2）曲面压缩高超轴对称进气道 $Ma4$ 接力点流量系数比三锥、锥加等熵进气道分别高 19.3% 和 24.2%。

（3）曲面压缩轴对称进气道具有较好的自起动特性,自起动马赫数约为 3.5。

（4）曲面压缩轴对称进气道 $Ma6$ 设计点总压恢复介于三锥进气道与等熵进气道之间。

$Ma4$ 的总压恢复比三锥、锥加等熵分别高 6.32% 和 4.99%。

可见,这种反设计的曲面压缩轴对称进气道具有压缩面长度短、接力点流量系数高、自起动性能好、总压恢复好等突出优点。

7.3.2 进气道模型风洞试验

所设计的曲面压缩轴对称进气道完成了 $Ma5$、$Ma6$、$Ma7$ 的风洞试验,图 7-26 为试验中拍摄的波系纹影照片,可见明显的弯曲锥形激波。

表 7-11 列出了 $Ma5$、$Ma6$、$Ma7$ 的主要试验结果,同时给出了数值模拟结果以资比较。

表 7-11 风洞试验结果(Exp)及与数值模拟结果(CFD)的对比

Ma	攻角/(°)	流量系数		总压恢复系数	增压比	出口 Ma_e
7	0	PSI 数据采集出错				
6	0	CFD	1	0.499	22.9	2.79
		EXP	≥1	0.506	25.1	2.86
	2	CFD	0.99	0.492	22.9	2.78
		EXP	≥1	0.521	26.15	2.85
	4	CFD	0.969	0.465	22.9	2.75
		EXP	≥1	0.562	25.6	2.92
	6	CFD	0.939	0.428	23.2	2.75
		EXP	≥1	0.530	24.1	2.91
5	0	CFD	0.869	0.665	15.7	2.59
		EXP	≈1	0.708	16.7	2.65
	4	CFD	0.860	0.662	14.9	2.62
		EXP	0.987	0.664	16.5	2.61
	8	CFD	0.866	0.625	15.2	2.58
		EXP	0.929	0.588	16.1	2.54

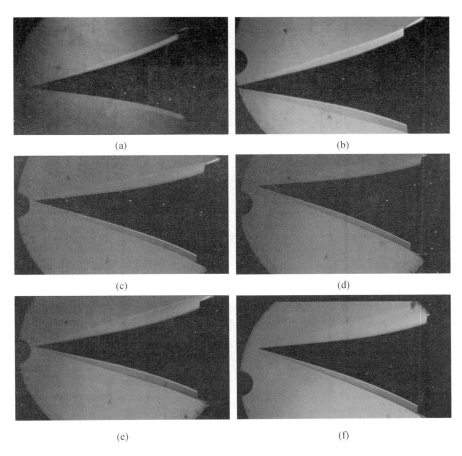

图 7 - 26　曲面压缩轴对称进气道 *Ma*5、*Ma*6、*Ma*7 试验纹影照片

（a）*Ma*7,0°攻角；（b）*Ma*6,0°攻角；（c）*Ma*6,4°攻角；（d）*Ma*6,6°攻角；
（e）*Ma*5,4°攻角；（f）*Ma*5,8°攻角。

　　试验获得了曲面压缩轴对称进气道的基本性能。从表 7 - 11 中可以看出,进气道的总体性能表现优异,与数值模拟结果也比较接近,试验研究达到了预期目标。

7.4　等马赫数梯度反设计曲面压缩侧压式进气道[53,54,57,58]

7.4.1　设计方法

以等熵压缩高超侧压式进气道（图 7 - 27（a））为基础,在相同的气动约束和几何约束条件下,确保进气道的外形尺寸、总压缩量、侧板形状相同,采用壁面马赫数线性分布的曲面压缩面替代参考进气道的等熵压缩顶板,侧板也替换为壁面马赫数线性分布的曲面压缩面,得到新型双侧等马赫数梯度设计的曲面压缩侧压式进气道(图7-27(b))。所设计的进气道侧向收缩比为2.0、总收缩比为6.14、内收缩比为1.56,侧板前缘前掠角度为40°。

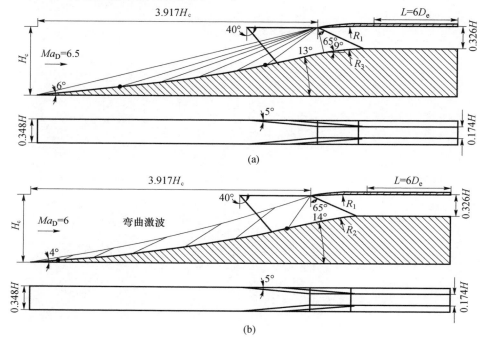

图 7 - 27   两种侧压式进气道的气动构型

(a)等熵压缩参考侧压式进气道;(b)双侧等马赫数梯度反设计的曲面压缩侧压式进气道。

顶板壁面设计 *Ma*6,给定壁面马赫数分布规律如图7-28所示,压缩面初始压缩角为4°,总偏转角为14°;侧板同样为壁面马赫数线性分布的曲面压缩面,初始压缩角同样为4°,总偏转角为6.15°,见图7-29。

根据数值模拟并优选了适当的马赫数梯度,设计了进气道模型并进行风洞试验校核。

7.4.2   进气道模型风洞试验

1. 进气道模型

根据目前国内高超声速风洞具体尺寸和模型的气动构型,进行曲面压缩侧压式进气道三维建模和结构设计,图7-30给出了进气道模型示意图,模型实物照片

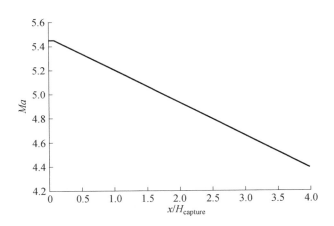

图 7 - 28　设计的顶板壁面马赫数分布

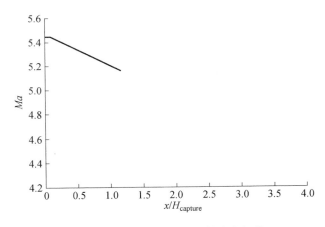

图 7 - 29　设计的侧板马赫数分布规律

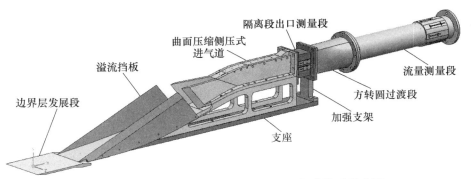

图 7 - 30　双侧等马赫数梯度反设计的进气道模型示意图

如图 7-31 所示。该模型由边界层发展段、曲面压缩侧压式进气道本体、隔离段、出口测量段、方转圆过渡段、流量测量段、溢流挡板、加强支架以及支座等部件构成。

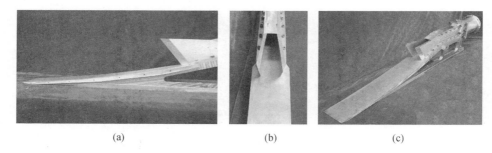

(a)　　　　　　　　　　　(b)　　　　　　　　　　　(c)

图 7-31　双侧等马赫数梯度反设计的进气道模型实物照片

(a) 曲面顶板；(b) 曲面侧板；(c) 曲面压缩侧压式进气道。

进气道沿程共布有 77 个静压测点，隔离段出口测量截面布置 5 个总压耙，共 25 个皮托压测点。流量测量段采用等环面法布置的"米"字总压耙，在流量测量段出口用步进电机堵锥模拟进气道下游反压。

2. 双侧等马赫数梯度反设计侧压式进气道风洞试验

图 7-32 是试验模型在风洞中的实物照片。

图 7-32　试验模型在风洞中实物照片

表 7-12 ~ 表 7-14 列出了风洞试验和数值模拟获得的进气道通流性能对比。

表 7-12　$Ma5$、0°攻角进气道总体性能

$Ma5$	总压恢复	增压比	马赫数
数值	0.619	23.87	2.23
试验	0.634	20.24	2.41

表 7 – 13　*Ma*6、0°攻角进气道总体性能

*Ma*6	总压恢复	增压比	马赫数
数值	0.504	31.51	2.52
试验	0.544	27.98	2.70

表 7 – 14　*Ma*7、0°攻角进气道总体性能

*Ma*7	总压恢复	增压比	马赫数
数值	0.377	41.28	2.67
试验	0.402	36.86	3.10

作为侧压式进气道,它的大部分性能都优于以往研究的简单楔形侧压式进气道;从数值模拟看,也与等熵压缩顶板设计的参考进气道相当,个别参数优于参考进气道,而该参考进气道的侧板设计依据传统的设计方法,还是简单的几何构型,并没有从气动原理上进行设计。图 7 – 33 给出了风洞试验拍摄的激波纹影照片。

 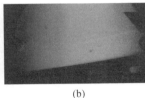 

(a)　　　　　　　　　(b)　　　　　　　　　(c)

图 7 – 33　*Ma*5、*Ma*6、*Ma*7 试验激波纹影照片

(a) *Ma*5;(b) *Ma*6;(c) *Ma*7。

风洞试验达到了预期目标。风洞试验和数值模拟说明,采用等马赫数梯度设计原则可以获得一个高性能的侧压式进气道气动设计,进而为这一类便于模块化设计的进气道提供了一种更有科学内涵的反设计方法。

7.5　反正切压升反设计曲面压缩矩形转圆内转进气道[52,53,59]

7.5.1　进气道设计方法

在内转进气道气动设计中应用反设计方法,研究带斜楔前体的矩形转圆内收缩进气道设计方法和性能特点。

为了研究带前体的进气道流场及性能,采用斜楔模拟飞行器前体,进气道采用

新型的变中心体基准流场。为了在基准流场中获得较合理的升压规律,选取了反正切曲线作为基准流场的壁面压升规律。这种压升规律前面压力梯度小,利于减弱初始段的升压速率,中间压力梯度大,承担大部分的气流压缩使命,后段压力梯度减小,可缓解内压缩的不利效应,由于压缩过程大部分由曲面发出的等熵压缩波完成,故这种压升规律有可能作为性能优良的高超声速内收缩进气道基准流场的压升方式。考虑到进气道的宽工作马赫数范围,兼顾高低马赫数的进气道性能协调,选择基准流场设计点 $Ma5.4$,前缘压缩角取 $3°$,中心体半径为进口半径的 20%,压升规律为

$$p(x)/p_r = c \cdot \arctan(a(x-b)) + 1.0 + c \cdot \arctan(ab) \qquad (7-4)$$

式中系数 a、b、c 经参数化研究后的取值见表 $7-15$。

表 $7-15$　基准流场设计参数

Ma	$\delta/(°)$	R_{cb}/R_i	a	b	c
5.4	3	0.2	1.25	1.84	1.49

设计进气道采用变中心体基准流场,设计点 $Ma5.4$,其收缩比为 6.62,流场结构见图 $7-34$。

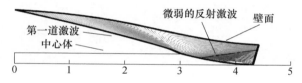

图 $7-34$　基准流场等马赫线

最终设计出的进气道气动构型如图 $7-35$ 所示。进气道捕获面积为 $0.0247\mathrm{m}^2$,收缩比为 7.0,内收缩比为 1.25,总长为 $2236\mathrm{mm}$,喉道直径为 $95\mathrm{mm}$,隔离段长为 $665\mathrm{mm}$。

图 $7-35$　进气道方案气动构型

对这种进气道的流场结构及总体性能做了数值研究。在进气道设计点 $Ma6$、接力点 $Ma4$ 和中间 $Ma5$ 三个典型状态对进气道进行了三维黏性数值模拟,图 $7-36$ ~ 图 $7-38$ 分别为三个马赫数状态的流场结构。进气道喉道前存在四道激波,分别为前体前缘激波、进气道前缘激波、进气道前缘激波的反射激波及唇口

激波,由于采用了新型变中心体基准流场,后两道激波较弱,内压段激波边界层相互作用也较弱,进气道在 *Ma*4~6 范围内流场结构较好,没有产生局部分离。设计点前体激波和进气道前缘激波交于唇口附近,溢流量较小。随着来流马赫数的降低,两道激波逐渐偏离唇口,从而产生溢流。隔离段内仍存在流向涡,随着来流马赫数的减小,流向涡的起始位置后移,*Ma*4 时流向涡起始位置约位于隔离段中间,随着来流马赫数的增高,流向涡也增强。

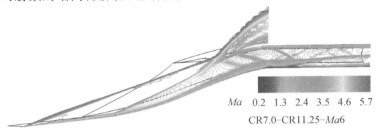

图 7－36　*Ma*6 流场等马赫线

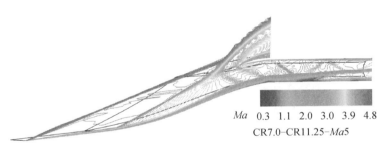

图 7－37　*Ma*5 流场等马赫线

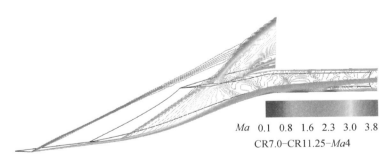

图 7－38　*Ma*4 流场等马赫线

表 7－16 给出了该进气道数值模拟的总体性能,可见它的总压恢复、流量系数在 *Ma*4~6 的范围都处于较高水平,特别值得一提的是它的起动马赫数低至 3.6 左右。

表 7 - 16　进气道总体性能参数

性能参数	ϕ	σ_{th}	p_{th}/p_∞	Ma_{th}	σ_e	p_e/p_∞	Ma_e
$Ma6$	0.95	0.753	25.19	3.06	0.598	28.42	2.77
$Ma5$	0.84	0.793	19.96	2.56	0.654	23.10	2.31
$Ma4$	0.68	0.824	16.44	1.92	0.696	18.92	1.72
$Ma3.6$	0.62	0.824	16.91	1.55	0.703	19.23	1.36

7.5.2　进气道模型风洞试验

1. 模型设计

考虑到实际可使用的风洞试验段尺寸,故对试验模型进行了缩比,并对缩比后进气道型面进行了三维建模,该模型由楔形前体、矩形转圆形进气道、圆形等直隔离段、测量段、溢流挡板、加强支架以及支座等部件构成。图 7 - 39 为进气道试验模型安装在风洞中的照片。

图 7 - 39　在风洞中进气道模型照片

风洞试验的进气道模型收缩比为 7.0,内收缩比为 1.25,喉道直径为 50mm,隔离段长度为喉道直径的 7 倍。图 7 - 40 给出了模型静压测点的布局。

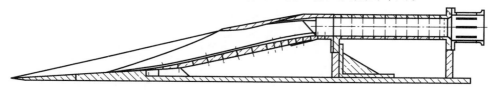

图 7 - 40　沿程静压测点布置图

进气道风洞试验安排在来流 $Ma6$ 和 $Ma5$ 下进行,在 $Ma6$ 进行正 4° 攻角的风洞试验,在 $Ma5$ 进行来流正 8° 攻角的吹风试验,以间接验证该模型在 $Ma4$ 的起动性能。

2. Ma6 试验结果分析

在 Ma6 正 4°攻角来流条件下进行了风洞试验。试验中测量了进气道的顶板和唇口板沿程压强分布,外压段压力梯度先增大后减小,明显具有反正切曲线的特征,喉道前存在两道激波引起了两次压升,由于采用了变中心体基准流场,两道激波均较弱,产生的压升较小,这对改善流场有利。在正 4°攻角状态,两道激波很接近,因而两次压升分隔不明显。数值结果和试验结果分布趋势基本吻合,数值模拟基本模拟出了进气道内部波系结构。表 7-17 给出了数值模拟和风洞试验的主要结果,可见二者基本吻合,而且该进气道 Ma6 的性能表现也较佳。

表 7-17　Ma6 正 4°攻角状态进气道总体性能

性能参数	σ_e	p_e/p_∞	Ma_e
数值模拟结果	0.521	44.32	2.41
试验结果	0.518	52.03	2.34

3. 进气道接力点起动性能研究

通过 Ma5 来流下,研究正 8°攻角状态的起动性能来间接验证进气道在 Ma4 来流下的起动性能。在 Ma5 正 8°攻角状态进行了两次风洞试验,一次为无放气状态,一次为开了中间两道放气槽,得到了两次试验状态进气道的沿程静压分布及总体性能。

表 7-18 给出了进气道在 Ma5 正 8°攻角状态的总体性能。在无放气状态,进气道处于不起动状态,总压恢复仅为 0.37,增压比高达 68 倍,而出口马赫数仅为 1.16。增压比高而出口马赫数接近临界表明不起动流场中的分离包较小,气动喉道和隔离段出口截面面积相当。这种软不起动流场已经较接近硬不起动,相比而言,硬不起动通过放气更容易实现起动,因而对这种不起动流场,通过较小的放气量使进气道起动是可能的。进气道经由放气起动后,总压恢复提高至 0.527,增压比降至 49 倍,而出口马赫数则增大至 1.73。起动后放气量约为唇口截面流量的 1.1%。数值模拟得到的进气道总体性能和试验结果相当,总压恢复略高,增压比略低。

表 7-18　Ma5 正 8°攻角状态进气道总体性能

性能参数		σ_e	p_e/p_∞	Ma_e
试验	不放气	0.370	68.42	1.16
	放气	0.527	49.45	1.73
数值模拟		0.550	46.19	1.79

4. 研究工作结论

采用新型反正切基准流场设计的圆形内收缩进气道相比传统进气道,可以有效改善内收缩进气道的压升规律,最终改善进气道的总体性能。它的唇口激波明显减弱,同时唇口激波、顶板边界层相互作用减弱,喉道附近流场结构改善,压缩效率明显提高,总压恢复可提高 8.6% 左右。同时隔离段内涡流区减小,总压损失亦减小。

采用新型基准流场的新型内收缩进气道,数值模拟显示起动性能优于传统内收缩进气道,进气道的起动马赫数在 3.5 ~ 3.6,隔离段出口马赫数为 1.36 ~ 1.38。

7.6 四波四区反设计曲面压缩内转进气道[53]

7.6.1 进气道设计方法

(1)采用反正切马赫数分布规律实现给定壁面马赫数分布反设计基准流场,马赫数分布见下式:

$$Ma(x) = Ma_r - \{c \cdot \arctan[a(x-b)] + c \cdot \arctan(ab)\} \qquad (7-5)$$

对应的壁面马赫数分布和压强分布见图 7-41。

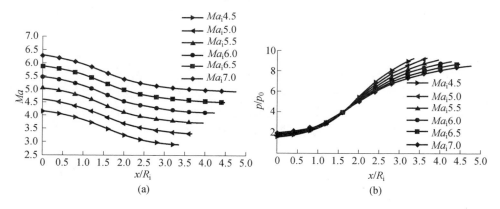

图 7-41 不同马赫数的基准流场壁面沿程马赫数分布(a)和压强分布(b)

(2)可控中心体"四波四区"新型基准流场,见图 7-42。

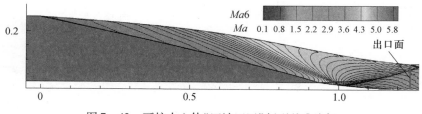

图 7-42 可控中心体"四波四区"新型基准流场

（3）在此基准流场基础上采用截面渐变技术设计方转圆内收缩进气道。

图 7－43 就是所设计的进气道风洞试验模型三维造型。

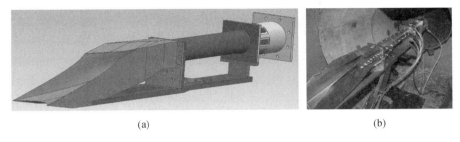

（a）　　　　　　　　　　　　　　　　　（b）

图 7－43　"四波四区"基准流场设计的方转圆内转进气道模型（a）及照片（b）

（4）研究放气槽的位置和大小对进气道的出口流场均匀性、起动性能和抗反压能力的影响,研究发现放气位置分别在肩部附近和分离区附近效果较好。在设计点打开肩部的放气槽,可以显著减小涡流区;在低马赫数时打开分离区的放气槽,可以提高进气道的自起动性能。

图 7－44 显示了模型对称面的气流流程和静压测点的布局。

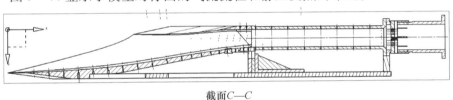

截面C—C

图 7－44　风洞试验模型纵剖面流道和测点分布

7.6.2　进气道模型风洞试验

风洞试验分别在 $Ma5$、$Ma6$、$Ma7$ 下进行,表 7－19 ～ 表 7－21 给出了试验模型出口截面的主要性能。

表 7－19　$Ma7.0$ 时进气道出口截面的总体性能

Ma_∞	φ	出口截面		
		σ_e	Ma_e	p_e/p_∞
7.0 - 计算	0.963	0.424	2.90	33.0
7.0 - 试验	1.205	0.442	3.16	32.7

$Ma6$ 试验时,模型在没有打开放气槽的情况下,可以获得 135 倍的最大反压,当反压达到 146 倍时,进气道出现喘振,进入不稳定工作状态（表 7－20）。

表 7 – 20 $Ma6.0$ 时进气道出口截面的总体性能

Ma_∞	φ	出口截面		
		σ_e	Ma_e	p_e/p_∞
6.0 – 计算,通流	0.947	0.544	2.73	25.1
6.0 – 试验,通流	1.092	0.561	2.79	26.2
6.0 – 试验,临界	—	0.210	1.12	135
6.0 – 试验,不起动	—	0.162	0.86	146

$Ma6$ 试验中,通过在喉道附近打开纵向放气槽来减小涡流区,可以实现提高出口流场均匀性和性能的目的,试验和数值计算吻合良好。打开放气槽后 $Ma6$ 进气道的临界反压达到 150 倍来流静压(表 7 – 21)。

表 7 – 21 $Ma6.0$ 时打开放气槽进气道出口截面的总体性能

Ma_∞	φ	出口截面		
		σ_e	Ma_e	p_e/p_∞
6.0 – 计算,通流	0.939	0.567	2.81	23.5
6.0 – 试验,通流	1.080	0.582	2.82	25.8
6.0 – 试验,临界	—	0.216	1.06	150
6.0 – 试验,不起动		0.135	0.67	161

模型在放气槽关闭的情况下进行 $Ma5$ 试验,模型抗反压能力约为 64 倍,当反压达到 73.3 倍时,进气道进入不稳定工作状态(表 7 – 22)。

表 7 – 22 $Ma5.0$ 时进气道出口截面的通流下的总体性能

Ma_∞	φ	出口截面		
		σ_e	Ma_e	p_e/p_∞
5.0 – 计算	0.898	0.639	2.35	20.4
5.0 – 试验	0.946	0.647	2.42	20.0
5.0 – 试验,临界	—	0.409	1.32	64.0
5.0 – 试验,不起动	—	0.191	0.67	73.3

打开纵向放气槽进行 $Ma5$ 带 $4°$ 攻角的吹风试验,进气道抗反压能力明显提高,进气道的临界反压为 103 倍来流静压,进气道通流的试验值与数值模拟结果吻合良好(表 7 – 23)。

表 7 - 23　Ma5.0, α = 4°放气时进气道出口截面的总体性能

Ma_∞	φ	出口截面		
		σ_e	Ma_e	p_e/p_∞
5.0 - 计算	1.121	0.605	2.15	28.2
5.0 - 试验	1.213	0.596	2.12	30.6
5.0 - 试验,临界	—	0.429	1.04	103.0
5.0 - 试验,不起动	—	0.270	0.60	110.0

风洞试验对应的波系纹影照片见图 7 - 45。

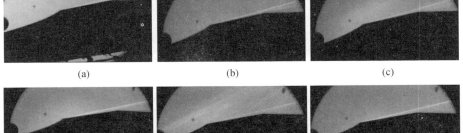

图 7 - 45　不同马赫数下风洞试验纹影照片

（a）$Ma7$；（b）$Ma6$；（c）$Ma6$ 喘振；（d）$Ma5$；（e）$Ma5$ 时进气道不起动；（f）$Ma5$ 进气道重新起动。

风洞试验得到的进气道性能与数值模拟比较接近,且性能良好,验证了反正切马赫数分布规律和"四波四区"基准流场的反设计思想是设计内收进气道的一种值得深入研究的新概念,在探究新型内收缩进气道设计方法并提高进气道总体性能方面是一种可能的途径。研究工作达到了预期目标。

第8章 高超声速自适应变几何曲面压缩进气道概念

高超声速进气道需要在较宽的马赫数范围内工作,如工作在 $Ma4 \sim 6$,或者甚至在 $Ma3 \sim 7$,从双模态超燃冲压发动机工作的总体需求出发,希望进气道在不同的马赫数下均保持着尽量高的流量捕获、较低的总压损失和较高的压比,从而向发动机提供足够的、高质量的压缩空气。对于弯曲激波这种压缩方式,通过使进气道顶板的弯曲型面随着马赫数的变化而变形(唇口板保持不变),从而维持外压段弯曲激波始终处于贴于唇口的状态或者处于某个预设的位置以实现捕获流量可控的目的,既能使进气道保持较高的流量系数,又不使前缘激波打入内压段造成唇口边界层分离。图 8 – 1 就是这种弯曲激波始终贴口的可控变形弹性曲面压缩进气道概念。

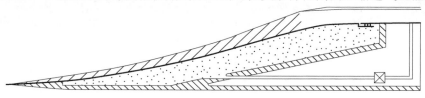

图 8 – 1   单压力腔驱动的可控曲面压缩进气道概念

这是一个来流马赫数从 4 到 6 变化中让弯曲激波始终贴口的设计概念。图中虚线是 $Ma4$ 时的曲面压缩面型线,随着马赫数的增加,曲壁面逐渐变形抬升,弯曲激波的形态也会发生微小变化,但始终保持贴口状态。

8.1   几种可控变形的弹性曲面压缩进气道方案研究

为了实现图 8 – 1 所示的可控工作模式,在分析了高超声速进气道内外流动特性和工作环境的基础上,提出了下列几种原理上可行的弹性曲面压缩面驱动方式。

8.1.1   反馈式供气单压力腔驱动可控变形方案

图 8 – 1 就是这种变形方式的原理图。曲面弹性压缩面上方受高超来流的非

均布气动载荷作用,弹性压缩面下方是一个密闭的高压压力腔,利用进气道喉部高压空气的可控反馈维持压力腔内所需的压强。随着飞行马赫数的变化,不断调节压力腔内的气体压强使弹性压缩面在上下两侧气动力作用下,产生特定的弯曲变形,以保证形成的弯曲激波处于始终贴口的状态,或者处于某个预定的位置而实现流量控制。

研究所使用的二维进气道外压缩面的气动设计见 7.1.1 节"进气道设计方法"。进气道设计点选取 $Ma6$,在设计点通过给定外压缩面的压力分布规律,利用有旋特征线法反设计得到理想的曲面外压缩面形状,由此得到研究所用的初始进气道型面,作为一个初步的概念研究,取 $Ma4.5$ 和 $Ma5.0$ 作为非设计点马赫数。

进气道的捕获高度 $H_0 = 150\text{mm}$,喉道高度为 22mm,隔离段长度取喉道高度的 7 倍,进气道的总收缩比为 6.8。压缩面前端采用固支结构,压缩面的后端通过一个伸缩节限制其在竖直方向的变形,使其只能在水平方向自由移动。压缩面为等厚度钢板,材料选用 65Mn 弹簧钢,弹性变形范围内能承受的最大应力 σ_s 为 785MPa,取安全系数为 2.0,则要求压缩面在变形后所承受的最大应力不超过 $\sigma_m = \sigma_s/2 = 392.5\text{MPa}$。压缩面上表面受外部气流的非均布气动载荷 $p_u(x)$ 的作用,下表面受压力腔内均布压强 p_d 的作用。压缩面在内外压力作用下发生变形,从压缩面约束方式中可以分析出,压缩面为超静定结构。采用流固耦合的方法计算其变形及整个曲面压缩面形状,具体计算过程可见文献[60]。

1. 压力腔作用对进气道总体性能的改善

如前所述,采用压缩面弹性变形的新型变几何方式主要是为了提高非设计点下进气道性能,因此,数值计算也主要针对非设计马赫数进行。研究所选用的非设计点为 $Ma4.5$ 和 $Ma5.0$,由于进气道的初始型面采用的是 $Ma6.0$ 对应的理想型面,在定几何条件下,初始进气道在 $Ma4.5$ 和 $Ma5.0$ 下的流量系数必小于 1。为计算在定几何条件下,进气道在非设计点 $Ma4.5$ 和 $Ma5.0$ 时对应的进气道性能,在设定材料参数时,将材料的弹性模量设为无穷大,使压缩面在有限压强的作用下不会产生变形,以此来模拟定几何条件。由此计算得到的进气道性能如表 8 - 1 所列。

表 8 - 1　非设计点下定几何进气道性能

Ma_∞	φ	p_e/p_∞	σ_e
4.5	0.798	20.30	0.656
5.0	0.874	23.33	0.613

从表中可以看出,$Ma6.0$ 设计的进气道,在定几何条件下,非设计点的性能较低,流量系数下降明显。为提高非设计点进气道性能,采用压缩面弹性变形的变几

何方式,在保证非设计马赫数下进气道变形后的流量系数不小于所对应的定几何条件下流量系数,且进气道满足弹性变形要求和弹性压缩面强度限制的前提下,通过不断改变压力腔内的压强,得到了如图8-2~图8-4所示的各马赫数下流量系数、出口截面的静压比及总压恢复系数的变化规律。

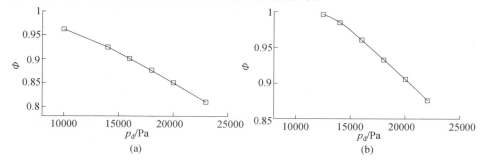

图8-2　非设计马赫数下流量系数随压力腔压强变化规律
（a）*Ma*4.5；（b）*Ma*5.0。

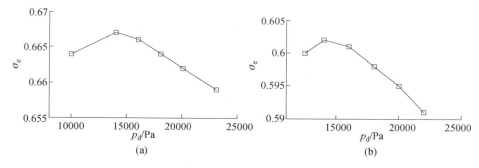

图8-3　非设计马赫数下出口总压恢复系数随压力腔压强变化规律
（a）*Ma*4.5；（b）*Ma*5.0。

从图8-2~图8-4可以看出,当进气道工作在非设计点*Ma*4.5和*Ma*5.0时,在各自压力腔压强变化范围内,流量系数的可变范围分别为0.810~0.962、0.876~0.997,且随着压力腔压强的增加,进气道的流量系数和出口静压比不断减小,进气道出口总压恢复系数先增大后减小。但从整体来看,总压恢复系数大小变化不大。这是因为当进气道的流量系数小于1.0时,进气道外压缩面产生的弯曲激波始终远离唇口,随着压力腔压强的增加,外压缩面不断被抬升,产生的弯曲激波也距出口越远,因此流量系数会不断减小。进气道出口总压恢复系数的大小与外压缩面产生的弯曲激波强度、反射激波强度以及隔离段内的激波串强度都有密切关系。出口静压比随压力腔压强增大而减小的原因可做如下分析,即由流量平

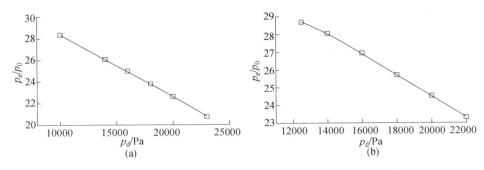

图 8 - 4　非设计马赫数下出口静压比随压力腔压强变化规律

（a）Ma4.5；（b）Ma5.0。

衡可知,进气道进口 0 截面流量始终等于出口 e 截面流量,存在如下关系式:

$$K \frac{p_0^*}{\sqrt{T_0^*}} q(Ma_0) A_0 = K \frac{p_e^*}{\sqrt{T_e^*}} q(Ma_e) A_e \qquad (8-1)$$

式（8-1）中 p_0^*、T_0^*、Ma_0、T_e^*、A_e 均保持不变,随着压力腔内压强增大,出口总压恢复系数变化不大,可认为 p_e^* 也近似保持不变,但压力腔压强增加会使进气道实际捕获面积 A_0 减小,所以 $q(Ma_e)$ 也随着减小,当 Ma_e 大于 1 时,$q(Ma_e)$ 减小,Ma_e 会增大,再由关系式:

$$p_e = \frac{p_e^*}{\left(1 + \frac{\gamma - 1}{2} Ma_e^2\right)^{\frac{\gamma}{\gamma-1}}} \qquad (8-2)$$

所以出口静压会随着压力腔内压强的增大而减小,静压比也减小。

为进一步说明所研究的压缩面弹性变形设计思想对进气道性能的改善,选取在 3 个工作马赫数下,压缩面变形后最大流量系数所对应的进气道性能,与定几何条件下基准进气道的性能参数作对比,如表 8 - 2 所列。

表 8 - 2　不同马赫数下变形进气道与定几何进气道性能对比

Ma_0	是否变形	压力腔压强/Pa	流量系数 φ	增压比 p_e/p_0	总压恢复 σ_e
4.5	否		0.798	20.30	0.656
	是	10000	0.962	28.35	0.664
5.0	否		0.874	23.33	0.613
	是	12500	0.997	28.69	0.600
6.0	否		1.000	29.94	0.493
	是	20000	1.000	29.54	0.501

从表8-2中可以看出,与定几何进气道相比,采用压力腔作用使压缩面产生弹性变形的变几何方式,能达到在不同马赫数下提高流量系数的目的,在非设计点 $Ma4.5$ 和 $Ma5.0$ 下,流量系数与定几何进气道相比,分别提高了20.6%、14.1%,出口截面静压分别增加了8.05倍和5.36倍的来流静压,出口总压恢复系数基本保持不变;而在设计点 $Ma6.0$ 条件下,进气道性能基本保持不变。由此可见,所采用的使压缩面产生弹性变形的设计思想能在保证设计点进气道性能基本不变的前提下,实现对非设计点进气道性能的提高。

表8-2各马赫数下所对应的流场结构如图8-5所示。

2. 非设计点流量系数可控规律研究[60]

从图8-2可以看出,在非设计点 $Ma4.5$ 和 $Ma5.0$ 下,进气道的流量系数在各自范围内连续变化,其变化范围分别为 0.810~0.962、0.876~0.997。由此可推断出从 $Ma4.5~6.0$ 不同马赫数下流量系数的可变范围,如图8-6所示。

图中虚线所包围的散点区域即为本书研究的进气道在 $Ma4.5~6.0$ 范围内流量系数理论上可实现的区域。这给我们一个重要的启示,即在图中虚线范围内,随着飞行马赫数的改变,我们有能力按发动机的需求或飞行器总体的需求,主动地调节捕获流量,实现全速域范围的流量可控目的,也就是说,在 $Ma4.5~6.0$ 可以通过调节压力腔内的压强来实现其变化范围内任意的流量系数变化规律。

8.1.2 多点驱动可控变形方案[60-63]

图1-32给出了另一种可能的驱动可控变形方案,即气动活塞多点驱动方案。

从该原理图看,驱动活塞的气体来自进气道喉部的高压空气。计算表明,喉部的压强足以维持气动活塞的驱动/控制力。此外,这种控制原理在一个固定的工况下内部压强保持平衡,不会影响流入发动机的空气流量。

与8.1.1节类似,同样采用第7章介绍的二维曲面压缩进气道的设计方法,用预设的压缩面压力梯度得到弯曲激波始终贴口的设计点 $Ma6$ 曲面压缩面理想型线,也获得了非设计点 $Ma4.5$、$Ma5$,也让弯曲激波贴口的曲面压缩面型线,压缩面可变形的长度在 $x=80~500mm$ 之间。研究目标是在三个气动活塞作用下,随着来流马赫数的变化,使压缩面始终保持各马赫数下的理想形状,达到激波始终贴口的目的。

根据上述分析,利用 ANSYS + CFX 软件对三点集中力作用下的压缩面弹性变形进行流固耦合计算。计算时,将压缩面的前端固定,压缩面后端加一个水平伸缩节来限制 y 向变形,并在不同马赫数下对 A、C、D 三点施加作用力,同时在压缩面下表面施加均布载荷 p_d。由此,可以得到压缩面在 $Ma4.5$、$Ma5.0$ 和 $Ma6.0$ 的来流条件下三点作用力产生弹性变形的型面形状及进气道性能参数。

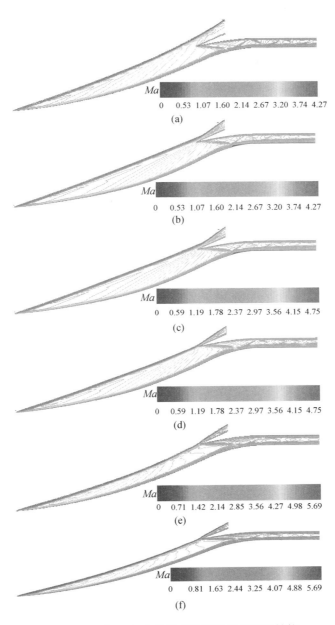

图 8-5 表 8-2 中各马赫数所对应的流场结构

（a）$Ma_0$4.5 定几何初始型面流场马赫数分布；（b）$Ma_0$4.5 变形型面流场马赫数分布；
（c）$Ma_0$5.0 定几何初始型面流场马赫数分布；（d）$Ma_0$5.0 变形型面流场马赫数分布；
（e）$Ma_0$6.0 定几何初始型面流场马赫数分布；（f）$Ma_0$6.0 变形型面流场马赫数分布。

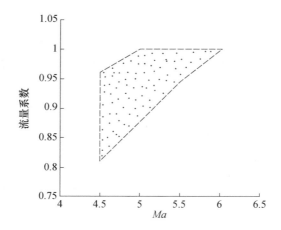

图 8-6 Ma4.5~6.0 流量系数可变范围

如前所述,进气道外压缩面的形状是由其上的压强分布通过有旋特征线法反设计出来的,因此,可通过对比变形后压缩面的压强分布与理想压缩面压强分布来推断两种型面的形状差异。图 8-7 所示是 Ma4.5、Ma5.0 和 Ma6.0 下两种弹性弯曲型面在 80~500mm 距离间的压强分布。

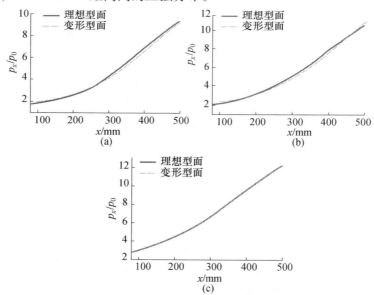

图 8-7 不同马赫数下变形型面与理想型面在 80~500mm 的压强分布对比
(a) Ma4.5; (b) Ma5.0; (c) Ma6.0。

从图 8 - 7 可以看出各马赫数下,在 80 ~ 500mm 间,变形型面的压强分布与理想型面的压强分布大致吻合,由此可以推断出两种型面的外压缩面基本吻合,说明以上所探索的多点集中力作用下的气动弹性变几何方案是可行的,能够做到将初始型面变形至各马赫数下的理想型面。

下面,对该弹性变几何方案在进气道性能方面的影响进行探讨。图 8 - 8 分别对比了在不同来流马赫数下,变形型面与定几何初始型面的流场结构。

通过对比相同来流马赫数下变形型面与定几何初始型面的流场马赫数分布,可以看出,在非设计点 $Ma4.5$ 和 $Ma5.0$,定几何初始型面产生的弯曲激波均远离唇口,而型面变形后,弯曲激波基本都能贴近唇口,说明变形型面有助于提高进气道对气流的捕获能力。而在设计点 $Ma6.0$ 时,两种型面的弯曲激波都打在唇口上,说明变形型面基本没有影响设计点弯曲激波的形状。

最后从流量系数、静压比、总压恢复系数等几个进气道性能指标,对不同马赫数下多点集中力作用下的变形型面与定几何初始型面的进气道性能作对比,如表 8 - 3 所列。

表 8 - 3　不同马赫数下变形型面与定几何初始型面进气道性能对比

Ma_0	是否变形	φ	p_e/p_0	σ_e
4.5	否	0.798	20.30	0.656
	是	0.980	28.80	0.667
5.0	否	0.874	23.33	0.613
	是	1.000	29.67	0.602
6.0	否	1.000	29.94	0.493
	是	1.000	29.89	0.504

从表 8 - 3 可以看出,采用多点集中力的弹性变几何方案,能使进气道在 $Ma4.5$ 和 $Ma5.0$ 下的流量系数达到 0.980 和 1.000,相对于同等条件下的定几何进气道,流量系数分别提高了 28.1%、14.9%,出口截面静压比来流静压分别增加了 8.50 倍和 6.34 倍,总压恢复系数基本保持不变。而在设计点 $Ma6.0$ 下,进气道性能基本保持不变,从而验证了该气动变几何思想在保持设计点原有性能的前提下,确实能提高非设计点进气道的性能,特别是 $Ma4.5$ 的流量系数几乎接近于 1.0,是这种三点控制方式的最大优点。通过上述研究也可以发现,只要知道所需要的进气道形状,就可以通过上述流程计算出各点所需的集中力大小,由此可按照下游燃烧室所需的流量来设计目标进气道的形状,通过对各点集中力的控制,使基准进气道弹性变形至目标进气道,满足燃烧室流量的需求,因此,三点集中力的作用方案,同压力腔作用方案相似,也可以做到在一定范围内控制流量系数。综上所

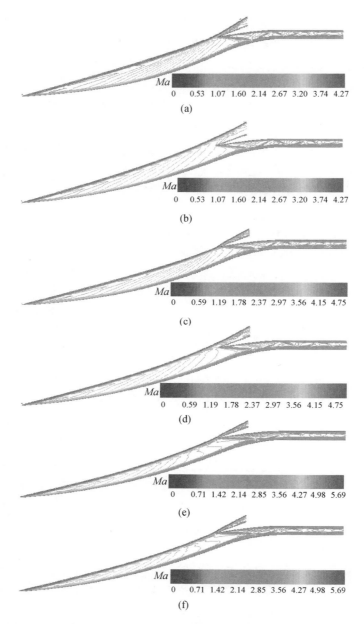

图 8 – 8　不同来流马赫数下变形型面与定几何初始型面的流场结构

（a）来流 *Ma*4. 5 变形型面流场马赫数分布；（b）来流 *Ma*4. 5 定几何初始型面流场马赫数分布；
（c）来流 *Ma*5. 0 变形型面流场马赫数分布；（d）来流 *Ma*5. 0 定几何初始型面流场马赫数分布；
（e）来流 *Ma*6. 0 变形型面流场马赫数分布；（f）来流 *Ma*6. 0 定几何初始型面流场马赫数分布。

述,该方案值得进一步的探索和研究。

8.1.3　反馈式单压力腔 + 单点驱动可控变形方案

反馈式单压力腔 + 单点驱动可控变形方案的原理见图 1 – 31,曲面弹性压缩面的变形由均压的压力腔和一个驱动活塞共同完成。与上一方案不同的是多加了一个驱动/控制活塞,加这一控制活塞的目的是防止弹性压缩面在某些工作条件下的变形失稳。曲面弹性压缩面在上方高超声速来流的非均布气动载荷、下方压力腔的恒定压强、驱动活塞的驱动/约束力共同作用下,产生预期的变形,从而获得所需的弯曲激波波形,控制该激波与进气道唇口的位置,实现流量调节的目的。

8.1.4　弹性压缩面自适应无源控制概念研究[60]

对工作 $Ma4.0 \sim 6.0$ 范围内采用曲面激波压缩方式的二元高超声速进气道,可以采用如图 8 – 9 所示的自适应无源控制弹性变形压缩面基本构思。

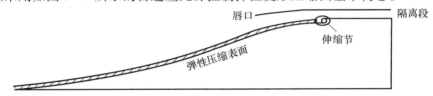

图 8 – 9　自适应无源控制弹性变形压缩面构思

图 8 – 9 中剖面线所示部分为进气道的弹性压缩面,压缩面最前端固定不变,后端通过一水平伸缩节(圆圈内所示部分)来限制压缩面垂直方向的变形,使其只能在水平方向自由移动。压缩面仅在上下表面气流压差的作用下产生弹性变形,无须其他附加力。

随着飞行马赫数的改变,压缩面上部的气动载荷也发生变化,致使压缩面产生变形。压缩面的变形反过来又会改变对来流气体的压缩程度,进而改变上表面气动载荷的分布,如此循环往复,直至最后趋于平衡。由此可见,在压缩面变形过程中,仍然存在着气流与压缩面的相互作用,计算过程中同样要用到流固耦合的计算方法。

首先对影响压缩面变形的其中一个因素——压缩面的构型进行分析,压缩面的构型包括压缩面的初始形状以及厚度分布。

1. 弹性压缩面初始形状设计

本章所研究的二元高超声速进气道,其工作范围为 $Ma4.0 \sim 6.0$,选 $Ma6.0$ 为设计马赫数,并将 $Ma_0 6.0$, $p_0 = 2549Pa$ 条件下设计的进气道作为基准进气道,如

图 8－10 所示。进气道设计方法、选用参数、进气道的模型尺寸、约束方式及压缩面的材料选取可见相关文献。

图 8－10　$Ma6$ 时激波贴口的基准进气道构型

在对进气道进行流固耦合计算时，如果直接采用基准进气道模型，那么压缩面在上表面气动载荷作用下势必会产生向下的变形，这会导致在设计点时压缩面产生的弯曲激波打入唇口内部，降低进气道性能。为避免这一情况的发生，需要对厚度分布给定的基准进气道压缩面进行"初始化调整"。"初始化调整"设计过程如下：

（1）求解在 $Ma_0 6.0$，$p_0 = 2549Pa$ 的来流条件下，对基准进气道进行流固耦合计算，求得压缩面上各点的变形量。

（2）将这些变形量作为压缩面各点竖直向上移动的幅值，得到各点新的位置。

（3）在 UG 平面造型中读取新生成的各点坐标，并通过曲线拟合得到新的型面，该型面就是运用流固耦合方法进行数值计算时所用的初始型面。

为验证上述设计初始型面的方法是否可行，分别对壁面材料厚度为 3mm 和 5mm 的基准压缩面进行初始化调整，将调整后的进气道分别定义为模型 1 和模型 2，它们的型面形状如图 8－11 所示。

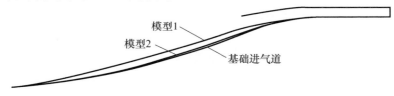

图 8－11　初始化调整后的进气道压缩面形状

在 $Ma_0 6.0$，$p_0 = 2549Pa$ 的来流条件下，分别对上述两个模型进行流固耦合计算，计算得到的流场马赫数云图如图 8－12 所示。

从图中可以看出，两个经过初始化调整后的模型在设计点 $Ma_0 6.0$，$p_0 = 2549Pa$ 的来流条件下，变形后外压缩面产生的弯曲激波均恰好打在唇口上，为进一步说明初始化调整的可行性，将弹性变形后进气道性能与基准进气道的性能相对比，如表 8－4 所列。

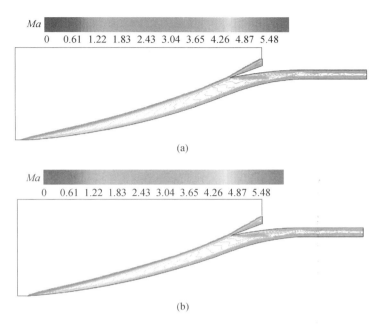

图 8 – 12　$Ma_0 6.0, p_0 = 2549\text{Pa}$ 的来流条件下两个模型的流场马赫数云图

(a) 模型 1(3mm 厚度)；(b) 模型 2(5mm 厚度)。

表 8 – 4　模型 1、模型 2 变形后进气道性能与基准进气道性能对比

模型	φ	p_e/p_0	σ_e
模型 1(3mm 厚度)	1.00	31.31	0.49
模型 2(5mm 厚度)	1.00	31.71	0.49
基准进气道	1.00	29.94	0.49

从表 8 – 4 中可以看出,两个经初始化调整的模型在 $Ma_0 6.0, p_0 = 2549\text{Pa}$ 的来流条件下产生弹性变形后,进气道性能与未变形的基准进气道性能非常接近,由此说明,初始化调整的设计思想是准确可行的,能保证变形后进气道在设计点下的性能基本不变。

2. 压缩面厚度分布研究

压缩面厚度的选择,既要保证变形过程中压缩面有足够的强度,又希望在满足强度要求的前提下,压缩面的刚度不要太大,以允许其在非设计点下有能力产生较大的变形,从而尽可能提高非设计点进气道性能。

在 $Ma_0 6.0, p_0 = 2549\text{Pa}$ 的来流条件下,对上面所述的两个进气道模型 1 和模型 2 分别进行受力分析,根据第四强度理论,两个进气道模型压缩面下表面的等效应力分布如图 8 – 13 所示。

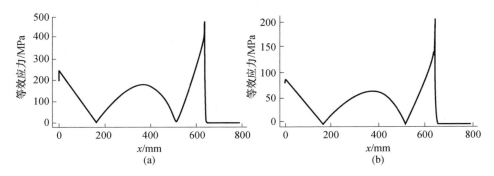

图 8 - 13　模型 1 和模型 2 进气道下表面在 $Ma6.0$ 时的等效力分布

(a) 模型 1（3mm 厚度）；(b) 模型 2（5mm 厚度）。

从图 8 - 13 中可以看出，进气道下表面的等效应力经历两次先减小后增大的过程，这是因为下表面压缩面的最前端和最末端均受压，而中间部分受拉，由受压到受拉再到受压，中间会产生两个既不受拉也不受压的位置，因此，进气道下表面的等效应力呈现图 8 - 13 所示的变化趋势。通过计算可以得到模型 1 最大等效应力为 479MPa，模型 2 最大等效应力为 207MPa，并对两个模型压缩面下表面各点的变形量进行分析，如图 8 - 14 所示。

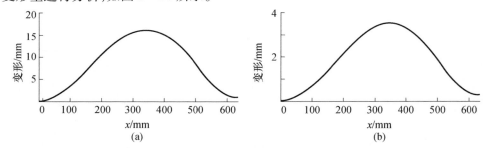

图 8 - 14　模型 1 和模型 2 压缩面下表面各点变形量

(a) 模型 1；(b) 模型 2。

由计算结果可以看出模型 1 的压缩面最大应力超过 σ_m（$\sigma_m = 392.5\text{MPa}$），所以模型 1 的设计不可行。模型 2 的强度满足要求。但由于厚度较大，导致压缩面整体变形量很小，最大变形量仅有 3.6mm，说明模型 2 的压缩面刚度过大，这会限制其在非设计点下的变形，进而限制进气道性能的提高。

从两个模型压缩面受力分析的结果可以看出：内压缩面的变形相对外压缩面较小且变形受到的应力较大，所以可以考虑增大内压缩面的厚度来减小所受应力，即采取"变厚度设计"的压缩面构型。对压缩面进行如下调整：将外压缩面厚度取为 3mm，内压缩面厚度从 3mm 线性增加到 7mm，并对得到的压缩面进行初始化调整,调整后的进气道定义为模型 3。

在 $Ma_0 6.0$,$p_0 = 2549Pa$ 的来流条件下,对模型 3 进行受力分析,如图 8 - 15 所示,最大等效应力的位置在最前端,大小为 177MPa,对其下表面各点的变形量进行分析,并与模型 1 和模型 2 相对比,如图 8 - 16 所示。

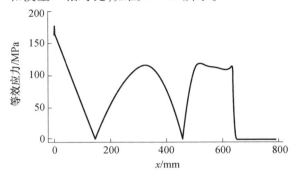

图 8 - 15　模型 3 在 $Ma6$ 下表面等效应力分布

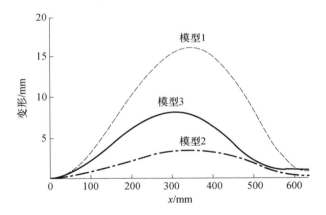

图 8 - 16　三个模型压缩面下表面各点变形量

由计算结果可以看出,相对于模型 1,模型 3 通过变厚度设计,大大减小了压缩面的最大应力,使得强度满足要求且变形量相对于模型 1 和模型 2 较为适中。由此可将模型 3 作为下一步继续研究的模型。

8.2　可控弹性变形曲面压缩面的初步试验研究[64]

8.2.1　可控弹性变形曲面压缩面

对图 8 - 9 给出的可控弹性压缩面进气道概念进行调节方式的试验研究目前

还有许多困难,如高压动壁密封问题尚待解决。为此简化试验,单纯考察弹性压缩面在上下载荷作用下的弹性变形及其气动力特性,设计了一个端点驱动的简单弹性压缩面模型,在 $Ma3.85$、$Ma5.3$ 来流条件下,研究弯曲激波压缩系统的外压段受一个集中力的变形规律和流场特征,包括出口性能参数、激波形状的变化规律、压强面气动载荷分布等因素,从气动和结构角度验证相关的数值计算。

1. 可控弹性变形试验模型

试验模型主要由弹性压缩型面、调节螺杆、测压管及底板构成,图 8-17 为试验模型示意图,图 8-17(b) 为模型在风洞中安装的照片。

(a)　　　　　　　　　　(b)　　　　　　　　　　(c)

图 8-17　可控弹性变形试验模型

压缩型面选用 1mm 厚度的 65Mn 弹簧钢片,经有限元数值分析,该种钢板具有较好的弹性和刚性,能保证在试验过程中不因气流冲压变形过大或者损坏,并且避免局部应力过大。模型弹性压缩面总长度为 140mm,宽度为 50mm,靠调节螺杆的上下移动以改变压缩面的弯曲程度并产生不同弯度的弯曲激波,调节螺杆行程可使型面末端高度最大变化 24.5mm。沿压缩面中心线有 11 个静压测点,压缩面末端有 10 皮托管的总压耙,在型面变形过程中能保持与压缩面出口气流方向一致。

2. 可控弹性变形模型试验结果

在 $Ma5.3$ 和 $Ma3.85$ 试验过程中各选取了 6 个典型的状态,对应压缩型面末端位置的高度见表 8-5,相应的纹影照片见图 8-18 和图 8-19,图中显示弹性压缩面从平板逐渐弯曲变形过程中激波形态的变化,波后气流总压由总压耙测量。

表 8-5　典型试验状态的压缩型面末端高度

编号	H_1	H_2	H_3	H_4	H_5	H_6
高度 H/mm	12.6	17.5	20.3	23.1	25.2	26.6

纹影照片中可以清楚地看到压缩型面末端随着调节螺杆逐渐升高,型面弯曲程度逐渐增大的过程,并且压缩型面前部的弯曲程度大于后部。因为压缩面前端固定,后端受集中力,表面受渐变的气动载荷。

与此同时,曲面上的压缩波(尤其是前部的压缩波)向一起汇聚,与前缘激波相交,导致前缘激波的弯曲程度也越来越大,激波末端高度也不断升高,但激波上

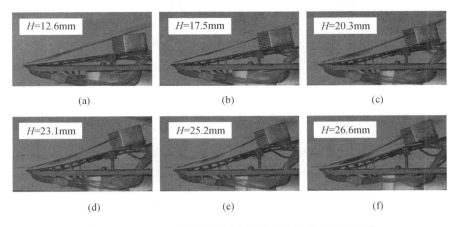

图 8 - 18　*Ma*5.3 弹性压缩面变形和弯曲激波波形的变化

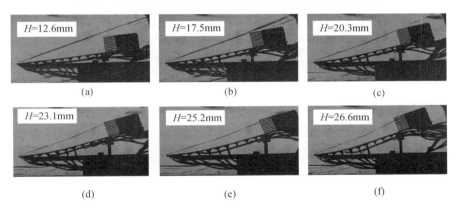

图 8 - 19　*Ma*3.85 弹性压缩面变形和弯曲激波波形的变化

升的高度小于压缩面上升的高度,因此出口截面激波与压缩面之间的距离越来越小。还可以观察到压缩波与前缘激波相交处,激波变得更细,说明此处参数变化更为剧烈。在相交处产生的滑移面将一直延伸到流场出口,相交处下方还有膨胀波发出延伸到压缩面上。

整理出压缩型面在这些时刻的沿程压强分布见图 8 - 20 和图 8 - 21。

对比不同时刻型面的沿程压强分布可以看出,随着压缩型面逐渐向上弯曲,其压缩能力不断增强,出口处压比在来流 *Ma*3.85 时从 1.9 提高到 4.5,来流 *Ma*5.3 时从 5.5 提高到 12.2。此外,压缩面前部压强上升较快,中后部上升缓慢,这与试验的弹性型面变形规律有关。

各位置对应的出口皮托压分布见图 8 - 22 和图 8 - 23。可见,随压缩面变形的加大,弯曲激波逐渐靠近压缩面。根据出口的皮托压和出口截面对应的壁面静

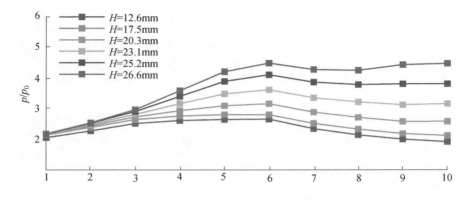

图 8 - 20　Ma3.85 压缩面各对应工位的沿程静压分布

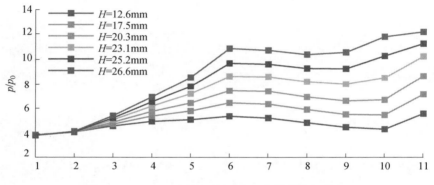

图 8 - 21　Ma5.3 压缩面各对应工位沿程静压分布

压换算出几个典型形状弯曲型面的出口总压分布见图 8 - 24,图中仅显示了处于压缩型面与弯曲激波之间的测点数据。

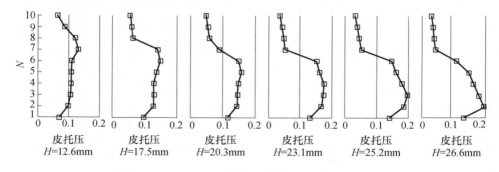

图 8 - 22　Ma5.3 时各位置对应的出口皮托压分布

从图 8 - 22 明显可见:出口截面激波与压缩面之间的距离越来越小。各条曲线

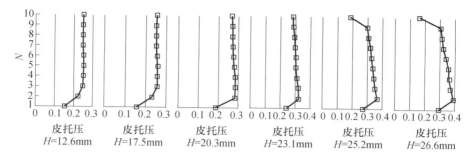

图 8 - 23　*Ma*3.85 时各位置对应的出口皮托压分布

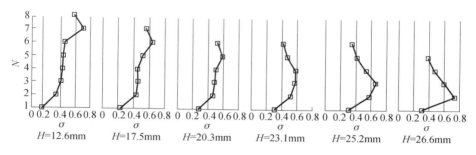

图 8 - 24　*Ma*5.3 时各位置对应的出口总压分布

中均存在一峰值,随着压缩型面弯曲程度的增加,峰值点的位置逐渐向压缩面一侧移动;各曲线接近壁面处的测点因处在边界层中,总压最低且基本不随型面的弯曲而变化;峰值点与压缩面之间的总压分布较为均匀,而从峰值点向外侧总压越来越低。

8.2.2　记忆合金驱动效果的试验研究

1. 记忆合金可控变形试验模型

作为一种可能的智能弹性变形材料,进行了记忆合金可控变形曲面压缩面风洞试验。试验模型由弹性金属板、隔热绝缘胶、钛镍记忆合金丝、支座及温度控制系统组成(图 8 - 25、图 8 - 26)。

模型表面为 0.5mm 黄铜板,用于产生光滑的弯曲型面,底部为记忆合金丝阵列组成的曲面结构,在 500℃ 下进行记忆热处理成型。然后再将各条合金丝恢复为直线,以 5° 的安装角固定在安装板前缘,接通电源时,合金丝受本身电阻产生的热量加热,到相变温度以上后将变形成为所训练的圆弧状,模型表面的弹性板也将随之产生变形。断开电源后合金丝逐渐冷却,温度降低到相变温度以下后,其力学性能有所改变,合金丝与表面的弹性板将在气流压强作用下重新变形稳定在平衡形状。图 8 - 27 为安装在风洞中的试验模型。

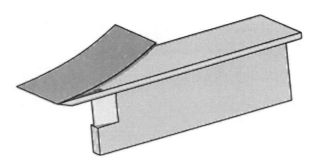

图 8 - 25 记忆合金可控变形风洞试验模型示意图

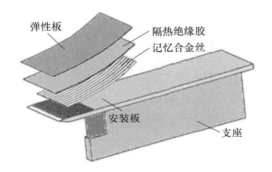

图 8 - 26 试验模型分解图

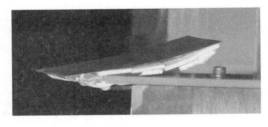

图 8 - 27 安装在风洞中的记忆合金可控变形曲面压缩面试验模型

试验在南京航空航天大学能源与动力学院 $Ma3.85/5.3$ 型超声速/高超声速暂冲式风洞中进行,整个风洞可连续、稳定工作约 100s。试验中待流场建立后,接通加热系统电源,记忆合金发生变形,直至合金丝及弹性板变形稳定在预定的形状为止。在压缩面受合金丝驱动的变形过程中通过纹影系统观察它的变形以及流场波系的变化。

2. 记忆合金可控变形模型试验结果和分析

图 8 - 28 截取了 0.0s、1.6s、3.0s、3.2s、3.4s 和 3.6s 六个时刻的纹影照片,对应的压缩面总压缩角分别为 18.1°、13.6°、20.4°、26.1°、31.3° 和 34.7°。图中亦可

看到压缩面的变形对流场中波系产生了强烈的影响,压缩面上的压缩波向一起汇聚,与前缘激波的交点逐渐前移。

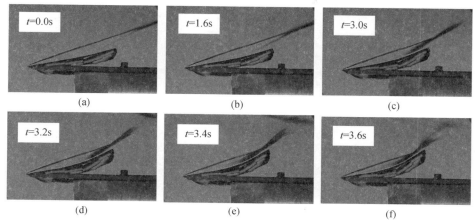

图 8 - 28　不同时刻记忆合金压缩面的变形和激波形态的变化

从试验录像中测量得到对合金丝通电加热的过程中,弹性板末端高度及压缩角随时间的变化,如图 8 - 29、图 8 - 30 所示。

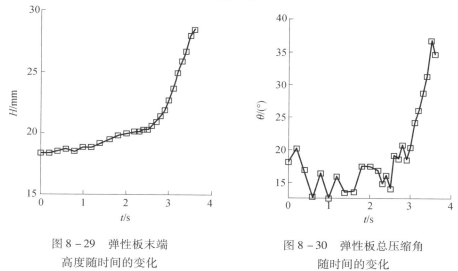

图 8 - 29　弹性板末端
高度随时间的变化

图 8 - 30　弹性板总压缩角
随时间的变化

图 8 - 29 和图 8 - 30 显示形状记忆合金丝驱动弹性板从通电加热开始的响应过程,在小于 4s 的时间内可以使高超声速来流中的弹性板末端高度抬高约 10mm,气流方向改变了约 21°,表现了高能量密度的特点,也显示了记忆合金作为驱动元件的响应特性:初始变形较小,最后迅速变形。

第9章　高超声速进气道的阻力特性和减阻分析

近年来,随着高超声速飞行器和超燃冲压发动机研究的深入,推进系统的增推减阻逐渐成为人们的共识,高超声速进气道作为整个推进系统中的主要阻力部件,如何尽可能地降低进气道的阻力已成为人们关注的热点。那么,高超声速进气道的阻力水平究竟能降低到什么程度?一个理想的没有任何流动损失的高超声速进气道,即总压恢复系数为1的高超声速进气道,它的阻力应该是多少?应该采取什么措施可能降低高超声速进气道的阻力?这些内容就是本章要研究和讨论的问题。

9.1　进气道阻力的一维流理论分析

9.1.1　进气道的阻力构成

高超声速进气道是纯阻力部件,阻力分析是减阻设计基础,阻力分析与内外流界面划分密切相关,对一个推进系统而言,它的净推力为

$$R_e = R - D_{in} - D_n - D_f$$

式中　D_{in}——进气道总阻力,包括外流阻力和内流阻力;

D_n——喷管阻力;

D_f——发动机外表面阻力。

对于图9-1所示的普通超声速进气道,除了边界层抽吸外,还有放气门,这些都可能产生相应的阻力。

就图9-1表示的流态,进气道的总阻力 D_{in} 包括:

(1)溢流阻力 X_{sp}(Spillage),包括附加阻力 D_{ad} + 外罩阻力 X_{cowl}。

(2)放气阻力 X_{bp}(Bypass)。

(3)边界层排移阻力 X_{bl}(Bleed)。

(4)进气道内流道阻力 D_i,简称进气道阻力。

进气道总阻力 D_{in} 就是各部分阻力之和,即

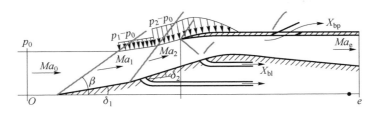

图 9 - 1　超声速进气道的受力分析

$$D_{\mathrm{in}} = X_{\mathrm{sp}} + X_{\mathrm{bp}} + X_{\mathrm{bl}} + D_{\mathrm{i}} = (D_{\mathrm{ad}} + X_{\mathrm{cowl}}) + X_{\mathrm{bp}} + X_{\mathrm{bl}} + D_{\mathrm{i}} \qquad (9-1)$$

9.1.2　进气道附加阻力

通常情况下,超声速进气道的流量系数若小于1,就会产生附加阻力,对应的工况为亚临界或亚额定,图9-2给出了这两种工况的简图。可见,进气道的捕获流管在亚临界弓形波后,或亚额定的首激波后发生弯曲,在弯曲流面外侧经激波压缩的高压气流对进入进气道的流管施加作用力,其轴向分量使流入进气道捕获流管的进口冲量增加,对一个推进系统而言推力是进出口冲量之差,进口冲量的增加意味着推力的亏损,这就是附加阻力的成因。当然,附加阻力也可以从进气道压缩面的受力来分析,分析图9-2所示的两种工况,与流量系数 $\varphi=1$ 的设计状态相比,亚临界弓形波后气流的激波增压使压缩面向后的作用力加大,表现为进气道的阻力加大,于是就形成了附加阻力。同样,在亚额定流态,由于斜激波强度加大,波后气流的压升也会增加压缩面的后向作用力,同样也产生了附加阻力。

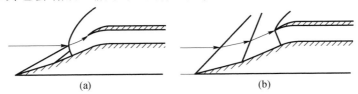

$$(a) \qquad\qquad\qquad\qquad\qquad (b)$$

图 9 - 2　超声速进气道产生附加阻力的两种工况

（a）亚临界工况（亚声速溢流）；（b）亚额定工况（超声速溢流）。

9.1.3　进气道阻力的一维分析和最小可能的阻力

为了研究进气道的阻力,建立从进气道最前端到喉道截面的简化模型,见图9-3(a),运用一维流理论,分析图9-3(b)控制体内部气流的受力情况,图中 D 代表进气道与气流接触的壁面对气流的轴向力,其反力就是进气道的阻力,包括压差阻力和摩擦阻力,而 D_{ad} 代表进气道的附加阻力。

对图9-3所示的控制体,建立一维流动量方程,可得进气道阻力 D 的表

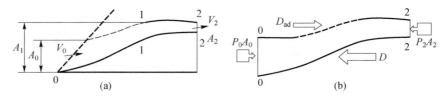

图 9 - 3　研究进气道阻力的简化流动模型

（a）超声速进气道简化模型；（b）分析进气道受力的控制体。

达式：

$$D = D_{ad} + p_0 A_0 - p_2 A_2 + \rho_0 V_0^2 A_0 - \rho_2 V_2^2 A_2 \tag{9-2}$$

运用连续方程、理想气体状态方程，在绝热流条件下，可得进气道阻力系数：

$$C_D = \frac{2D}{\rho_0 V_0^2 A_0} = 2\left\{1 + \frac{1}{\gamma Ma_0^2}\left[1 - \frac{Ma_0}{Ma_2}\sqrt{\frac{2 + (\gamma - 1)Ma_0^2}{2 + (\gamma - 1)Ma_2^2}}(1 + \gamma Ma_2^2)\right]\right\} +$$

$$\frac{2D_{ad}}{\gamma P_0 Ma_0^2 \varphi A_1} = C_{D0} + C_{D.ad}$$

式中　$C_{D.ad}$——附加阻力系数。

运用声速方程，可得单位质量流率的进气道气流阻力 [N/(kg/s)]，即

$$\overline{D} = \sqrt{\gamma RT_0}\left[Ma_0 + \frac{1}{\gamma Ma_0} - \frac{1}{\gamma}\sqrt{\frac{2 + (\gamma - 1)Ma_0^2}{2 + (\gamma - 1)Ma_2^2}}\left(\frac{1}{Ma_2} + \gamma Ma_2\right) + \frac{D_{ad}}{\gamma p_0 Ma_0 \varphi A_1}\right]$$

$$\tag{9-3}$$

可以看出，若不考虑附加阻力，进气道气流阻力仅仅是进出口马赫数 Ma_0 和 Ma_2 的函数，即

$$\overline{D} = \sqrt{\gamma RT_0}\left[Ma_0 + \frac{1}{\gamma Ma_0} - \frac{1}{\gamma}\sqrt{\frac{2 + (\gamma - 1)Ma_0^2}{2 + (\gamma - 1)Ma_2^2}}\left(\frac{1}{Ma_2} + \gamma Ma_2\right)\right] \tag{9-4}$$

根据上述公式，图 9 - 4 ~ 图 9 - 7 绘出了不同来流温度下单位质量流率的进气道气流阻力 [N/(kg/s)]。

图 9 - 8 给出了不同的压缩程度与进气道阻力之间的关系，在同一来流马赫数下，进气道压缩程度越高，进气道所受到的阻力也越大，图中进气道的进口马赫数用 Ma_1 表示，出口马赫数用 Ma_3 表示。

必须说明的是，这是进气道理论上最小可能的阻力，是将气流从来流 Ma_1 压缩到出口 Ma_3 必须付出的代价。可以看出，进气道最小阻力随着压缩程度的增加（$Ma_3 \downarrow$）而上升，进气道的实际阻力由于各种流动损失、附加阻力 D_{ad} 等必然大于此最小阻力。

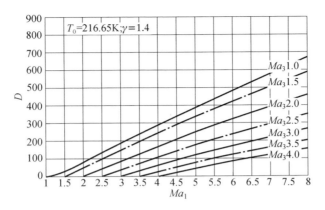

图 9 - 4　单位流量阻力($T_0 = 216.65$K)

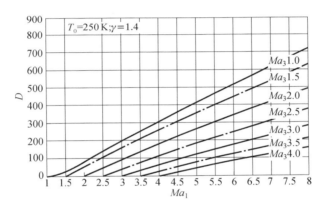

图 9 - 5　单位流量阻力($T_0 = 250$K)

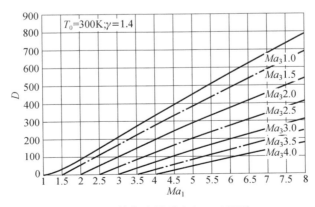

图 9 - 6　单位流量阻力($T_0 = 300$K)

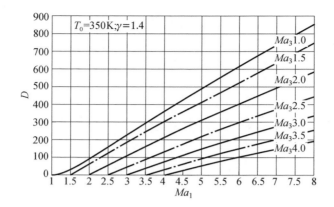

图 9-7　单位流量阻力($T_0 = 350K$)

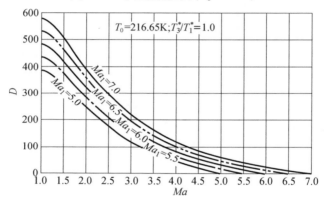

图 9-8　进气道阻力随压缩程度的增加而上升

以上推导过程对亚声速、超声速、高超声速进气道均适用,这也是进气道减阻设计的科学依据。任何一种进气道,只要对气流进行了压缩,就必然产生阻力,上述公式给出了理论上的最小阻力,无论采取何种减阻措施,它的阻力都不可能低于上述理论值。表 9-1 给出了一些具体的数值供阻力分析参考。

表 9-1　进气道单位质量流量的最小阻力($T_0 = 216.65K$)

[N/(kg/s)]

Ma_0	$Ma_2 1.0$	$Ma_2 1.5$	$Ma_2 2.0$	$Ma_2 2.5$	$Ma_2 3.0$	$Ma_2 3.5$	$Ma_2 4.0$	$Ma_2 4.5$	$Ma_2 5.0$
$Ma_0 5.0$	386.4	331.3	247.7	175.2	118.8	76.1	43.8	19.1	0.0
$Ma_0 5.5$	435.1	375.4	284.7	206.2	145.1	98.8	63.8	37.0	16.3
$Ma_0 6.0$	483.3	418.9	321.0	236.3	170.5	120.5	82.7	53.9	31.5
$Ma_0 6.5$	530.9	461.8	356.7	265.8	195.1	141.5	100.9	69.9	45.9
$Ma_0 7.0$	578.1	504.2	391.9	294.7	219.1	161.8	118.4	85.3	59.7

表 9 - 1 中 Ma_0 代表进气道前方自由来流马赫数,Ma_2 为压缩终了马赫数,T_0 为来流温度。从表中可以看出,如果在高空将气流从 $Ma6$ 压缩到 $Ma2.5$,那每千克进气道捕获流量产生的进气道阻力不会低于 236.3N,大致相当于 24.1kg·f 的阻力,实际进气道阻力一定大于此值。假如将 $Ma6$ 的迎面气流压缩到当地声速,那最低阻力将达到 483.3N,这是相当可观的数值,是对气流减速必须付出的代价。

必须指出,总压恢复系数 $\sigma = 1$ 的纯等熵压缩也存在阻力,即上面推导的纯动量亏损引起的最小阻力。

9.2　进气道阻力的数值分析[65,66]

9.2.1　典型二维进气道的压阻和摩阻

以 TsAGI 试验所用二维平面压缩式进气道为例,采用数值分析的方法,分析这种典型进气道内部阻力的特性,见图 9 - 9,这是一个二维三楔平面压缩进气道。图 9 - 10、图 9 - 11 为该二维平面压缩进气道等动载条件、不同来流马赫数下的进气道喉道截面气流冲量函数 I_{th}、溢流气流的冲量函数 I_{spl} 以及内壁面摩擦阻力和压差阻力的总和 D 的分配,以进气道最大捕获面积内来流冲量函数 I_c 为基准做了归一化处理:

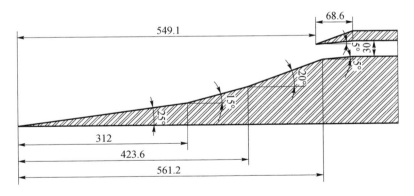

图 9 - 9　TsAGI 试验所用二维平面压缩式进气道

$$I_c = p_\infty A_c (1 + \gamma Ma_\infty^2)　　(9 - 5)$$

从图中数据看来,随着来流马赫数的增加,激波系向进气道唇口附近逐渐靠拢,进气道流量系数增加,进气道的溢流量逐渐减小,因而溢流气流的冲量函数也逐渐减小。从内壁面压差阻力与摩擦阻力的总和 D 的变化来看,随着来流马赫数的增加,进气道内壁面总的阻力占最大捕获面积内来流冲量函数的比例有所减小,

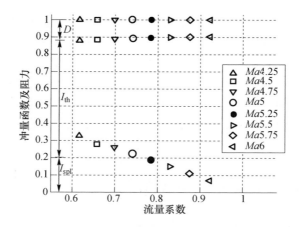

图 9-10　冲量函数和阻力的分配

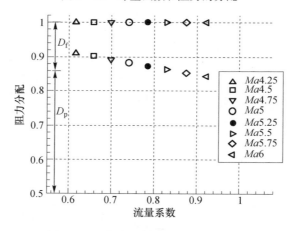

图 9-11　摩擦阻力和压差阻力的分配

总的来看,内壁面阻力占进气道最大捕获面积内来流冲量函数的 10% 左右。当来流马赫数由 4.25 增加为 6 时,溢流气流的冲量函数占来流冲量函数的比例由约 35% 减小为 5% 左右。如图 9-10 所示:随着来流马赫数逐渐接近进气道的设计马赫数,由进气道捕获面积内来流冲量函数的分配可以看出进气道内壁面阻力所占比例逐渐减小,而进气道喉道截面气流的冲量函数不断增加,与此同时,进气道的流量系数在不断增加。因此,在来流马赫数由低增加到进气道设计马赫数的过程中,进气道的推力/阻力特性逐渐提高。

　　图 9-11 给出了内壁面阻力中摩擦阻力和压差阻力的分配,在总的内壁面阻力中,压差阻力占主导作用,当来流马赫数由 4.25 增加为 6 时,压差阻力所占比例逐渐减小,摩擦阻力所占比例逐渐增加。摩擦阻力在内壁面阻力中所占的比例由

$Ma4.25$ 时的约 10% 增加为 $Ma6$ 时的 15% 左右。

由等动载来流条件可知,随着来流马赫数的增加,进气道最大捕获面积内来流冲量函数是逐渐减小的,因此不同来流马赫数下进气道各冲量函数和阻力分布的参照基准不同。图 9 – 10 强调相对变化,重点在于分析不同马赫数下进气道的推力/阻力特性。为便于不同来流马赫数下进气道内部阻力的横向对比,下面选择不同马赫数下的同一基准,以进气道最大捕获面积内来流动载为参考,即

$$c_d = \frac{D}{0.5\rho u^2 A_c}$$

分析进气道各内部阻力系数随来流马赫数的变化规律。

图 9 – 12 为等来流动载、不同来流马赫数下该进气道阻力系数的分布,图中给出的是各阻力系数的绝对数值。附加阻力表示作用在进气道捕获流管上沿来流方向的总的压强作用力。在高马赫数下,由于溢流量较小,进气道唇口前流线朝唇口外偏转幅度较小,因而附加阻力也很小。随着来流马赫数的降低,激波逐渐远离唇口,溢流量不断增加,进气道的实际捕获面积减小,作用在捕获流管上的力逐渐增加,在来流马赫数由 6 减小为 4.25 的过程中,附加阻力系数由 0.02 增加为 0.12。

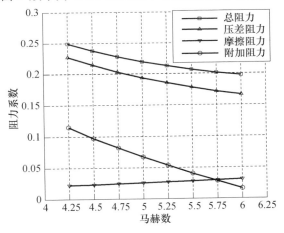

图 9 – 12 进气道阻力特性

从作用在进气道内壁面的摩擦阻力分布来看,随着来流马赫数的降低,摩擦阻力系数也降低,不过其变化幅度很小,在马赫数从 6 减小为 4.25 的过程中,摩擦阻力系数从 0.03 减小为 0.02。从内壁面的压差阻力来看,参照等来流动载条件,随着来流马赫数的降低,进气道进口来流的静压不断增加。虽然来流马赫数降低激波强度减弱,但由于低马赫数条件下的来流静压水平较高,因此马赫数降低,进气道压差阻力是逐渐增加的。其压差阻力系数由 $Ma6$ 下的 0.17 增加为 $Ma4.25$ 下

的0.23。虽然来流马赫降低使得摩擦阻力减小,但由于压差阻力在总阻力中占支配地位,所以总的内壁面阻力(摩擦阻力和压差阻力之和)也随马赫数降低而增加,阻力系数从 $Ma6$ 的0.2增加为 $Ma4.25$ 的0.25。

对于 $Ma6$ 激波贴口的二维平面压缩进气道,按照等来流动载条件,随着来流马赫数的增加,进气道内壁面的摩擦阻力逐渐增加,压差阻力逐渐减小,随着唇口前激波逐渐向唇口靠拢,溢流量不断减少,附加阻力也随之减小。来流马赫数由4.25增加到6的过程中,附加阻力系数由0.12减小到0.02,摩擦阻力系数由0.02增加为0.03,压差阻力系数由0.23减小为0.17,总的内壁面阻力系数由0.25减小为0.2。在进气道内壁面阻力中,摩擦阻力的比例由 $Ma4$ 下的10%增加为 $Ma6$ 下的15%左右。

9.2.2　典型轴对称进气道内部阻力的分配

轴对称进气道在冲压发动机领域有着广泛的应用,美国20世纪60年代研制的 HRE 冲压发动机就采用轴对称内外压进气道,俄罗斯 CIAM 研制的超燃冲压发动机同样也使用了轴对称布局的进气道,该进气道连同超燃冲压发动机一起于1998年12月12日进行了火箭助推的点火飞行试验,取得了宝贵的飞行试验数据。该进气道的气动布局见图9-13。

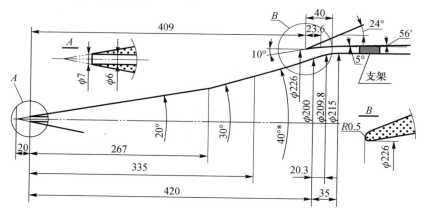

图9-13　CIAM 轴对称进气道几何图

本书对该典型轴对称高超声速进气道进行流动阻力特性分析。同样采用等来流动载关系,分析不同来流马赫数条件下进气道的阻力变化规律。计算中依据 $Ma6.48$ 的飞行条件确定其他不同来流马赫数下的来流参数。进气道内部阻力特性的分析只限于进气道喉道截面以前。

进气道内壁面总阻力 D、喉道截面的冲量函数 I_{th} 以及溢流气流的冲量函数 I_{spl}

的分配如图 9 - 14 所示,以进气道最大捕获面积内来流冲量函数为基准做了归一化处理。

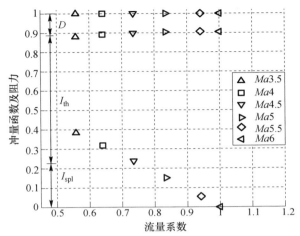

图 9 - 14　冲量函数和阻力的分配

可以看出,进气道内壁面阻力占进气道最大捕获面积内来流冲量函数的 10% 左右,随来流马赫数的降低,进气道喉道截面的冲量函数比例逐渐减小,溢流气流的冲量函数比例逐渐增加,溢流气流冲量函数占进气道最大捕获面积内来流冲量函数的比例由 $Ma6$ 下的 0 增加为 $Ma3.5$ 下的接近 0.4。图 9 - 15 为进气道内壁面阻力中摩擦阻力和压差阻力的分配,从中可见,进气道内壁面的压差阻力占主导地位,来流马赫数降低,压差阻力比例逐渐增加,摩擦阻力比例逐渐减小,数值上,摩擦阻力在总阻力中的比例为 20% ~ 10% 。

作用在进气道内壁面的压差阻力、摩擦阻力、总阻力以及作用在进气道捕获流管上的附加阻力随来流马赫数的变化如图 9 - 16 所示。各阻力项以进气道最大捕获面积内的来流动载为基准做了无因次化处理。

从进气道内部阻力分布变化可以看出:当来流马赫数为 6 时,进气道的流量系数已经接近 1.0,此时附加阻力为 0。随着来流马赫数的降低,进气道溢流量逐渐增加,实际捕获面积不断减小,附加阻力逐渐增加,在来流马赫数降为 3.5 的条件下,附加阻力系数增加为 0.12。

从作用在进气道内壁面的阻力来看,轴对称进气道的阻力分布与二维平面压缩进气道阻力类似,随着来流马赫数的降低,摩擦阻力逐渐减小,来流马赫数由 6 变化到 3.5,摩擦阻力系数由 0.04 减小为 0.025。压差阻力随来流马赫数降低而逐渐增加,其在总的阻力中处于主导地位,因而总的内壁面阻力是逐渐增加的。

对于 $Ma6$ 激波贴口的轴对称进气道,在来流马赫数变化的过程中,其附加阻

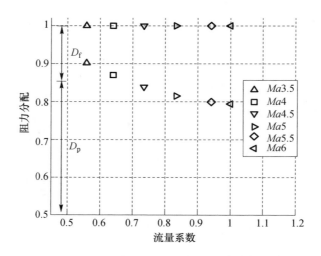

图 9 - 15　摩擦阻力和压差阻力的分配

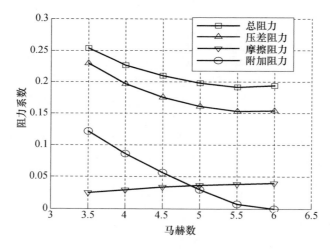

图 9 - 16　进气道阻力特性

力、摩擦阻力、压差阻力的变化趋势与二维平面压缩进气道相同。在来流马赫数从 4. 25 到 6 的变化过程中,附加阻力系数由 0. 07 减小到 0,摩擦阻力系数由 0. 03 增加为 0. 04,压差阻力系数由 0. 18 减小为 0. 15,总的内壁面阻力系数由 0. 22 减小为 0. 19。在进气道内壁面阻力中,摩擦阻力的比例从 $Ma4$ 的约 15% 增加为 $Ma6$ 的 20% 左右。

　　对以上二元等熵进气道、二维平面压缩进气道和轴对称进气道阻力特性的研究表明:

　　(1) 等熵压缩面摩阻小于楔角压缩的摩阻。

（2）随着气流压缩角的增加摩阻增加。

（3）随着来流马赫数增加，进气道摩擦阻力增加、压差阻力减小、附加阻力减小。

（4）摩擦阻力约占内壁面总阻力的10%～20%。

9.2.3　基准侧压式进气道的内部阻力

侧压式进气道由特殊设计的顶板、成对布置后掠或前掠的侧向压缩板、中心支板（可有可无）和后置唇口等部分组成，侧向压缩板和后置的唇口形成了特殊的溢流窗。图9－17为普通平唇口按$Ma6$设计的基准侧压式进气道气动造型。

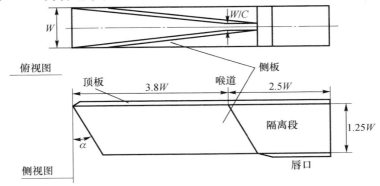

图9－17　基准侧压式进气道模型

该基准进气道进口宽度为W，宽/高比$W/H=0.8$，侧板后掠角度30°，侧向压缩角度6°，总收缩比5，溢流唇口位于喉道处，喉道前长度与进口宽度之比$L/W=3.8$。为分析进气道在$Ma6$来流条件下不同后掠角和收缩比对内部阻力特性的影响，取进气道侧板后掠角度Λ分别为20°、30°和40°，收缩比CR分别为3、4和5。

由文献对比可知，所采用的数值模拟方法与试验结果符合较好。图9－18、图9－19给出了侧板后掠和侧板前掠两种基准侧压式进气道的冲量函数及内部阻力的变化情况。

图中横坐标为流量捕获系数，纵坐标为各推力函数和阻力与进气道最大捕获面积内来流冲量函数的比值，I_{spl}表示溢流气体的冲量函数，I_{th}表示喉道截面处气流的冲量函数，D表示总阻力。图中各符号含义为：$s20-c3$表示侧板后掠20°、收缩比为3的进气道数据；$s40-c5$表示侧板后掠40°、收缩比为5的进气道数据。

计算结果表明：同一收缩比下，因进气道长度一定，随着侧板后掠角度的增加，进气道的溢流角变大，气流流过进气道侧板前缘后，溢流作用增强，因此进气道的流量系数减小，流入喉道的气流冲量函数也减小，数值上占最大捕获面积内来流冲

227

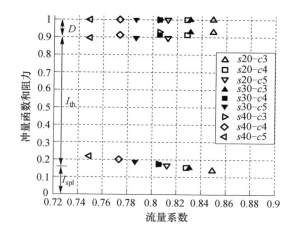

图 9 – 18　侧板后掠进气道冲量函数和阻力

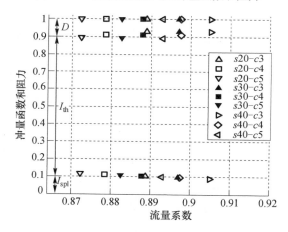

图 9 – 19　侧板前掠进气道冲量函数和阻力

量函数的 64% ~76% ;与此同时,溢流气流的冲量函数增加,约占最大捕获面积内来流冲量函数的 15% ~25% ;总的阻力所占的比例基本不随后掠角度变化,约占最大捕获面积内来流冲量函数的 8% ~12% 。同一后掠角度下,因进气道长度一定,随着收缩比的增加,进气道侧向压缩角度增加,因而溢流角变大,各冲量函数变化趋势同上,但阻力变大。

　　图 9 – 19 为侧板前掠进气道的内壁面阻力特性,由图可见:同一收缩比下,因进气道长度一定,气流流过进气道侧板前缘后,几何溢流作用倾向于削弱压强驱动的溢流作用,随着侧板前掠角度的增加,这种抑制能力也得以加强,因此进气道的流量系数增加。流入喉道的气流冲量函数变化幅度不大,数值上占最大捕获面积

内来流冲量函数的 80% 左右；溢流气流的冲量函数约占最大捕获面积内来流冲量函数的 10%；总的阻力所占比例基本不随后掠角变化,约占最大捕获面积内来流冲量函数的 10%。同一前掠角度下,因进气道长度一定,随着收缩比的增加,进气道压强驱动溢流作用更加明显,因而溢流量变大,但各冲量函数变化并不显著。

　　侧压式进气道摩擦阻力和压差阻力的分配比例见图 9 - 20 和图 9 - 21,图中横坐标为流量系数,纵坐标为压差阻力和摩擦阻力的分配比例,图中 D_p 表示压差阻力,D_f 表示摩擦阻力。参照以上数据可知两种阻力比例分配的主要影响因素是进气道的几何收缩比,收缩比的加大使得进气道对气流的压缩程度增加,侧板在来流方向的投影面积也同时增加,因此作用在侧板上的压差阻力增加迅速；与此同时,摩擦阻力却变化不大,压差阻力在总阻力中所占份额达 60% 以上。不同前、后掠角度的进气道,在收缩比相同的情况下,阻力分配比例基本相同；侧板前、后掠角度的影响体现在进气道捕获气流能力的变化,即对进气道流量系数的影响上。

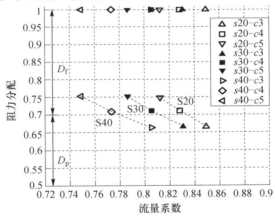

图 9 - 20　侧板后掠模型阻力分配比例

　　图 9 - 22 和图 9 - 23 分别是侧板后掠和前掠进气道的内壁面阻力系数的分布,从图中数据可以看出,侧压式进气道若进口面积一样,喉道前长度一样,则内壁面所受摩擦阻力也相当。进气道前后掠角度变化以及进气道收缩比的变化对进气道内壁面摩擦阻力影响并不明显。从中也可看出,对于内壁面的压差阻力项,侧板前掠或后掠对其影响不大,侧板前掠或后掠角度对压差阻力的影响也不明显,决定压差阻力大小的主要因素是进气道的收缩比,收缩比由小到大,压差阻力也由小变大,同样收缩比的进气道,其所受阻力水平相当。

　　到目前为止,实际测量进气道各个压缩面上的摩擦阻力是非常困难的,因此要对上述数值模拟结果进行一对一的试验验证几乎是不可能的。因此本书只是对进气道压缩面的摩擦阻力进行参数化的数值模拟,以期发现变化趋势和变化规律。

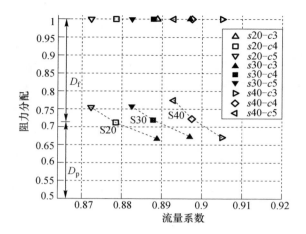

图 9 – 21　侧板前掠模型阻力分配比例

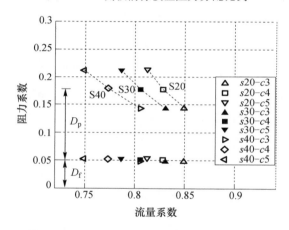

图 9 – 22　侧板后掠进气道壁面阻力系数分布

为满足在进气道设计阶段估算内部阻力的需要,可以对上述数值模拟的结果用代数方程进行拟合,这样就为进气道的减阻设计提供了可参考的初步分析工具。对于上述计算模型可以得到如下的近似回归公式。

对于侧板后掠的侧压式进气道:

摩擦阻力系数为

$$C_f = -0.0023s \times c + 0.0037c + 0.0086s + 0.0363$$

压差阻力系数为

$$C_p = 0.00029s \times c + 0.0323c - 0.0014s - 0.00202$$

总阻力系数为

$$C_d = -0.002s \times c + 0.036c + 0.0072s + 0.034$$

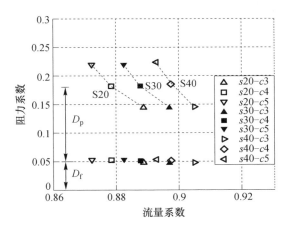

图 9 - 23　侧板前掠进气道壁面阻力系数分布

对于侧板前掠的侧压式进气道:

摩擦阻力系数为

$$C_f = 0.00086s \times c + 0.0023c - 0.0046s + 0.0422$$

压差阻力系数为

$$C_p = 0.0086s \times c + 0.0304c - 0.0218s + 0.00347$$

总阻力系数为

$$C_d = 0.00946s \times c + 0.0327c - 0.0264s + 0.0457$$

式中　s——侧板后掠角度或前掠角度(rad);

　　　c——进气道的几何收缩比。由以上数据拟合关系式可以很方便地估算出不同几何参数配置的侧压式进气道内部阻力。

　　例如,对一个后掠角 $s = \pi/6$、收缩比 $c = 4$ 的纯侧压式进气道,从上式可以方便地估算出压缩面上平均摩擦阻力系数 $C_f = 0.051$,压差阻力系数 $C_p = 0.127$,总阻力系数 $C_d = 0.178$,这为大致预估高超声速侧压式进气道的各种阻力提供了一个简便的近似方法。

9.2.4　曲面压缩侧压式进气道的内部阻力分析

　　在基准侧压式进气道的基础上研究了两种曲面压缩的侧压式进气道:模型 A (图 9 - 24)和模型 B(图 9 - 25)。模型 A 只是顶板采用圆弧压缩的侧压式进气道;模型 B 是顶板、侧板均为曲面压缩的侧压式进气道。

　　模型 A 的顶板初始压缩角为 6°,顶板中部采用部分圆弧的压缩曲面,进气道总收缩比 5.83,侧板压缩角为 6.3°,侧板后掠角为 30°,侧向收缩比为 2.1,为了保证进气道能在 Ma4 下顺利实现自起动,模型的内收缩比按经验值取为 1.24,小于按一维流理论的估算值 1.36。

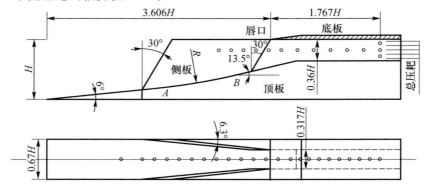

图 9-24　模型 A——弯曲顶板侧压式进气道

在模型 A 的基础上,将它的侧板由平面改为变曲率的曲面压缩,见图 9-25,这就是模型 B,它的侧板 A—A 平面的初始压缩角为 3°,最终压缩角为 9.6°,B—B 平面的侧板初始压缩角为 2.57°,最终压缩角为 8.24°,侧板后掠角为 30°,侧向收缩比为 2.1,总收缩比为 5.83。模型的内收缩比取 1.24。模型 A 与模型 B 除侧板压缩型面外,其余参数都相同。

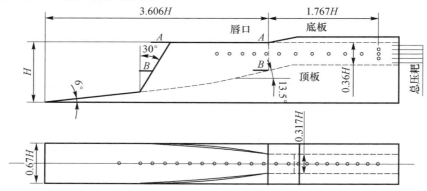

图 9-25　模型 B——侧板、顶板均为曲面压缩的侧压式进气道

图 9-26 和图 9-27 分别是模型 A 和模型 B 在不同的来流马赫数条件下,进气道溢流气流冲量函数、进气道喉道截面气流冲量函数以及进气道内壁面阻力(压差阻力与摩擦阻力的总和)的分配规律。

各数据以进气道最大捕获面积内来流的冲量函数为基准做了归一化处理。可以看出,采用弯曲型面侧板后掠进气道 B 相对直母线侧板后掠进气道的流量捕获要高一些,在来流马赫数由 4 增加到 5.25 的过程中,侧板、顶板皆为曲面压缩的模型 B 较模型 A 的流量捕获系数普遍高约 0.06。同流量系数变化关系相对应,模型

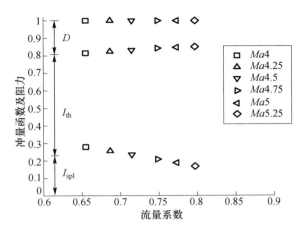

图 9 – 26　模型 A 各冲量函数和阻力的分配

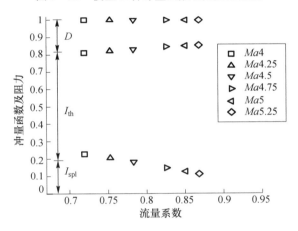

图 9 – 27　模型 B 各冲量函数和阻力的分配

B 溢流气流的冲量函数普遍小于模型 A。

　　图 9 – 28 和图 9 – 29 给出了模型 A 和模型 B 内壁面各种阻力随捕获流量即来流马赫数的变化规律,图中各阻力数据以进气道最大捕获面积的来流动载为基准做了无因次处理。在马赫数变化过程中,两个进气道的内壁面阻力水平基本相当。值得注意的是:随着来流马赫数的增加,进气道内壁面摩擦阻力系数基本维持不变,为 0.06 ~ 0.07。随着来流马赫数的增加,压差阻力系数是逐渐减小的。由内部阻力和流量系数的变化关系可知:全部采用曲面压缩的模型 B 的推力/阻力特性优于模型 A,由于流量系数对发动机推力增加是至关重要的,因此顶板、侧板全部采用曲面压缩的进气道可以为超燃冲压发动机提供更为优越的推/阻特性。

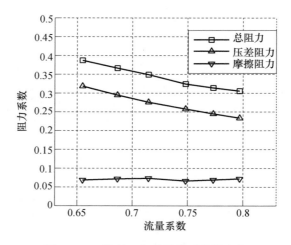

图 9 - 28　模型 A 各种阻力系数的变化

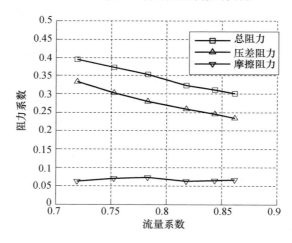

图 9 - 29　模型 B 各种阻力系数的变化

图 9 - 30 和图 9 - 31 为模型 A 和模型 B 内壁面阻力中压差阻力和摩擦阻力的大致比例。可见模型 A 和模型 B 的摩擦阻力与压差阻力的分配比例几乎相同，随着来流马赫数的增加，摩擦阻力在总的内壁面阻力中所占的比例增加，压差阻力的比例减小，总的看来，在内壁面阻力中，摩擦阻力约占 20% ，随着来流马赫数的增加，摩擦阻力的比例从约 16% 增加为 24% 左右。

数值模拟还表明，随着来流马赫数的增加，作用在捕获流管上的摩擦阻力水平十分接近，且其基本不随来流马赫数变化。

在来流马赫数为 4 的情况下，两个模型都有溢流，附加阻力系数均在 0.05 左右，随着来流马赫数的增加，附加阻力数逐步减小，当来流马赫数为 4.75 时，模型

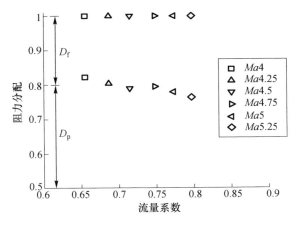

图 9 – 30　模型 A 内壁面两种阻力的比例

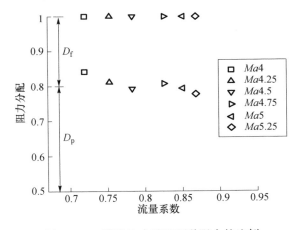

图 9 – 31　模型 B 内壁面两种阻力的比例

A 上的附加阻力接近 0,马赫数再增加,附加阻力不再发生明显变化。对于模型 B,马赫数较高的情况下它的附加阻力转变为附加推力,这是全部采用曲面压缩的侧压式进气道 B 的又一突出优点,这是由侧压式进气道独特的溢流流面形状产生的,下一节将对它作详细介绍。

9.2.5　侧压式进气道侧板的"附加推力"

与二维平面压缩进气道和轴对称进气道相比,高超侧压式进气道有完全不同的溢流特征,在某些工况下,由于"溢流流管"的特殊形状,外部绕流流管给进入进气道的捕获流管在进口前的作用力方向与流动方向相反,使侧压式进气道超声速溢流产生的"附加阻力"实际上成为附加"推力",图 9 – 32 给出了某典型侧压式进气道的数值计算结果。

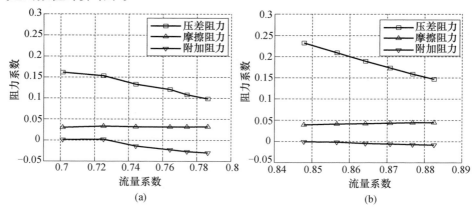

(a)   (b)

图 9 - 32   侧压式进气道的阻力分配

(a) 侧板后掠; (b) 侧板前掠。

       图中给出不同捕获流率下侧板前掠和后掠构型的进气道,作用在喉道截面前方进气道的各项阻力分布,注意图中附加阻力在某些工况下呈现"负值",说明在这些特殊的工况下,外部流管给捕获流管以向前的作用力,使得入口流管的总冲量下降,这从吸气式发动机的总循环看就意味着发动机的推力增加。

       为了说明这种特殊流态的成因,图 9 - 33 给出了其捕获流管的三维图形。

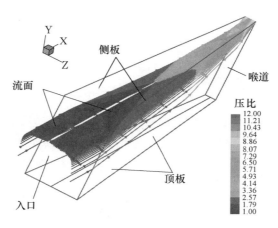

图 9 - 33   侧压式进气道的捕获流管

       图中可以看出,侧压式进气道的捕获流管在与侧板前缘激波接触后局部呈现向后收缩的形态,在最终进入唇口前,外部溢流气体对这一特殊形状的流管作用力的合力的方向有可能与气流的流向相反,对入流流管形成负向的溢流阻力,即特殊的"附加推力"。

　　侧板后掠构型的进气道,在高马赫数来流下,附加阻力为负,其起到推力作用,数值上和摩擦阻力处于同一水平。当来流马赫数较低时,如来流 $Ma4 \sim 4.25$ 时,作用在捕获流管上的附加阻力为正,起到阻力作用,不过其数值很小,接近于 0。随着来流马赫数的增加,附加阻力逐渐变为负,起到推力作用,数值上也从 0 变化到和摩擦阻力相当的水平。

　　侧板前掠构型的进气道,马赫数由低到高,附加阻力也由正变为负,低马赫数下,附加阻力接近于 0,高马赫数下,附加阻力为负,起到推力作用。与侧板后掠进气道不同的是,前掠构型的进气道附加阻力数值上普遍较小,即使在高马赫数下,其数值也很小,约为摩擦阻力的 1/6,这为准确分析侧压式进气道和超燃冲压发动机推阻特性提供了重要的参考。更详细的分析可以参见文献[65]。而上面提到的全部采用曲面压缩的侧压式进气道,出现附加"推力"的概率较大,从进气道减阻设计的角度出发,这也是一种可能的途径。

9.3　有无激波的 $Ma2.5$ 平板摩阻测量[65]

9.3.1　试验模型设计和摩阻测量方法

　　在发动机减阻设计中,如何减少流道中的摩擦阻力是需要仔细研究的课题,其前提必然是要确定不同参数设计的进气道内通道的摩擦阻力,分析影响摩擦阻力的主要因素,进而寻找减小摩擦阻力的可行方案,目前单纯依靠数值模拟准确预测摩擦阻力还不成熟,利用风洞试验研究摩擦阻力也是必不可少手段。

　　与机体一体化设计的高超声速进气道通常由喉道前的内外压缩型面加上喉道后的隔离段组成,喉道前压缩型面上的气动力由表面的正压力和黏性力组成,总的气动力表现为纯阻力。喉道后部隔离段的一般形式是一个等截面的矩形通道,表面正压力不构成阻力,隔离段内壁面阻力只有摩擦阻力。设计状态下,隔离段入口气流马赫数一般在 2.5 左右,并存在激波和边界层的相互作用,因此研究工作以隔离段内的典型流动为背景,采用风洞试验及数值模拟的方法,分析 $Ma2.5$ 来流下无激波超声速平板流动和带激波反射条件下平板流动摩擦阻力的特点。图 9-34 为所设计的摩擦力试验模型总体布局示意图。

　　从整个摩擦力测量试验布局示意图可见,它由上部可调角度的斜激波发生器、下部的带边界层发展平板、与摩擦力测量板相连的小型测力天平、试验器支架、测压耙等组成。在 $Ma2.5$ 的超声速气流中斜激波发生器可以产生不同强度的入射斜激波,与下方的平板产生激波 – 边界层相互作用,平板中部与表面齐平安装了浮

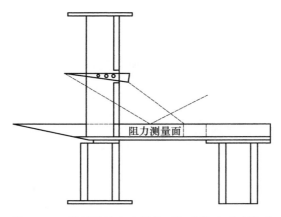

图 9 - 34　带斜激波发生器的平板摩擦力试验模型

动式摩擦力测量天平,用以测量不同试验工况下的表面摩擦力。

浮动式摩擦力天平是直接测量表面摩擦力的一种工具,它的大致工作原理见图 9 - 35。

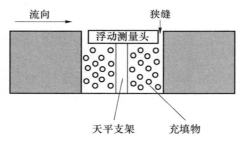

图 9 - 35　表面摩擦力测量天平工作原理

摩擦力测量试验在 600mm × 600mm 的跨声速风洞中进行,试验喷管的名义马赫数为 2.5。试验工作的最大难度就是浮动式摩擦力测量平板的设计、校准和具体实施。为保证测量数据的可靠,浮动平板既要完全自由浮动,又要完全密封,技术难度极大。特别是在有入射激波和反射激波的条件下,波后的高压很可能透过浮动间隙作用在摩擦力浮动平板后方,造成一个朝前的"推力",从而会严重影响摩擦力测量的精度。这些问题都是在试验过程中不断摸索、逐步解决的。

图 9 - 36 为专门设计的表面摩擦力测量浮动天平实物照片,天平量程为 5 ~ 20N,天平测力相对误差小于 1%,满量程位移量为 0.02mm。在线性应变内,依据预先标定好的输出电压 - 阻力关系式,可由输出电压信号的大小计算出对应的力的大小。由于天平极为敏感且脆弱,在风洞起动和停车过程中,天平有时会超出量程工作,这对天平有极大的损害,若一次试验结束后,天平的标定关系被破坏,则不

得不进行再次检测和校准。

图 9 - 36　摩擦力测量天平

　　根据试验段尺寸和起动堵塞比要求,综合确定试验件尺寸。选择测力摩擦表面为 200mm × 300mm,为保证试验的二维效应,来流沿程方向为 200mm,宽度方向为 300mm。为保证来流湍流的形成和充分发展,摩擦阻力测量平板前湍流发展距离为 330mm,在平板前缘 10mm 处安置人工转捩带确保试验平板为湍流边界层,平板中部安装了三支边界层测量耙,沿平板流向布置了壁面静压测孔,图 9 - 37 给出了风洞中的摩擦力试验模型照片。

图 9 - 37　在风洞中的摩擦力测量试验模型

9.3.2　摩阻测量结果

　　试验风洞的来流条件为:来流静压 21.6kPa,来流静温 128K,来流 $Ma2.5$。由于试验风洞时间安排及实际测量中所遇到的种种困难,风洞试验仅获得了无激波平板流动和斜激波在壁面反射形成临界边界层分离两种典型状态下浮动平板上的摩擦阻力。摩擦阻力测量板前缘(距离边界层发展板前缘 0.33m)边界层内两次试验的马赫数分布如图 9 - 38 和图 9 - 39 所示。

　　从图中可以看出,边界层探针已经捕获到了边界层的边缘,即图中的 $Ma2.5$ 部分,边界层厚度在 8mm 左右。由于靠近主流的几根探针靠近模型的侧向支撑,支撑所形成的侧向边界层使得原本测量主流的探针测量结果低于主流,且主流的几根针靠近主流的同时也靠近侧向支撑,使得边界层边缘的马赫数分布和预期的

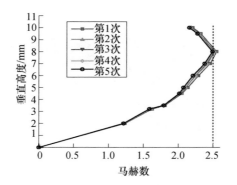

图 9 - 38　边界层内马赫数分布测量值(一)

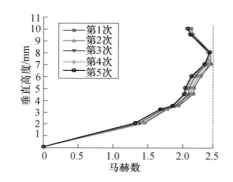

图 9 - 39　边界层内马赫数分布测量值(二)

分布有所出入。在近壁面处,测量得到的马赫数分布偏低,表明实际的边界层速度亏损更大,原因在于人工转捩与自然发展的边界层还是有所差异。来流经过一个0.5mm 厚度的台阶(人工湍流猝发器)后转变为湍流,同时,经过此微小台阶,边界层内靠近壁面处的动量损失较大,速度亏损也就略大。

　　图 9 - 40 为无激波条件下平板壁面沿程压强分布,从测量得到的壁面压强分布结果来看,测量采集得到的压强存在剧烈的波动,在 $x = 0.44$m 和 0.46m 处,有两处大的压强峰值,这是由于风洞两侧洞壁产生的扰动,在模型壁面压强测点附近反射,形成两个相邻的压强峰值。图 9 - 41 为带激波反射形成边界层临界分离条件下的阻力分析段沿程壁面压强分布,压强测量结果仍然带有很大的扰动量,不过测量所得的壁面压强依然反映出了激波反射所在位置。

　　图 9 - 42 为测量得到的 0°攻角平板流动和带激波反射形成边界层临界分离条件下的摩擦面阻力的时间历程,横坐标为数据采集时刻,纵坐标为天平输出力的大小。由于天平安装在一矩形容腔内,压强信号由天平摩擦阻力测量板前后的微小缝隙进入容腔,其内部压强信号的积累使得天平输出的测量结果随时间而趋于

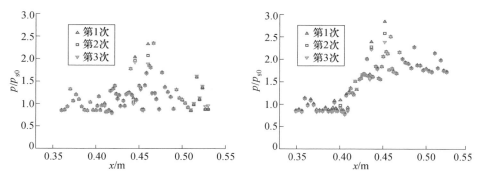

图 9 – 40　无激波平板试验壁面压强分布　　图 9 – 41　激波反射试验壁面压强分布

失真。测量开始时刻,作用在天平前后的压强信号积累并不显著,天平测量输出所得的是摩擦阻力,随着测量时间的延长,天平输出的是摩擦阻力和天平前后压强作用力的合力,因此,只有开始测量的前三个时间点上的数据是可信的。

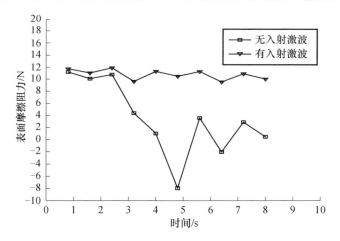

图 9 – 42　表面摩擦阻力测量结果

从试验测量得到的表面摩擦阻力来看,带激波反射形成边界层临界分离条件下的表面摩擦阻力略大于 0° 攻角无激波平板流动摩擦阻力。无激波的超声速平板流动,测量段平均摩擦阻力系数为 1.88×10^{-3};带激波反射的平板流动,测量段平均摩擦阻力系数为 2.04×10^{-3};带激波反射状态下,阻力测量平板上摩擦阻力比无激波状态下阻力增加约 8.5% 。

这是当年国内为数不多、针对隔离段内典型流动特征的 $Ma2.5$ 有激波和无激波平板表面摩擦力测量风洞试验,得到了该试验条件下平板摩擦系数试验值。

▪9.4 曲面压缩侧压式进气道减阻试验研究[67,68]

研究了两种侧压式进气道:其一是基准侧压式进气道,采用现有设计方法,设计了基准三维侧压式进气道作为研究基础,它的顶板为两级斜楔压缩;其二为减阻目的而设计的"曲面压缩低阻进气道",通过数值模拟,寻求低阻三维侧压式进气道设计方案。就当时的认识水平,发现只要顶板采用简单圆弧就可以显著降低进气道的阻力水平,因此就采用这种简单圆弧曲面压缩顶板取代两级斜板的平面压缩顶板,设计减阻进气道。

9.4.1 曲面压缩减阻进气道设计

1. 基准侧压式进气道气动设计

为研究进气道的阻力和减阻措施,设计了顶压与侧压相结合的常规基准三维侧压式进气道作为比较基准,如图 9 – 43 所示。进气道进口宽 $W_1 = 37.6\text{mm}$,高 $H_1 = 55.2\text{mm}$。矩形隔离段宽 $W_2 = 13.6\text{mm}$,高 $H_2 = 22.4\text{mm}$。进气道侧向收缩比 $\text{CR}_1 = W_1/W_2$ 为 2.765,垂直方向收缩比 $\text{CR}_2 = H_1/H_2 = 2.459$,进气道总收缩比 $\text{CR} = \text{CR}_1 \times \text{CR}_2 = 6.8$。采用图中所示的平唇口,进气道内收缩比 $\text{CR}_{\text{in}} = 1.28$,以保证 $Ma4$ 能实现自起动。

进气道顶板为两级平面斜楔压缩,初始压缩角 δ_1 取为 $7°$,第二级压缩角 δ_2 取为 5,侧板几何压缩角 $\delta_s = 7°$,后掠角 $\Lambda = 30°$。侧板肩点位于唇口后方 9.81mm 处,隔离段总长 108.4mm,与截面当量直径的比值为 6.4。基准侧压式进气道以下简称基准进气道。

2. 曲面压缩减阻侧压式进气道气动设计

前面的数值分析显示,采用曲面压缩可以减少进气道的气动阻力,为简化曲面的设计,将基准进气道的第一、二级平面斜楔压缩置换成圆弧曲面压缩,第一压缩角和总压缩角与基准进气道完全相同。

两种进气道的来流条件完全相同,它们的顶板总压缩角、侧板后掠角 Λ、侧向收缩比 CR_1、垂直方向收缩比 CR_2、内收缩比、进口宽和高、矩形隔离段的宽和高、隔离段总长均保持不变,经多方案的数值计算和比较,在确保总体性能优良的前提下,最终确定了一个合理的低阻方案。其具体设计如图 9 – 44 所示。

3. 两种进气道内部阻力的数值比较

根据数值计算的结果,图 9 –45 ~ 图 9 –47 分别给出了从 $Ma4.6 \sim 6.7$ 范围两种进气道的压差阻力、摩擦阻力和总阻力的变化规律,计算时动压和参考面积均相同。

图中符号"Low"代表减阻设计的曲面压缩侧压式进气道,"Std"表示基准进气

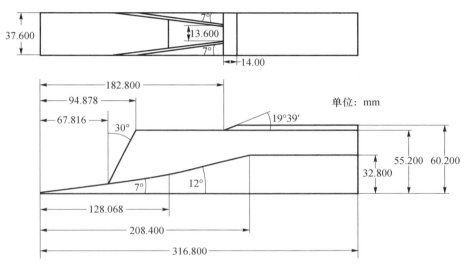

图 9 - 43　基准三维侧压式进气道

道,可见在研究的全部马赫数范围内,减阻设计的进气道无论是压差阻力,还是摩擦阻力均小于常规斜面压缩的基准进气道。减阻效果显著。

在来流 $Ma5.3$ 风洞试验条件下的计算结果表明,低阻进气道内壁面的压差阻力减小了 4.68% ,摩擦阻力减小了 4.93% ,总阻力减小了 4.73% ,摩擦阻力所占比例减小了 0.04% 。数值模拟的结果表明,在同样的设计限制条件下,部分压缩面采用曲面压缩的侧压式进气道可以明显地减少气动阻力。

因为压差阻力在内壁面上的总阻力中占支配地位,所以它将是两种三维侧压式进气道内壁面上阻力研究的重点。显然,压差阻力的大小与进气道内通道的沿程压强分布密切相关。一般而言,进气道的沿程压强越高,进气道的压差阻力也越大,因此进气道沿程压强曲线的高低在某种程度上代表了压差阻力的大小。

图 9 - 48 和图 9 - 49 分别为数值模拟所得两种进气道顶板和侧板沿程压强的分布。

从图 9 - 48 和图 9 - 49 可知,基准侧压式进气道喉道前顶板、侧板中心线上沿程压强除个别点外,都比低阻进气道对应位置的压强高,这是采用了曲面压缩,使

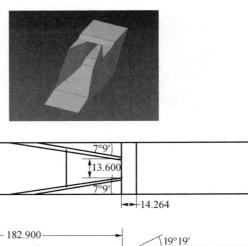

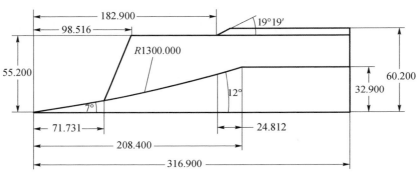

图9-44　曲面压缩低阻三维侧压式进气道

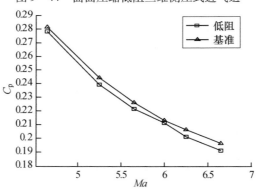

图9-45　两种模型的压差阻力

用了部分等熵压缩波替代了第二级斜楔的激波压缩,使得气体的压缩过程减少了激波突然压升的比例,呈现更均匀的升压规律,低阻进气道既可提高压比,又达到减小压差阻力的目的。

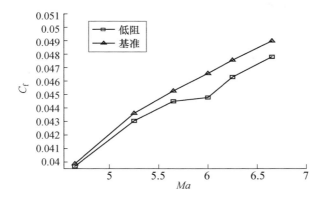

图 9 - 46　两种模型的摩擦阻力

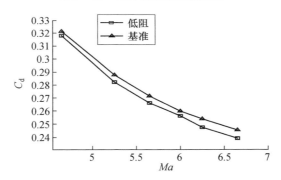

图 9 - 47　两种模型的总阻力

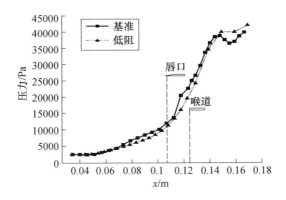

图 9 - 48　两进气道顶板沿程压强分布

再来对比一下在试验条件下两种进气道的其他阻力（包括推力效率、推阻比、附加阻力）大小。表 9 - 2 为 $Ma5.3$ 来流条件下通过数值模拟获得的它们的数据。

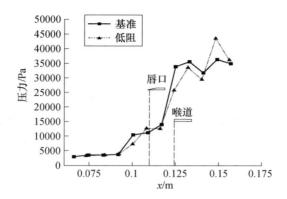

图 9 - 49　两进气道侧板沿程压强分布

表 9 - 2　Ma5.3 来流条件下两种进气道模型的其他阻力参数

进气道模型	基准进气道	低阻进气道
推力效率(I_{th}/I_c)/%	65.57	69.20
推阻比(I_{th}/D)	3.94	4.36
附加阻力系数 $C_{D.ad}$	0.006	-0.008

表 9 - 2 中推力效率定义为进气道喉道截面冲量 I_{th} 与捕获流管冲量 I_c 之比，推阻比定义为喉道截面冲量 I_{th} 与进气道阻力之比。

由表 9 - 2 可知，本书设计的低阻进气道推力效率提高了 3.6%，推阻比增加了 10.8%，减阻效果是明显的。从表中还可以看出，两种进气道所有阻力中变化最大的是附加阻力，基准进气道的附加阻力是真正意义上的阻力，而低阻进气道由于压缩面设计和配置的不同导致唇口进气流管形状的改变，溢流流管表面对进气流管的作用力方向朝前，使得进气道的附加阻力变成了实际上的推力，即"附加推力"，并且低阻进气道的"附加推力"绝对值大于基准进气道的附加阻力。由此可见，本书研究的低阻进气道减阻优势是明显的。

4. 两种进气道总体性能的比较

表 9 - 3 为试验条件下数值模拟所得两种进气道的总体性能。

表 9 - 3　Ma5.3 来流条件下两种进气道模型的总体性能

进气道模型	基准进气道	低阻进气道
流量系数 φ	0.794	0.831
总压恢复 σ	0.344	0.381
增压比(p_e/p_0)	40.47	40.61
出口马赫数 Ma_e	1.67	1.73

由表 9 – 3 可知,在试验条件下,当来流 $Ma5.3$ 时,曲面压缩低阻进气道的总体性能均优于基准进气道,流量系数提高了 4.6% ,总压恢复提高了 11.4% ,增压比提高了 3.6% 。仅出口马赫数增加了 3.55% 。之所以低阻进气道的出口马赫数会大于基准进气道,是因为低阻进气道采用了曲面压缩技术,它的压缩效率高,在达到同样的增压比下,气流的减速程度低,因此出口马赫数略高于基准进气道。

9.4.2 曲面压缩低阻进气道模型风洞试验对比

1. 两种进气道总体性能试验结果的比较

试验的来流 $Ma5.3$,总压 $p_0^* = 0.7\mathrm{MPa}$,总温 $T_0^* = 420\mathrm{K}$ 。图 9 – 50 和图 9 – 51 分别是两种进气道模型风洞试验的纹影照片。

图 9 – 50 基准进气道的纹影照片   图 9 – 51 低阻进气道的纹影照片

由图 9 – 50 和图 9 – 51 可知,两种三维侧压式进气道风洞试验的激波系大体相同,都与数值模拟的激波系吻合。表 9 – 4 是通过试验得出的两种进气道的总体性能参数。

表 9 – 4 $Ma5.3$ 来流条件下两种进气道模型总体性能试验结果

试验结果/试验模型	基准进气道模型	低阻进气道模型
流量系数 φ	0.761	0.793
总压恢复 σ	0.243	0.260
增压比 (p_e/p_0)	41.51	42.34
出口马赫数 Ma_e	1.520	1.584

试验结果表明,试验所得的流量系数、增压比都非常接近数值模拟结果,如果将低阻进气道与基准进气道相比,可以看出流量系数提高了 4.2% 、总压恢复提高了 7% ,增压比提高了 2% ,而出口马赫数也相应提高了 4.2% ,其变化趋势和数值的大小与数值模拟的结果一致。试验证明本书研究的曲面压缩低阻进气道总体性能优于基准进气道。

2. 两种进气道压强分布试验结果比较

以目前的技术水平而言,在风洞试验中精确地测量进气道内表面的摩擦阻力、压差阻力和附加阻力是相当困难的。对侧压式进气道而言,压差阻力在总阻力中所占比例达到80%左右,因此可以用进气道内壁面的沿程压强分布沿流向积分来获得压差阻力,但是由于风洞试验的测压点有限,用测量值积分得到压差阻力会有一定的误差,但是从沿程压强分布曲线的高低定性地分析压差阻力也是可行的,图9-52和图9-53分别为两种进气道模型顶板压强和侧板压强分布的试验结果。

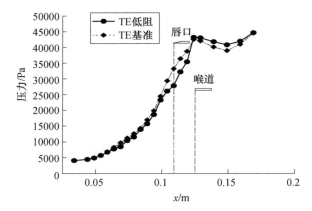

图9-52　两种进气道顶板压强分布试验结果

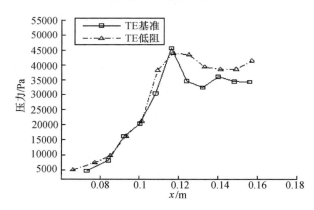

图9-53　试验测得两种进气道侧板压强分布

由图9-52和图9-53的试验结果可知,两种进气道整个内壁面上沿程压强分布的状态和趋势与数值模拟相同。基准进气道的实测压强值在大部分区域都高于低阻进气道,这就间接证明了低阻进气道内壁面上的压差阻力确实小于基准进气道。试验结果证明,低阻的曲面压缩进气道相比基准进气道,既大幅减小了内部阻力,又兼顾了总体性能的提高。

通过以上对三维侧压式进气道减阻的研究可以看出,三维侧压式进气道顶板采用适当的曲面压缩来减少进气道内部阻力的措施是有效的。在来流 $Ma5.3$ 的条件下,通过对三维侧压式进气道采用本书所述的减阻措施,压差阻力减少了4.7% 左右,摩擦阻力减少了约 4.9% ,总阻力减少了 4.7% 左右,并且使附加阻力转化为"附加推力"。在来流 $Ma5.3$ 的条件下,对三维侧压式进气道采用了曲面压缩的减阻措施后,总体性能也得到了很大改善,流量系数可以提高 4% 以上,总压恢复可以提高 7% 以上,增压比可以提高 2% 以上。

9.5　进气道减阻设计的一些初步认识

经过以上的一些研究,从进气道减阻的角度出发,可以看出:

(1) 进气道的阻力客观存在,理论上存在一个最小阻力,这是进气道减阻设计的极限,它与进气道的减速程度等因素有关。

(2) 在满足各种几何约束和性能约束的前提下,强烈建议采用曲面压缩替代平面压缩,这是减阻设计的有效途径。

(3) 从单纯减少摩擦阻力的角度出发,应尽可能减小壁面的表面粗糙度并尽可能减少与气流接触的压缩面面积。

(4) 应具有较小初始压缩角和总外压角,如果不满足压比要求,在保证进气道起动的前提下,可适当增加内压成分。

第10章 曲面压缩的发展及其应用展望

在超声速/高超声速进气道的研究历史中,无黏损失为 0 的等熵压缩概念早就有之,楔 + 等熵曲面压缩或锥 + 等熵曲锥压缩已经成功地应用于各类飞行器上,其相对简单的设计方法已经趋于成熟,这种压缩方式的头波只是典型的平面斜激波或直线型锥激波。本书论及的内凹弯曲激波将上述直线型激波的概念大大向前推进了一步,从而开启了一个真正从气动设计到几何设计的全新设计平台。近年来,高速气流在曲率可控连续弯曲表面受压的概念逐渐为国内不少单位和诸多研究人员所了解并接受,出现了多种设计方法并成功地应用于飞行器进气道气动设计。从高超声速进气道的发展趋势看,曲面压缩已成必然的发展方向。

10.1 超声速/高超声速气流曲面压缩特点总结[41]

本书回顾、总结了曲面压缩流场相关的研究成果,包括这种设计思想的来源、流场特征、设计方法、在进气道中的应用等,并展望了曲面压缩进一步发展的可能性,研究表明:

(1)超声气流曲面压缩是一种让全部压缩表面都参与对气流压缩的压缩方式。曲面曲率的连续变化对超声速气流产生连续不断的扰动,从而有连续的等熵压缩波从压缩面发出,使得全部表面均参与对气流的压缩。

(2)本书讨论的两类曲面压缩气动反设计,即根据出口气流参数分布要求逆流向反设计压缩通道、根据压缩面沿流向气动参数变化或要求设计压缩面,都是从流动的物理本质出发而形成的新型的气动设计方法,完全摒弃了缺乏物理意义的几何设计。其中第二类反设计还可以引伸出根据弯曲激波形态要求来设计压缩面的设计方法。

(3)曲面压缩通过可控的弯曲激波和可控的等熵压缩相互配合的压缩方式完成对超声速/高超声速气流的压缩。其独特的压缩方式,有别于一般的多级平面斜楔压缩和常规的等熵压缩。

（4）计算和试验研究证明了曲面压缩的良好综合气动性能,为高性能高超声速进气系统或者排气系统的气动设计提供了全新的方法。所设计的进气道具有宽工作范围、短小的压缩面长度、较小的进气道阻力等优异性能,具有工程实际应用价值。

（5）曲面压缩二维进气道的设计技术相对成熟,已经可以直接用于工程实践。国内有单位研究表明,对于二元高超声速进气道,采用曲面压缩和弯曲激波如简单的等压力梯度设计就可以显著减少压缩面长度,同时在马赫数变化时,弯曲激波的波形变化不大,有利于非设计点性能的提高,适合宽马赫数范围工作[69-72]。

（6）曲面压缩的概念还有巨大的发展空间。总体看来,在三维曲面压缩流场的反设计、考虑黏性的反设计等方面迫切需要创新的构思和创新的解决方案。随着曲面压缩研究的深入,必然出现不少尚未了解的气动 – 热力难点有待深入探索和研究。

（7）提出了一种新的评价压缩面对气流压缩效率的参数——"面压效率比" K_s,可以用于动力总体和飞行器总体评价进气道的气动设计水平,也是衡量进气道自身性能的一个有用指标。

鉴于作者目前的研究水平,本书所述内容必将在未来的研究中有更深刻的认识和进展。此外书中内容可能有不当之处,敬请读者谅解。

10.2　超声气流曲面压缩的展望

在高超声速吸气式发动机和高超声速飞行器的研究发展中,为适应宽马赫数、宽空域的工作范围和其他严酷的工作条件,无论是气动、材料,还是数值模拟和各种地面试验、飞行试验,均提出了各种各样挑战性的要求,迫使研究人员在现有理论和现有技术的基础上,不断探索新的理论、新的设计思想、新的技术途径。诚如前言中所述,超声气流曲面压缩的概念就是在最近几十年超声速/高超声速进气道的研究中逐步发展起来的。毋庸置疑,迄今为止本书讨论的曲面压缩及其反设计都是基于无黏等熵流的概念,在具体的进气道设计过程中,引入了流道的黏性修正这种传统的做法,这种设计方法也已经使用于某些超燃冲压发动机为动力的试验器上并取得了良好的总体效果。

从目前及可预测的近期看,相对于传统的超声速/高超声速气流压缩方式而言,曲面压缩的优势是确定无疑的,已经涌现出若干可用的设计方法,如本书第 2 章介绍的正设计方法,第 4 章的由出口参数要求的反设计方法,第 5、6、7、8 章的由压缩面气动参数分布的曲面压缩面的反设计方法,都已经涵盖了四种典型的超声速/高超声速进气道:二维进气道、轴对称进气道、三维侧压进气道、三维内转进气道等。作为超声速/高超声速气流中曲面压缩的进一步发展,下列几方面的内容需要认真考虑：

（1）已有的曲面压缩面设计 – 反设计方法的工程应用；

（2）新的曲面压缩设计 – 反设计方法研究；

（3）考虑黏性的曲面压缩面设计方法；

（4）真正具有三维意义的曲面压缩面设计；

（5）可变形曲面压缩面设计，从二维压缩面发展到三维压缩面，特别是针对内转式进气道的可变形曲面压缩面设计；

（6）壁面气动参数分布出发的乘波外形设计等。

必须说明，介绍的曲面压缩概念可以拓展为可控气动参数的曲面膨胀概念。曲面压缩所采用的研究方法不仅可以应用于高速气流的压缩过程设计，而且适用于高速气流膨胀过程的设计，实现高速气流流道有明确物理意义的气动设计而非简单的几何设计。

结束语

正如在前言中介绍的那样,本书是在若干国家自然科学基金资助下完成的:

自然科学基金面上项目"高超声速进气道来流附面层处理的研究"(19082008);

自然科学基金面上项目"高超声速一体化设计侧压式进气道研究"(19282007);

自然科学基金面上项目"非均匀高超声速进气道研究"(19582003);

自然科学基金面上项目"双模态超燃冲压发动机进气系统研究"(19882002);

自然科学基金重大研究计划"近空间飞行器关键基础科学问题"的重点项目"高超声速气流新概念压缩系统研究"(90916029)。

作者深表谢意!

本书主要章节取材于作者指导的28名硕士、博士研究生的学位论文(见文献[36,42-68]),其中王磊博士的研究工作最具创新性,他的研究成果为曲面压缩理论基础的建立、完善和实用化发展做出了重要贡献。方兴军硕士具有开创性的逆流向反设计研究思想也相当出色,居燕硕士和潘瑾博士曲面压缩面生成的初期研究、孙波博士的 Busemann 进气道研究、张林博士的压缩面等熵压缩波分布规律和表面马赫数递减规律研究、南向军博士和李永洲博士由压缩面气动参数分布设计曲面压缩基准流场的研究以及曲面压缩内收缩进气道研究、骆晓臣博士的阻力研究和减阻等都各具特色,其余还有多位研究生在各自的课题研究中丰富了弯曲激波 – 曲面压缩的内容。正是这些研究生孜孜不懈的创新研究,才有此丰富的素材可以归纳总结并最终形成专著出版。此外,本书第2章等熵型面坐标变换的思想源于与加拿大著名进气道专家 Sannu Mölder 博士在法国的私人交流,第9章阻力的一维分析借鉴了 Sannu Mölder 博士2014年在厦门大学的讲课材料,作者在此一并致谢。

参考文献

[1] Oswatitsch K. Pressure Recovery in Missiles with Reaction Propulsion at High Supersonic Speeds[R]. Washington D. C. :NACA, 1947.

[2] Anderson J D. A History of Aerodynamics and its Impact on Flying Machines[M]. Cambridge:Cambridge University Press,1998.

[3] Conners J S, Meyer R C. Design Criteria for Axisymmetric and Two – Dimensional Supersonic Inlets and Exits[R]. Washington D. C. :NACA,1956.

[4] Trexler Carl A. Performance of an Inlet for an Intergraded Scramjet Concept[J]. Journal of Aircraft, 1974, 11 (9): 589 – 591.

[5] Trexler Carl A. Inlet Starting Prediction for Sidewall Compression Scramjet Inlets[C]// 24th Joint Propulsion Conference. Boston:AIAA,1988.

[6] Busemann A. Die achsensymmetrische kegeligelleberschallstromung[J]. Luftfahrtforschung , 1942,19:137 – 144.

[7] Mölder S, Szpiro J. Busemman Inlet for Hypersonic Speeds [J]. Journal of Spacecraft and Rockets, 1966, 3(8): 1303 – 1304.

[8] Smart M K. Design of Three – Dimensional Hypersonic Inlets with Rectangular to Elliptical Shape Transition[J]. Journal of Propulsion & Power, 1998, 15 (3):408 – 416.

[9] Holland S D. Experimental Investigation of Generic Three – Dimensional Sidewall – Compression Scramjet Inlets at Mach 6 in Tetrafluoromenthane[R]. Langley: NASA Langley Technical Report Server , 1993.

[10] Hermann R. Supersonic Inlet Diffusers and Introduction to Internal Aerodynamics[M]. Cal-

ifornia：Minneapolis – Honeywell Re,1956.

[11] [苏]朱也夫 B C,马卡伦 B C. 冲压和火箭——冲压发动机原理[M]. 刘兴洲,等译. 北京:国防工业出版社,1975.

[12] Henderson L F. Supersonic Intakes[R]. Nanking:Nanking Aeronautical Institute, 1982.

[13] Barkmeyer Daniel E F, Lewis Mark J. Velocity Profile Modification in High – Speed Flows [C]//12th AIAA International Space Planes and Hypersonic Systems and Technologies. Norfolk:AIAA,2003.

[14] Zhang Kunyuan, Meier G E A. Experimental Investigation of 2 – D Inlet at Non – Uniform Supersonic Flow[R]. Coron:DLR,1991.

[15] 张堃元, Meier G E A. 二维非均匀超音来流下最有利压缩面型面的随机选取法数值研究[J]. 推进技术,1994 , 15(5):9 – 15.

[16] 金志光,张堃元. 一种二维高超声速进气道非常规压缩型面的设计思想[C]//2003 年高超声速技术研讨会. 北京:中国科学院力学所,2003.

[17] 居燕. 弯曲激波压缩系统设计的初步研究[C]//南京航空航天大学第六届研究生学术会议. 南京:南京航空航天大学,2004.

[18] 张堃元,等. 曲面激波压缩和在高超声速进气道上的应用[C]//中国力学学会科学大会. 郑州:中国力学学会, 2007.

[19] 金志光,张堃元. 二维非常规压缩型面/高超声速进气道的设计概念[J]. 推进技术, 2004, 25(3): 226 – 229.

[20] Johnson C B, Lawing P L. Mach 6 Flowfield Survey at the Engine Inlet of Research Airplane [J]. Journal of Aircraft , 1977,4:14.

[21] Auneau I, Garnero P, Duveau P. Design and Optimization Methods for Scramjet Inlets[R]. AIAA 1995 – 6017,1995.

[22] Zhang K Y, Xiao X D, Xu H. The Paremeteric Analysis and Experimental Investigation of a Sidewall Compression Inlet at Mach 5. 3 in Non – Uniform Incoming Flow[C]// International Aerospace Planes and Hypersonics Technologies. Chattanooga:AIAA,1995.

[23] Lewis M J, Hastings D E. The Influence of Flow Non – Uniformites in Air – Breathing Hypersonic Propulsion Systems[C]// 23rd Joint Propulsion Conference. San Diego:AIAA, 1987.

［24］ Dillon L J, Marcun D C, Johnston P J,et al. Aerodynamic and Inlet Flow Characteristics of Several Hypersonic Airbreathing Missile Concepts［J］. Journal of Aircraft, 1980, 18（4）：231 – 237.

［25］ Lawing P L, Johnson C B. Inlet Boundary – Layer Shapes on Four Aircraft Forebodies at Mach 6［J］. Journal of Aircraft, 1978,15（1）: 62 – 63.

［26］ Goldfeld M A, Starov A V, Vinogradov V V. Experimental Study of Scramjet Module［J］. Journal of Propulsion & Power, 2001, 17（6）:1222 – 1226.

［27］ Thompson R A,Hamilton H H, Berry S A,et al. Hypersonic Boundary Layer Transition for the X – 33 Phase II Vehicle［J］. Aiaa Journal , 1998,36（9）:1610.

［28］ Berry S A, Bouslog S A, Brauckmann G J,et al. Boundary Layer Transition Due to Isolated Roughness：Shuttle Results from the LaRC 20 – Inch Mach 6 Tunnel［C］//35th Aerospace Sciences Meeting and Exhibit. Reno：AIAA,1997.

［29］ Berry S A, Horvath T J, Hollis B R, et al. X – 33 Hypersonic Boundary Layer Transition ［J］. Journal of Spacecraft & Rockets, 2004 ,38（5）:646 – 657.

［30］ Lai H T,Kim S C,Nagamatsu H T. Calculation of Scramjet Inlet with Thick Boundary Layer Ingestion［J］. Journal of Propulsion & Power,1993,10（5）:625 – 630.

［31］ Vinogradov V, Stepanov V, Alexadrovich E. Numerical and Experimental Investigation of Airframe – Integrated Inlet for High Velocities［J］. Journal of Propulsion & Power, 2015,8（1）:151 – 157.

［32］ Lewis M J, Hastings D E. The Influence of Flow Non – Uniformites in Air – Breathing Hypersonic Propulsion Systems ［C］//23rd Joint Propulsion Conference. San Diego：AIAA,1987.

［33］ 张堃元,萧旭东,徐辉. 非均匀超声速来流二维压缩面的优化设计［J］. 推进技术, 1999, 20（4）:61 – 65.

［34］ 张堃元,萧旭东,徐辉. 非均匀超声速二维进气道绕流研究［J］. 空气动力学学报, 2000,18（1）:92 – 97.

［35］ 张堃元,马燕荣,徐辉. 非均匀流等压比变后掠角高超侧压式进气道研究［J］. 推进技术,1999, 20（3）:40 – 44.

[36] 萧旭东. 非均匀来流条件下高超音速进气道的优化设计[D]. 南京:南京航空航天大学,1997.

[37] 张堃元,萧旭东. 非均匀流等溢流角设计高超声速侧压式进气道[J]. 推进技术,1998,19(1):20-24.

[38] 张堃元,等. 曲面激波压缩和在高超声速进气道上的应用[C]//中国力学学会学术大会. 北京:中国力学学会,2005.

[39] 金志光,张堃元. 典型二元高超声速进气道与侧压式进气道的性能比较[J]. 航空动力学报,2008,23(9):1553-1560.

[40] 李大进. 高超声速进气道性能参数定义和测量方法(初稿)[S]. 中华人民共和国国家军用标准,2016.

[41] 张堃元. 基于弯曲激波压缩系统的高超声速进气道反设计研究进展[J]. 航空学报,2015,36(1):274-288.

[42] 王磊. 高超声速二元弯曲激波压缩流场的分析、优化与应用[D]. 南京:南京航空航天大学,2016.

[43] 孙波. 高超声速 Busemann 进气道流场特性和设计方法研究[D]. 南京:南京航空航天大学,2007.

[44] 潘瑾. 超声速/高超声速非均匀来流下曲面压缩系统研究[D]. 南京:南京航空航天大学,2011.

[45] 居燕. 弯曲激波压缩面设计及试验研究[D]. 南京:南京航空航天大学,2005.

[46] 张林. 等熵压缩波分散交汇的超/高超声速曲面压缩系统研究[D]. 南京:南京航空航天大学,2014.

[47] 方兴军. 控制出口速度分布的超声速内流通道反设计[D]. 南京:南京航空航天大学,2011.

[48] 高雄. 超声速非均匀流模拟方法研究[D]. 南京:南京航空航天大学,2009.

[49] 刘燚. 控制出口马赫数分布的高超声速压缩通道反设计[D]. 南京:南京航空航天大学,2012.

[50] 周硕. 高超压缩面气动反设计规律研究[D]. 南京:南京航空航天大学,2012.

[51] 钟启涛. 出口马赫数分布可控的二元高超进气道双重反设计[D]. 南京:南京航空航

天大学,2014.

[52] 南向军. 压升规律可控的高超声速内收缩进气道设计方法研究[D]. 南京:南京航空航天大学,2012.

[53] 李永洲. 马赫数分布可控的高超声速内收缩进气道及其一体化设计研究[D]. 南京:南京航空航天大学,2014.

[54] 刘辰昊. 壁面参数融合可控的高超侧压式进气道初步研究[D]. 南京:南京航空航天大学,2014.

[55] 翟永玺. 基于马赫数分布规律的二元高超弯曲激波进气道设计研究[D]. 南京:南京航空航天大学,2014.

[56] 向有志. 高超轴对称曲面压缩系统的初步研究[D]. 南京:南京航空航天大学,2010.

[57] 杨国亮. 曲面侧板压缩的侧压式进气道研究[D]. 南京:南京航空航天大学,2006.

[58] 尹智. 前体流场对侧压式进气道性能的影响研究[D]. 南京:南京航空航天大学,2008.

[59] 朱伟. 基于马赫数分布规律的高超矩形转圆内转式进气道设计研究[D]. 南京:南京航空航天大学,2012.

[60] 杨顺凯. 高超声速二维进气道压缩面弹性可调方法研究[D]. 南京:南京航空航天大学,2014.

[61] 贾柯. 高超声速侧压式进气道变几何方案研究[D]. 南京:南京航空航天大学,2012.

[62] 陈秋华. 喉道顶板可调侧压式进气道初步研究[D]. 南京:南京航空航天大学,2006.

[63] 李健. 高超声速轴对称进气道变几何方案研究[D]. 南京:南京航空航天大学,2012.

[64] 甘宁钢. 宽马赫数凹曲激波压缩进气道型面变几何研究[D]. 南京:南京航空航天大学,2011.

[65] 骆晓臣. 高超声速进气道内部阻力的分析和研究[D]. 南京:南京航空航天大学,2007.

[66] 王金光. 二元高超声速进气道阻力特性研究[D]. 南京:南京航空航天大学,2012.

[67] 周宏奎. 低阻二元高超声速进气道设计方法研究[D]. 南京:南京航空航天大学,2010.

[68] 卫永斌. 高超声速进气道系统阻力特性研究[D]. 南京:南京航空航天大学,2008.

[69] 李大进,高雄,朱守梅. 弯曲激波压缩曲面的二元高超声速进气道研究[J]. 推进技术, 2013,34 (11):1441-1447.

[70] 高雄,李大进,朱守梅,等. 高超二元曲面压缩进气道前缘激波性能分析[J]. 推进技术, 2013, 34 (9):1153-1157.

[71] 南向军. 宽马赫数二维曲面压缩高超声速进气道设计[J]. 火箭推进,2015,41(1):43-49.

[72] 潘瑾,金峰,张堃元. 非均匀来流下等压力梯度曲面压缩二维进气道性能[J]. 工程热物理学报, 2015,36(10):2137-2141.

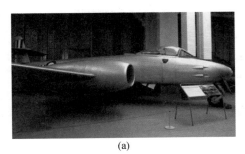
(a)

(b)

图 1 - 1　最早使用涡轮喷气发动机

(a)英国"流星"战斗机；(b)德国的梅塞施密特 Me - 262 战斗机。

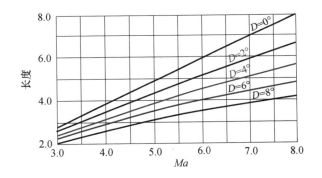

图 1 - 15　唇口前压缩面长度随马赫数的变化

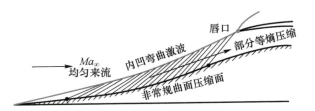

图 1 - 17　非常规曲面压缩面及其产生的内凹弯曲激波

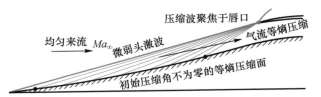

图 1 - 18　带初始压缩角的等熵压缩进气道

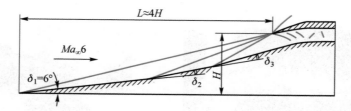

图 1 - 19　常规的二维平面多级压缩进气道

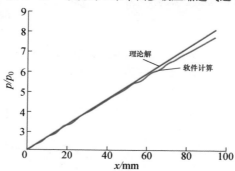

图 1 - 24　等压力梯度的压缩面升压规律

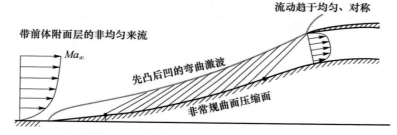

图 1 - 26　非均匀前体来流下先凸后凹弯曲激波对气流的"校正"作用

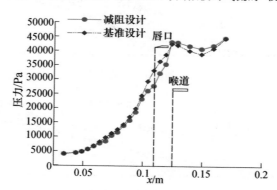

图 1 - 28　减阻设计前后进气道压缩面压强分布比较

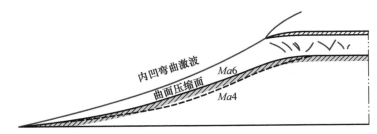

图 1 – 29　弯曲激波始终封口的 $Ma4/Ma6$ 曲面压缩 – 内凹弯曲激波进气道示意图

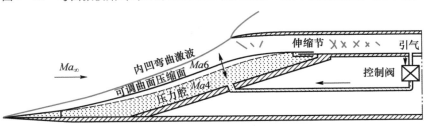

图 1 – 30　变刚度气动调节曲面压缩系统设计概念 1

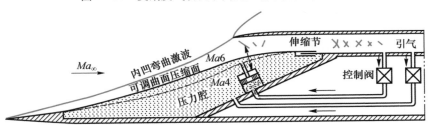

图 1 – 31　变刚度气动调节曲面压缩系统设计概念 2

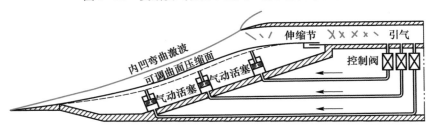

图 1 – 32　多气动活塞调节的曲面压缩系统设计概念 3

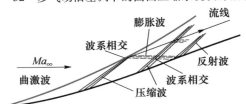

图 2 – 1　二维弯曲激波压缩流场内波系及其相互作用的示意图

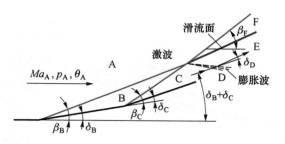

图 2 - 4　斜激波与同侧斜激波相交的示意图

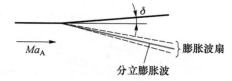

图 2 - 5　分立膨胀波

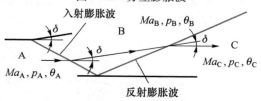

图 2 - 6　膨胀波的反射

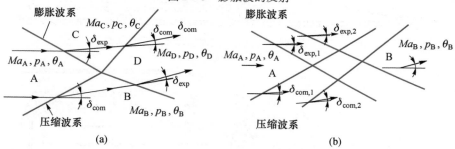

图 2 - 7　异侧压缩波与膨胀波相交的示意图

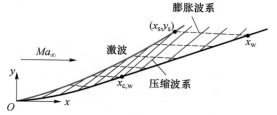

图 2 - 8　弯曲激波压缩流场中的波系

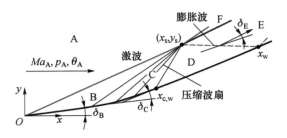

图 2-9 同侧的斜激波与压缩波扇相交

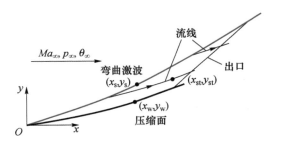

图 2-10 弯曲激波压缩流场示意图

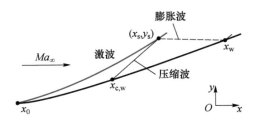

图 2-11 弯曲激波压缩流场壁面参数的计算

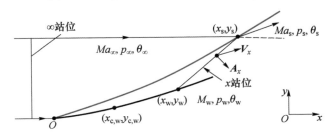

图 2-12 弯曲激波坐标及激波后参数的计算

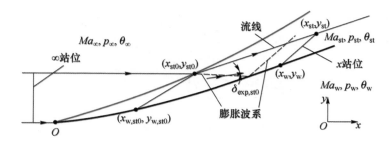

图 2-13　流线坐标及流线上参数的计算

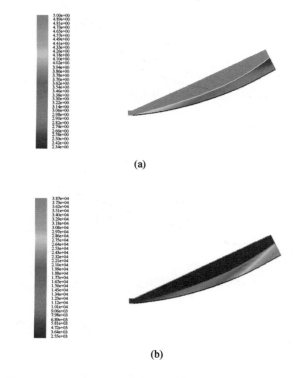

图 3-17　$Ma5$ 时多折角构造的弯曲激波压缩系统流场图

（a）弯曲压缩系统 $Ma5$ 马赫数等值线；（b）弯曲压缩系统 $Ma5$ 压强等值线。

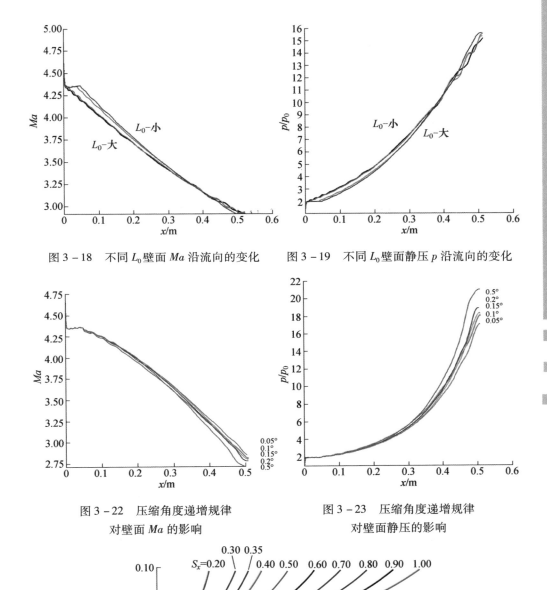

图 3-18 不同 L_0 壁面 Ma 沿流向的变化　　图 3-19 不同 L_0 壁面静压 p 沿流向的变化

图 3-22 压缩角度递增规律
对壁面 Ma 的影响

图 3-23 压缩角度递增规律
对壁面静压的影响

图 3-24 不同 S_x 的曲面压缩系统壁面型线对比

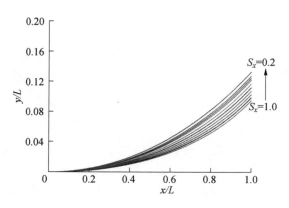

图 3 – 27　总偏转角和长度均相同时不同 S_x 的曲面压缩系统壁面型线对比

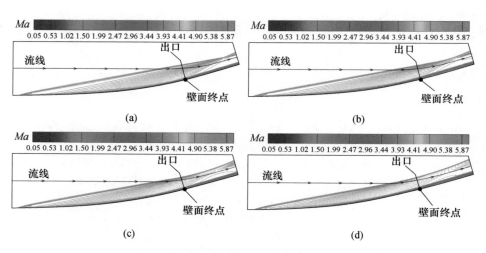

图 3 – 28　$Ma6$ 时不同 S_x 的曲面压缩系统流场结构

（a）$S_x = 0.8$；（b）$S_x = 0.6$；（c）$S_x = 0.4$；（d）$S_x = 0.2$。

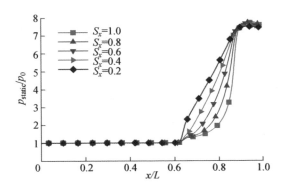

图 3 - 29　Ma6 不同 S_x 曲面压缩系统 $y/y_0 = 0.5$ 流线上压强分布对比

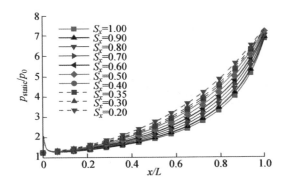

图 3 - 30　Ma6 不同 S_x 曲面压缩面压升规律

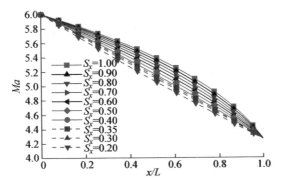

图 3 - 31　Ma6 不同 S_x 曲面压缩面马赫数分布

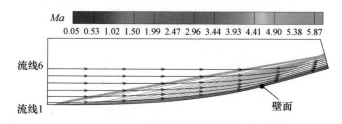

图 3 – 32　$Ma6$ 纯等熵压缩面$(S_x = 1.0)$流场内 6 条流线的减速规律

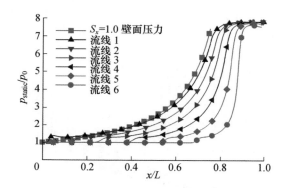

图 3 – 33　$Ma6$、$S_x = 1.0$ 不同流线上的压强分布与壁面压升规律对比

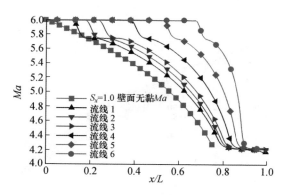

图 3 – 34　$Ma6$、$S_x = 1.0$ 不同流线上的马赫数分布与壁面无黏马赫数分布对比

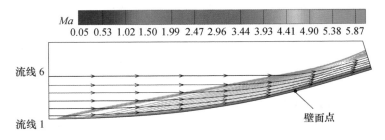

图 3 - 35　$Ma6$、$S_x = 0.5$ 压缩面流场 6 条流线的减速规律

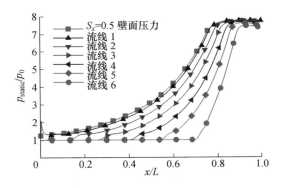

图 3 - 36　$Ma6$、$S_x = 0.5$ 不同流线上的压强分布与壁面压升规律对比

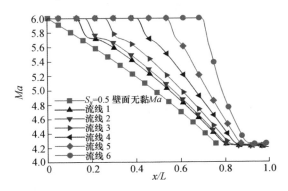

图 3 - 37　$Ma6$、$S_x = 0.5$ 不同流线上的马赫数分布与壁面无黏马赫数分布对比

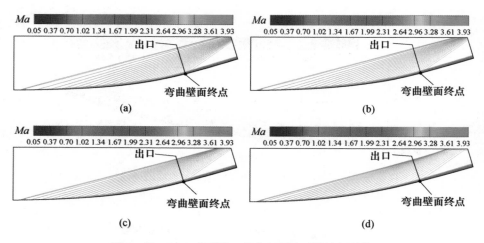

图 3 - 38　$Ma4$ 时不同 S_x 的曲面压缩系统流场结构

（a）$S_x = 0.8$；（b）$S_x = 0.6$；（c）$S_x = 0.4$；（d）$S_x = 0.2$。

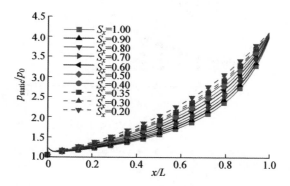

图 3 - 39　$Ma4$ 不同 S_x 的曲面压缩面压升规律对比

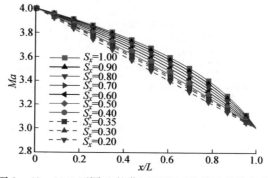

图 3 - 40　$Ma4$ 不同 S_x 的曲面压缩面无黏马赫数分布

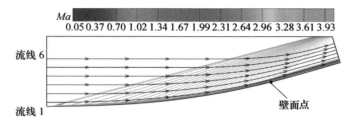

图 3 - 41　$Ma4$ 时 6 条流线的 $S_x = 0.5$ 压缩面流场结构

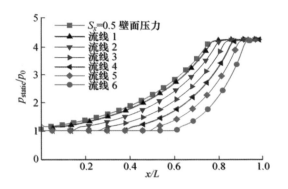

图 3 - 42　$Ma4$、$S_x = 0.5$ 不同流线上的压强分布与壁面压升规律对比

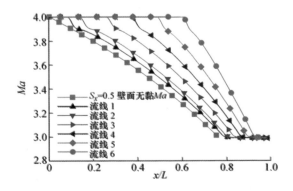

图 3 - 43　$Ma4$、$S_x = 0.5$ 不同流线上的马赫数分布与壁面无黏马赫数分布对比

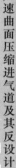

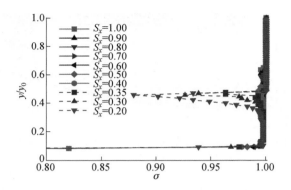

图 3 – 44　Ma6 不同 S_x 的曲面压缩系统出口总压分布对比

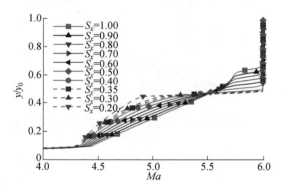

图 3 – 45　Ma6 时不同 S_x 的曲面压缩系统出口马赫数分布对比

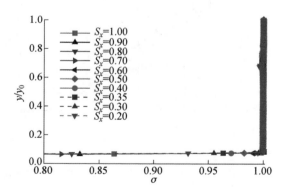

图 3 – 46　Ma4 不同 S_x 的曲面压缩系统出口总压分布对比

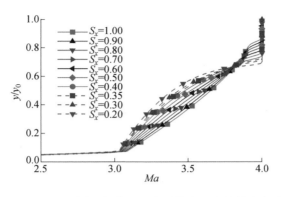

图 3 – 47　Ma4 不同 S_x 的曲面压缩系统出口马赫数分布对比

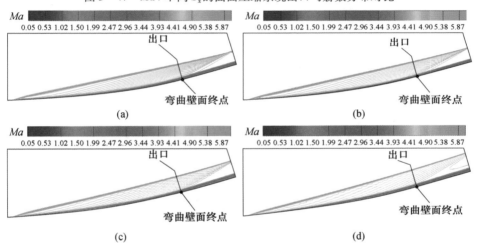

图 3 – 49　Ma6 等熵压缩面截短不同角度后的流场结构

（a）$\delta_T = 2°$；（b）$\delta_T = 3°$；（c）$\delta_T = 4°$；（d）$\delta_T = 6°$。

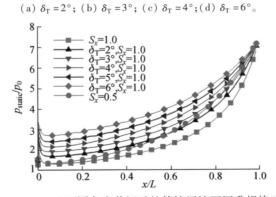

图 3 – 50　Ma6 不同角度截短后的等熵压缩面压升规律对比

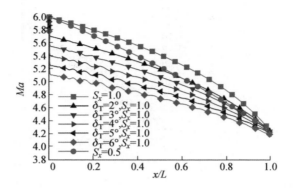

图 3 – 51 *Ma*6 不同角度截短后的等熵压缩面无黏马赫数分布对比

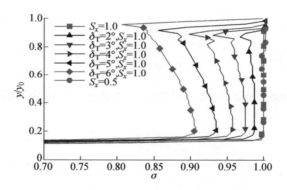

图 3 – 52 *Ma*6 等熵压缩面不同角度截短后的出口总压分布对比

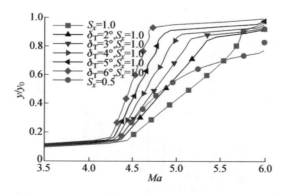

图 3 – 53 *Ma*6 等熵压缩面不同角度截短后的出口马赫数分布对比

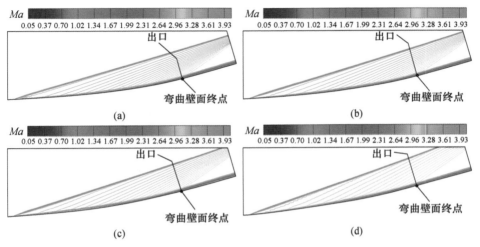

图 3 – 54　Ma4 等熵压缩面不同角度截短后的流场结构

（a）$\delta_T = 2°$；（b）$\delta_T = 3°$；（c）$\delta_T = 4°$；（d）$\delta_T = 6°$。

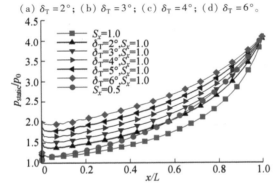

图 3 – 55　Ma4 等熵压缩面不同角度截短后的壁面压升规律对比

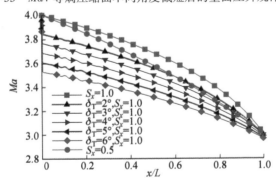

图 3 – 56　Ma4 等熵压缩面不同角度截短后的壁面无黏马赫数分布对比

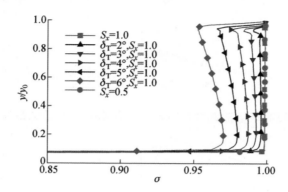

图 3 – 57　Ma4 等熵压缩面不同角度截短后的出口总压分布对比

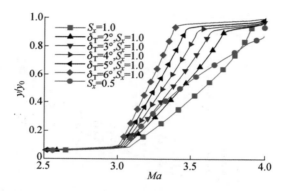

图 3 – 58　Ma4 等熵压缩面不同角度截短后的出口马赫数分布对比

图 4 – 4　弯曲激波反求壁面

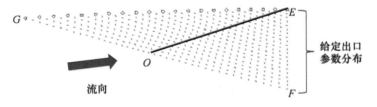

图 4-5　给定出口截面的决定区域

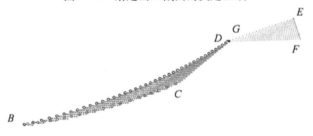

图 4-6　流场装配示意图

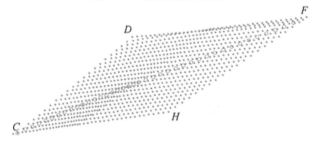

图 4-7　初值线影响区域的交集

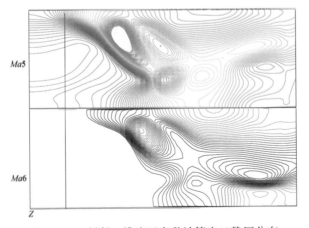

图 4-11　判断二维流区有黏计算出口静压分布

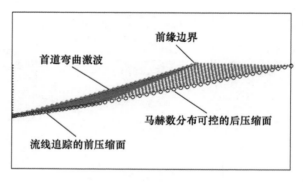

图 4 – 15　基础流场

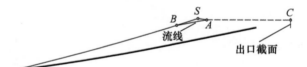

图 4 – 16　计算过程示意图

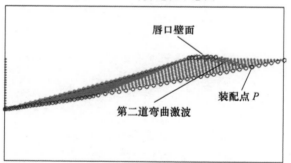

图 4 – 17　激波流场示意图

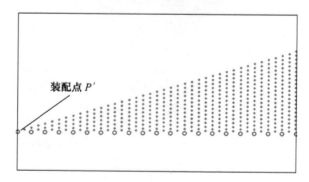

图 4 – 18　装配流场

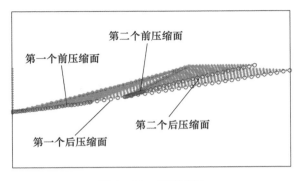

图 4-21　基础流场

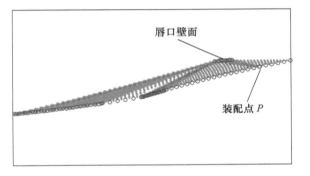

图 4-22　激波流场示意图

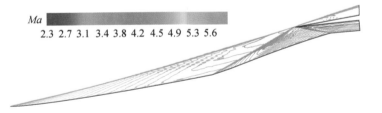

图 4-26　设计点无黏数值计算等马赫线

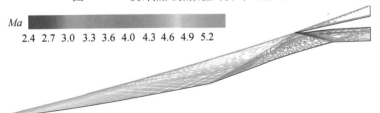

图 4-29　非均匀来流条件下无黏等马赫线

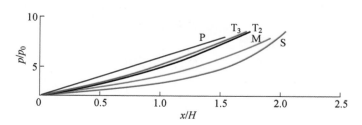

图 5-3　几种早期研究的压升规律

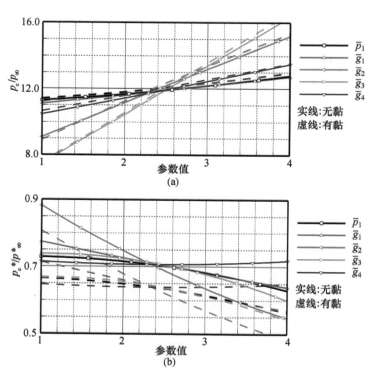

图 5-4　出口压比和总压恢复系数随设计参数的变化趋势

（a）p_e/p_∞；（b）p_e^*/p_∞^*。

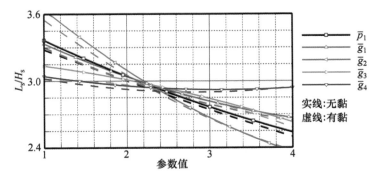

图 5 - 5　激波长度比 L_s/H_s 随设计参数的变化趋势

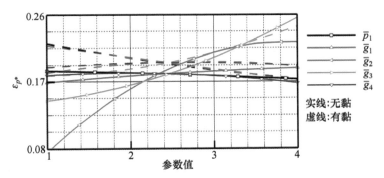

图 5 - 6　总压畸变 ε_{p^*} 随设计参数的变化趋势

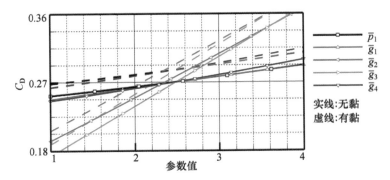

图 5 - 7　阻力系数 C_D 随设计参数的变化趋势

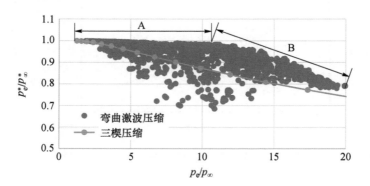

图 5 - 8　弯曲激波压缩两目标优化可行解与 Pareto 解

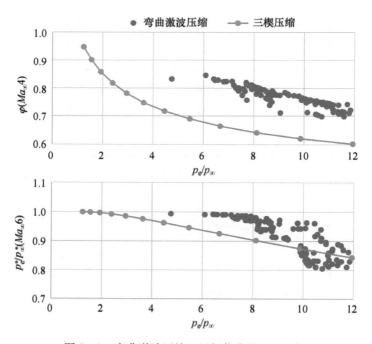

图 5 - 9　弯曲激波压缩三目标优化的 Pareto 解

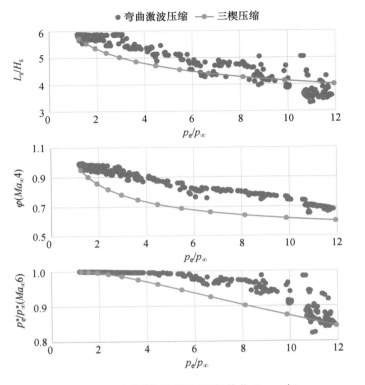

图 5 - 10　弯曲激波压缩四目标优化 Pareto 解

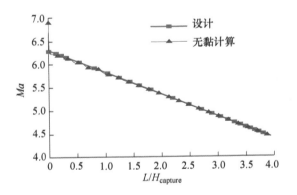

图 5 - 13　设计和无黏壁面马赫数

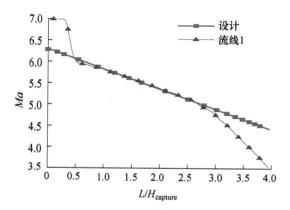

图 5 - 14　设计和有黏计算马赫数

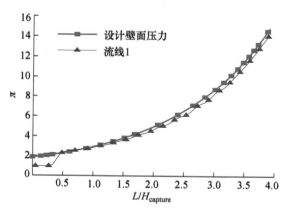

图 5 - 15　对应的压强分布

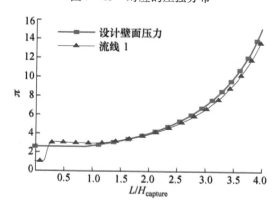

图 5 - 20　壁面附近压强分布

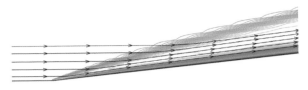

图 5 - 22　*Ma*6 壁面马赫数线性分布压缩流场

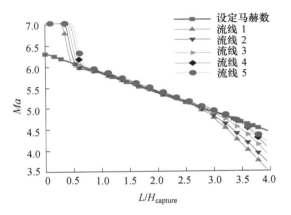

图 5 - 23　不同流线上的马赫数分布规律

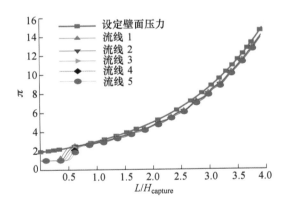

图 5 - 24　设计工况下不同流线上的压强分布

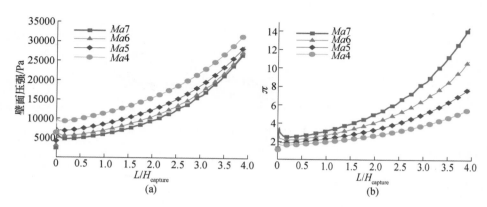

图 5-25　壁面马赫数线性递减压缩面压强分布

（a）壁面压强分布；（b）压缩面增压比。

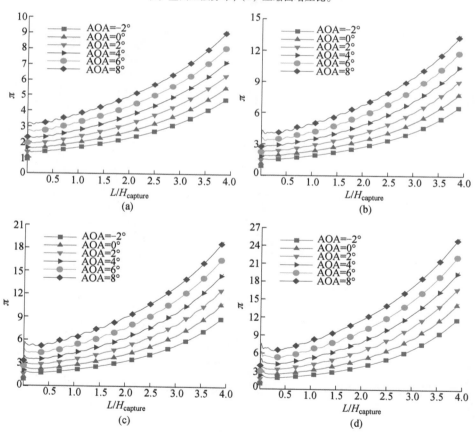

图 5-26　不同工作马赫数、不同攻角情况下压缩面壁面压升规律

（a）Ma4；（b）Ma5；（c）Ma6；（d）Ma7。

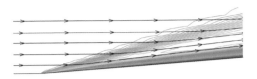

图 5 - 28   设计点壁面马赫数二次分布压缩面局部流场

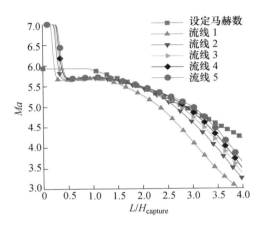

图 5 - 29   不同流线马赫数分布

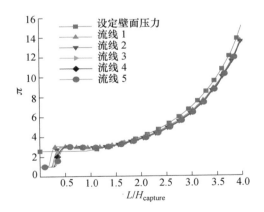

图 5 - 30   设计点不同流线压强分布

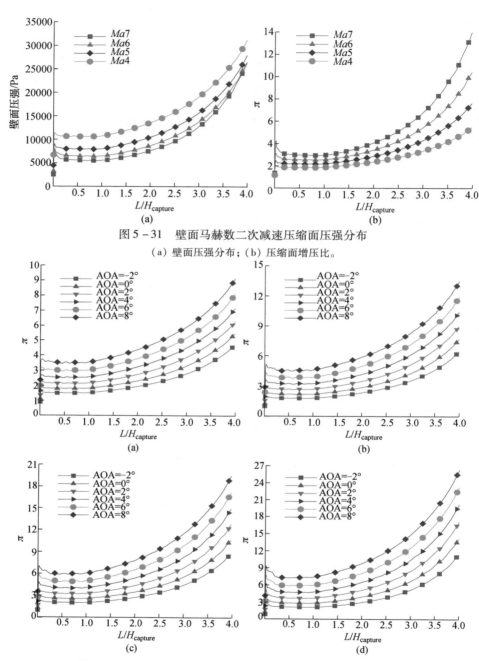

图 5 - 31　壁面马赫数二次减速压缩面压强分布

（a）壁面压强分布；（b）压缩面增压比。

图 5 - 32　壁面马赫数二次分布压缩面不同攻角压升规律对比

（a）*Ma*4；（b）*Ma*5；（c）*Ma*6；（d）*Ma*7。

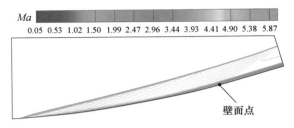

图 5 – 36　$Ma6$ 气动组合压缩面$(\delta_p = 9°$、$\delta_{Ma} = 7°)$流场结构

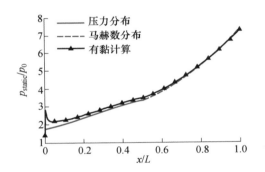

图 5 – 37　$Ma6$ 黏性计算与设计壁面压升规律对比

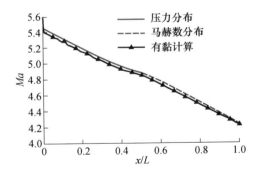

图 5 – 38　$Ma6$ 无黏计算与设计壁面马赫数分布对比

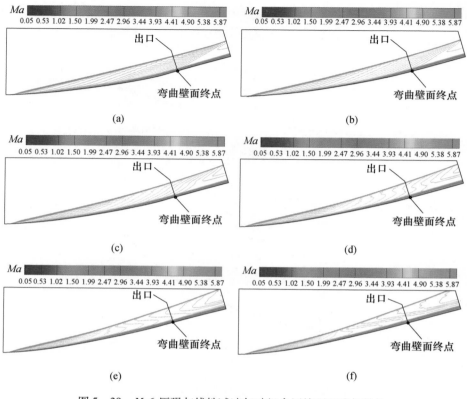

图 5 – 39 *Ma*6 压强与线性减速气动组合压缩型面流场结构

（a）$\delta_p = 8°$、$\delta_{Ma} = 8°$；（b）$\delta_p = 9°$、$\delta_{Ma} = 7°$；（c）$\delta_p = 10°$、$\delta_{Ma} = 6°$；

（d）$\delta_p = 11°$、$\delta_{Ma} = 5°$；（e）$\delta_p = 12°$、$\delta_{Ma} = 4°$；（f）$\delta_p = 13°$、$\delta_{Ma} = 3°$。

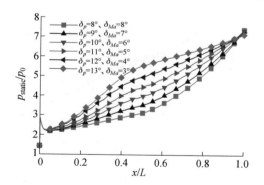

图 5 – 40 *Ma*6 不同 δ_p / δ_{Ma} 气动组合压缩面压升规律对比

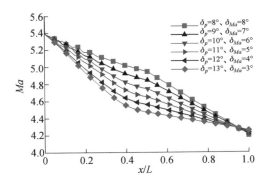

图 5 - 41　$Ma6$ 不同 δ_p/δ_{Ma} 气动组合压缩面马赫数分布对比

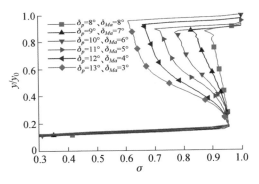

图 5 - 42　$Ma6$ 不同 δ_p/δ_{Ma} 气动组合压缩面出口总压分布

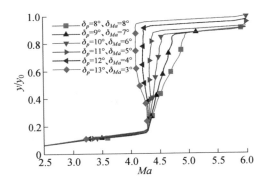

图 5 - 43　$Ma6$ 不同 δ_p/δ_{Ma} 气动组合压缩面出口马赫数分布

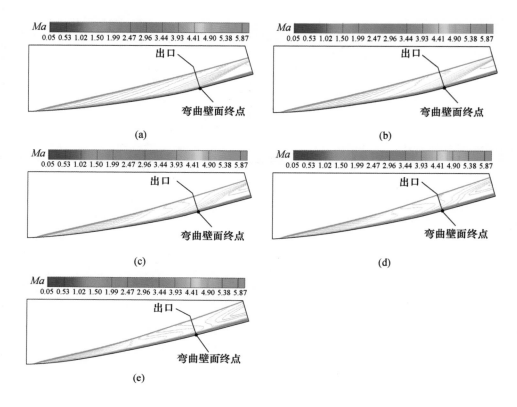

图 5-46 Ma6 压强与二次减速气动组合压缩面流场结构

（a）$\delta_p = 8°$、$\delta_{Ma} = 8°$；（b）$\delta_p = 9°$、$\delta_{Ma} = 7°$；（c）$\delta_p = 10°$、$\delta_{Ma} = 6°$；

（d）$\delta_p = 11°$、$\delta_{Ma} = 5°$；（e）$\delta_p = 12°$、$\delta_{Ma} = 4°$。

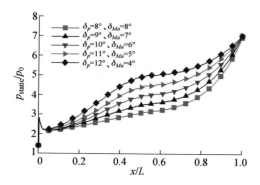

图 5-47 Ma6 不同 δ_p/δ_{Ma} 气动组合压缩面压升规律

高超声速曲面压缩进气道及其反设计

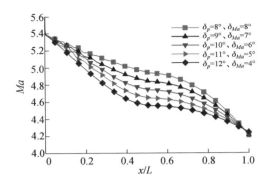

图 5-48　Ma6 不同 δ_p/δ_{Ma} 气动组合压缩面马赫数分布

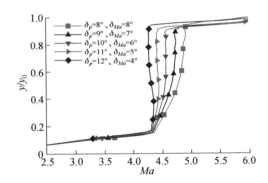

图 5-50　Ma6 不同 δ_p/δ_{Ma} 气动组合出口马赫数分布

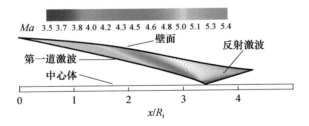

图 6-21　反正切内收缩轴对称基准流场

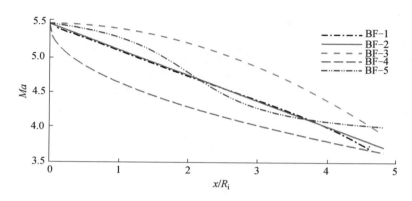

图 6 - 34　五种基准流场压缩面马赫数分布

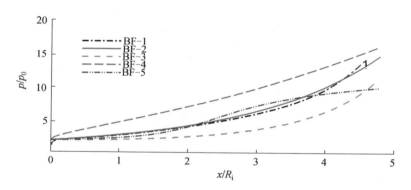

图 6 - 35　五种基准流场压缩面对应压升规律

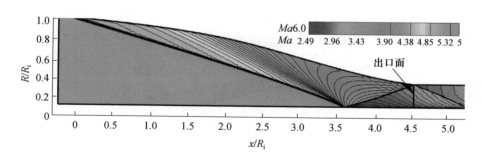

图 6 - 37　轴对称基准流场的等马赫线

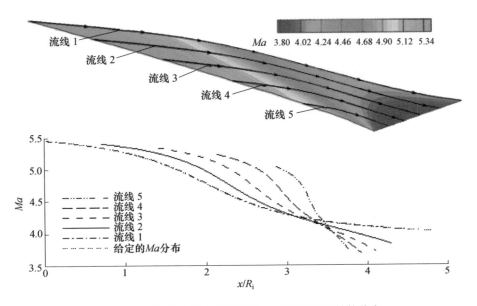

图 6-40 基准流场内部流线及对应的沿程马赫数分布

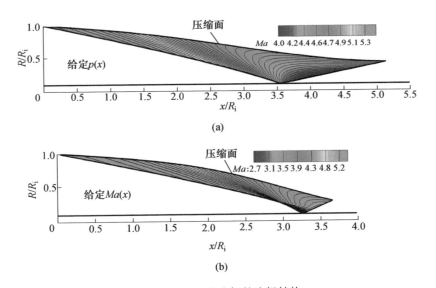

(a)

(b)

图 6-41 基准流场的流场结构

（a）压强分布可控的基准流场；（b）马赫数分布可控的基准流场。

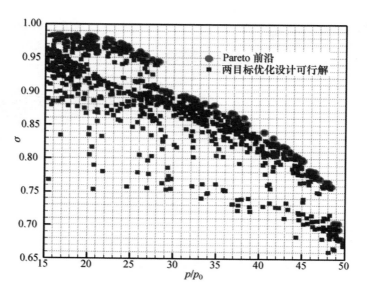

图 6 - 55　两目标优化设计可行解及 Pareto 前沿

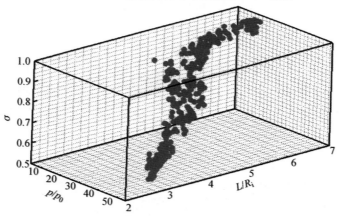

图 6 - 56　三目标优化设计的 Pareto 前沿

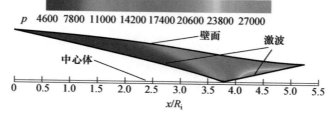

图 6 - 57　压升可控的基准流场静压分布

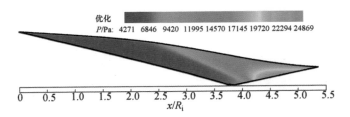

图 6 - 58 优化后马赫数可控基准流场静压分布

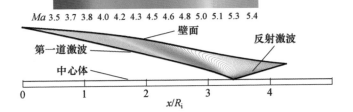

图 6 - 59 典型内收缩进气道基准流场结构(BF - A)

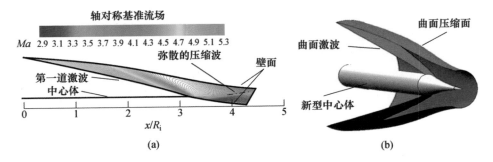

(a)   (b)

图 6 - 60 变中心体基准流场结构(BF - B)

(a)基准流场;(b)中心体构型。

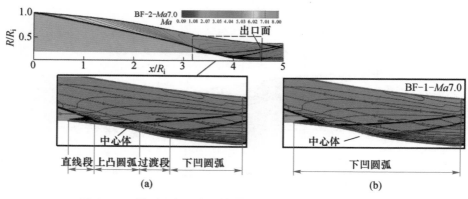

图 6-61　圆弧和新型中心体的组成以及巡航点的流场结构

（a）四段修型的新型中心体；（b）圆弧中心体。

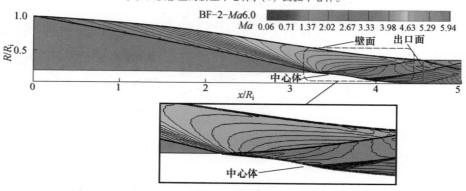

图 6-62　设计点时新型中心体基准流场的流场结构（BF-2）

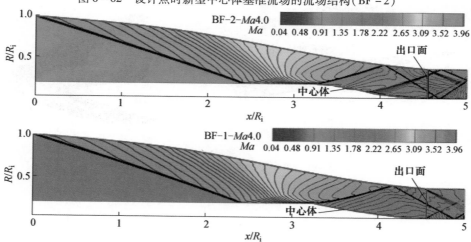

图 6-63　接力点时基准流场的流场结构（BF-1 和 BF-2）

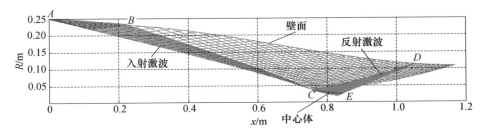

图 6-65　给定激波配置的"两波三区"基准流场的特征线网格

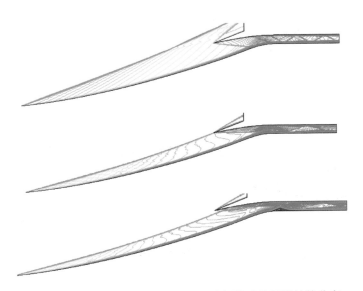

图 7-3　$Ma4$、$Ma6$、$Ma7$(自上至下)进气道对称面马赫数分布

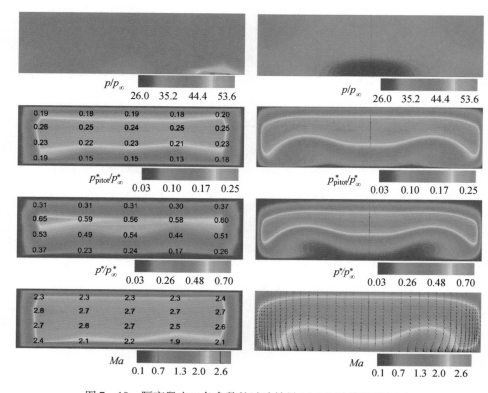

图 7 – 10　隔离段出口各参数的试验结果(左)和计算结果(右)

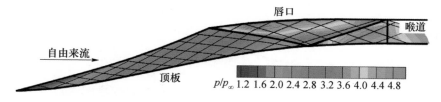

图 7 – 11　弯曲激波压缩进气道流道及流场示意图

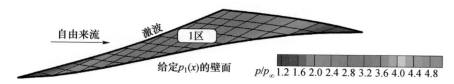

图 7 – 12　区域 1 壁面反设计的特征线网格示意图

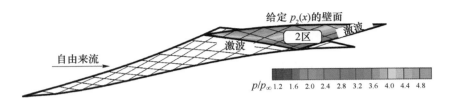

图 7 - 13 区域 2 壁面反设计的特征线网格示意图

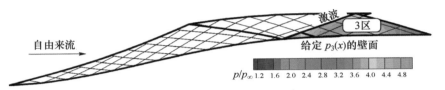

图 7 - 14 区域 3 壁面反设计的特征线网格示意图

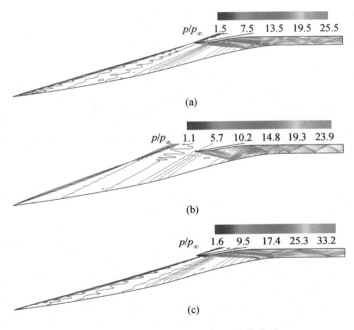

(a)

(b)

(c)

图 7 - 18 优选进气道流场压强等值线

(a) $Ma_\infty 6$; (b) $Ma_\infty 4$; (c) $Ma_\infty 7$。

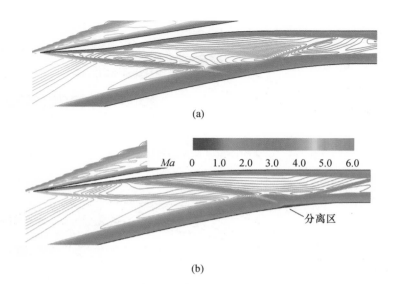

(a)

(b)

图 7 - 19　两种唇口设计方案内通道马赫数等值线

(a) 优化唇口；(b) 圆弧唇口。

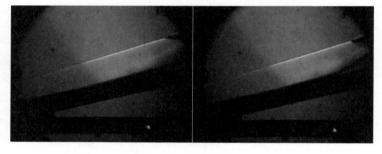

图 7 - 22　*Ma*6 设计点波系（左图起动，右图未起动）

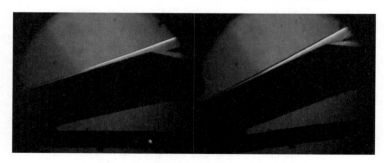

图 7 - 23　*Ma*5（左图 0°攻角，右图 8°攻角）

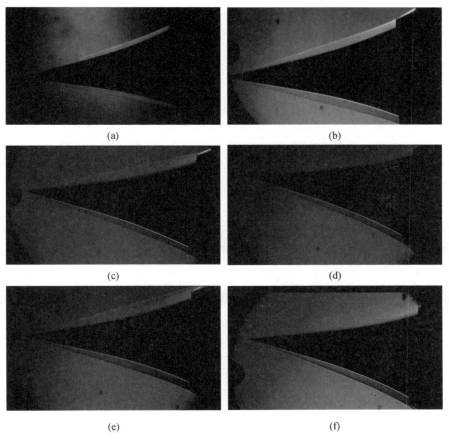

图 7 – 26　曲面压缩轴对称进气道 $Ma5$、$Ma6$、$Ma7$ 试验纹影照片

（a）$Ma7,0°$攻角；（b）$Ma6,0°$攻角；（c）$Ma6,4°$攻角；（d）$Ma6,6°$攻角；

（e）$Ma5,4°$攻角；（f）$Ma5,8°$攻角。

图 7 – 31　双侧等马赫数梯度反设计的进气道模型实物照片

（a）曲面顶板；（b）曲面侧板；（c）曲面压缩侧压式进气道。

图 7 – 32　试验模型在风洞中实物照片

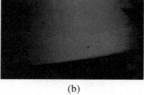

(a)　　　　　　　　　　(b)　　　　　　　　　　(c)

图 7 – 33　$Ma5$、$Ma6$、$Ma7$ 试验激波纹影照片

（a）$Ma5$；（b）$Ma6$；（c）$Ma7$。

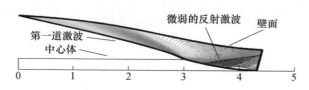

图 7 – 34　基准流场等马赫线

图 7 – 35　进气道方案气动构型

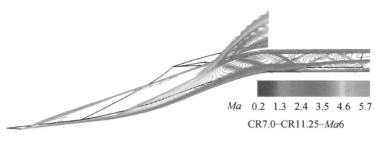

Ma　0.2　1.3　2.4　3.5　4.6　5.7
CR7.0–CR11.25–Ma6

图 7 – 36　Ma6 流场等马赫线

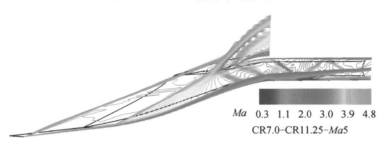

Ma　0.3　1.1　2.0　3.0　3.9　4.8
CR7.0–CR11.25–Ma5

图 7 – 37　Ma5 流场等马赫线

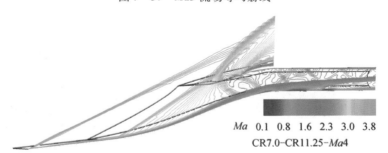

Ma　0.1　0.8　1.6　2.3　3.0　3.8
CR7.0–CR11.25–Ma4

图 7 – 38　Ma4 流场等马赫线

图 7 – 39　在风洞中进气道模型照片

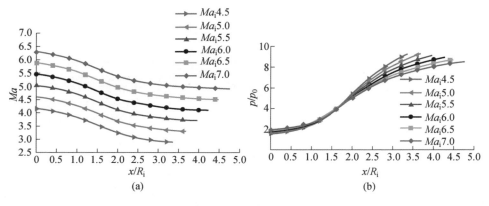

图 7 - 41　不同马赫数的基准流场壁面沿程马赫数分布(a)和压强分布(b)

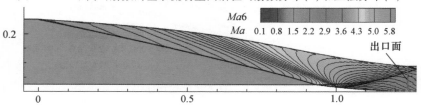

图 7 - 42　可控中心体"四波四区"的基准流场

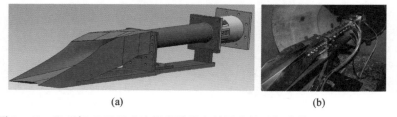

(a)　　　　　　　　　　　　　(b)

图 7 - 43　"四波四区"基准流场设计的方转圆内转进气道模型(a)及照片(b)

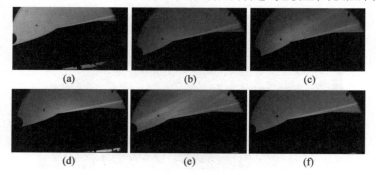

(a)　　　　　　　(b)　　　　　　　(c)

(d)　　　　　　　(e)　　　　　　　(f)

图 7 - 45　不同马赫数下风洞试验纹影照片

(a) $Ma7$；(b) $Ma6$；(c) $Ma6$ 喘振；(d) $Ma5$；(e) $Ma5$ 时进气道不起动；(f) $Ma5$ 进气道重新起动。

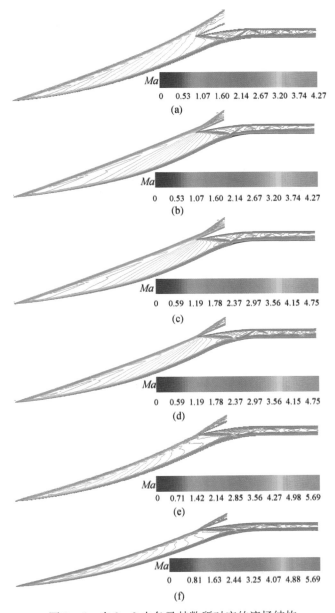

图 8 - 5 表 8 - 2 中各马赫数所对应的流场结构

（a）$Ma_0 = 4.5$ 定几何初始型面流场马赫数分布；（b）$Ma_0 = 4.5$ 变形型面流场马赫数分布；
（c）$Ma_0 = 5.0$ 定几何初始型面流场马赫数分布；（d）$Ma_0 = 5.0$ 变形型面流场马赫数分布；
（e）$Ma_0 = 6.0$ 定几何初始型面流场马赫数分布；（f）$Ma_0 = 6.0$ 变形型面流场马赫数分布。

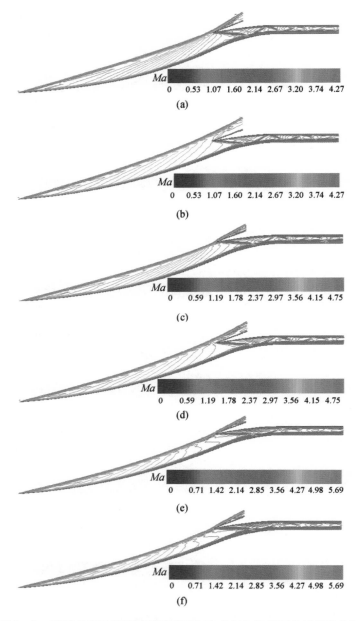

图 8 - 8　不同来流马赫数下变形型面与定几何初始型面的流场结构图

（a）来流 Ma4.5 变形型面流场马赫数分布；（b）来流 Ma4.5 定几何初始型面流场马赫数分布；
（c）来流 Ma5.0 变形型面流场马赫数分布；（d）来流 Ma5.0 定几何初始型面流场马赫数分布；
（e）来流 Ma6.0 变形型面流场马赫数分布；（f）来流 Ma6.0 定几何初始型面流场马赫数分布。

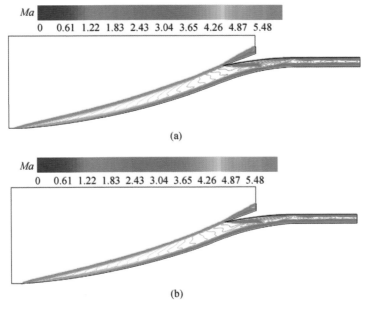

图 8 – 12　$Ma_0 6.0, p_0 = 2549\mathrm{Pa}$ 的来流条件下两个模型的流场马赫数云图

(a) 模型 1(3mm 厚度)；(b) 模型 2(5mm 厚度)。

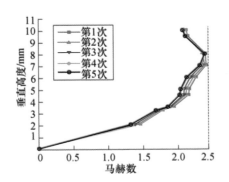

图 9 – 39　边界层内马赫数分布测量值(二)

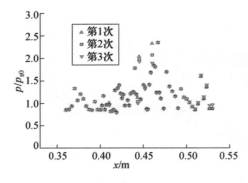

图9-40　无激波平板试验壁面压强分布

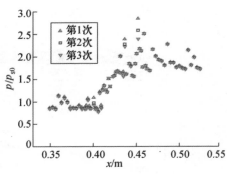

图9-41　激波反射试验壁面压强分布